高等教育规划教材

AutoCAD 2014 中文版 应用教程

曹 磊 刘 蓉 赵彤彬 主编

机械工业出版社

本书以 AutoCAD 2014 为操作平台，全面介绍了 AutoCAD 2014 的基本功能及其在工程制图中的应用，主要内容包括：AutoCAD 2014 基本介绍、基本绘图工具应用、二维图形创建、二维图形编辑、图形注释、图块应用、图形输出、三维对象创建、三维对象编辑、三维对象渲染等，涵盖了建筑、机械等专业领域的 AutoCAD 辅助设计的全过程。在讲述基本知识和操作技能的同时，引入了大量建筑、机械等专业领域常见图例和典型实例，突出了实用性与专业性；详细讲解了应用 AutoCAD 2014 进行工程辅助设计的知识要点，使读者通过案例教学和实训教学，熟练掌握 AutoCAD 2014 的操作技巧。

本书可作为高等院校相关专业的"计算机辅助设计"类课程的教学用书，也可作为高职高专相关专业的教学用书、各类 AutoCAD 绘图及建模比赛培训教程、各类工程技术人员的自学用书。

本书配有电子教案，需要的教师可登录 www.cmpedu.com 免费注册，审核通过后下载，或联系编辑索取（QQ：2966938356，电话：010 - 88379739）。

图书在版编目（CIP）数据

AutoCAD 2014 中文版应用教程/曹磊，刘蓉，赵彤彬主编．—4 版．—北京：机械工业出版社，2017.6
高等教育规划教材
ISBN 978-7-111-56750-9

Ⅰ.①A… Ⅱ.①曹… ②刘… ③赵… Ⅲ.①AutoCAD 软件 - 高等学校 - 教材 Ⅳ.①TP391.72

中国版本图书馆 CIP 数据核字（2017）第 097223 号

机械工业出版社（北京市百万庄大街22号 邮政编码 100037）
策划编辑：和庆娣 责任编辑：和庆娣
责任校对：张艳霞 责任印制：常天培
涿州市星河印刷有限公司印刷

2017 年 7 月第 4 版·第 1 次印刷
184mm×260mm·16.25 印张·393 千字
0001 - 3000 册
标准书号：ISBN 978-7-111-56750-9
定价：45.00 元

前　　言

AutoCAD 是美国 Autodesk 公司开发研制的计算机辅助设计软件，它在世界工程设计行业得到了广泛的应用，如建筑、机械、电子、冶金等领域。本书针对 AutoCAD 2014 在工程制图中的应用进行介绍，采用案例教学和实训教学相结合的形式，全面深入地对 AutoCAD 2014 在工程设计领域中的应用知识和技巧进行讲解，实用性强，内容全面，涵盖了建筑、机械等专业领域 AutoCAD 辅助设计的全过程。

本书主要特点如下。

1) 内容丰富、条理清晰。本书内容覆盖了建筑和机械工程等专业图形的绘图，每部分都包括教程、实训及思考与练习 3 部分内容，整体考虑按照由浅入深的原则，逐一讲解 AutoCAD 2014 的各项功能以及工程制图标准的要求。

2) 注重专业、注重实战。本书加强了工程设计及绘图方面的介绍，详细介绍了计算机辅助设计的设计流程、相关专业的制图规范与标准，以及在设计制图中经常用到的命令和技巧，为今后从事工程设计和绘图工作打下坚实的基础，突出了专业性、实用性。

3) 案例式教学。本书通过大量案例介绍了使用 AutoCAD 2014 绘制建筑工程图及机械工程图的方法，讲解中配有大量的实际工程案例图样以及详细的操作步骤，实训案例选取典型，突出了案例的实用性和代表性，能够更好地达到教学效果。

4) 教学资源丰富。本书提供完整的教学课件和素材，为了方便读者，本书配以全程课件以及全部案例、例题、实训、思考与练习中的 AutoCAD 图形源文件，读者可以到机械工业出版社教育服务网下载，网址是 http://www.cmpedu.com。

本书可作为高等院校建筑工程类和机械工程类等专业的"计算机辅助设计"类课程教学用书，也可作为高职高专同类专业的教学用书、各类 AutoCAD 绘图及建模比赛培训教程、各类工程技术人员的自学用书。

本书由曹磊、刘蓉、赵彤彬主编，参加编写的作者有曹磊编写第 1、2 章，刘蓉编写第 3 章，麻德娟编写第 4 章，赵彤彬编写第 5 章，李向编写第 6、7 章，刘勇文编写第 8 章，孙斌编写第 9 章，其他章节的编写及教学资源的制作由李涛峰、杨利国、张志辉、田金雨、李建彬、刘瑞新、刘大学、彭守旺、骆秋容、刘克纯、缪丽丽、陈文娟、王如新、刘大莲、庄建新、崔瑛瑛、李刚、翟丽娟、徐维维、韩建敏、庄恒、徐云林、马春锋完成，全书由刘瑞新教授审阅并定稿。在编写过程中得到了许多同行的帮助和支持，在此表示感谢。

由于编者水平有限，书中错误之处难免，欢迎读者对本书提出宝贵意见和建议。

编　者

目　录

前言

第1章　AutoCAD 2014 基本介绍 ········ *1*

1.1　AutoCAD 2014 功能概述 ············ *1*

  1.1.1　AutoCAD 基本功能 ··········· *1*

  1.1.2　AutoCAD 2014 新增

    功能 ··············· *2*

  1.1.3　AutoCAD 2014 软硬件

    要求 ··············· *3*

1.2　AutoCAD 2014 操作界面 ········· *3*

  1.2.1　启动 AutoCAD 2014 ····· *4*

  1.2.2　工作空间的切换 ········· *4*

  1.2.3　功能区 ··············· *6*

  1.2.4　应用程序菜单 ········· *6*

  1.2.5　快速访问工具栏 ······· *7*

  1.2.6　状态栏 ············· *7*

  1.2.7　命令窗口 ··········· *8*

  1.2.8　工具选项板 ········· *8*

  1.2.9　工具栏 ············· *8*

  1.2.10　十字光标 ·········· *9*

1.3　实训 ················· *10*

  1.3.1　切换工作空间 ········ *10*

  1.3.2　调用菜单栏 ········· *10*

  1.3.3　设置工具选项板 ······ *11*

1.4　思考与练习 ··········· *11*

第2章　基本绘图工具应用 ········ *12*

2.1　图形文件管理 ··········· *12*

  2.1.1　创建图形文件 ········ *12*

  2.1.2　打开图形文件 ········ *14*

  2.1.3　保存图形文件 ········ *15*

  2.1.4　关闭图形并退出

    AutoCAD 2014 ········· *16*

2.2　设置绘图环境 ··········· *16*

  2.2.1　设置绘图单位 ········ *17*

  2.2.2　设置图形界限 ········ *18*

  2.2.3　设置界面选项 ········ *18*

2.3　绘图辅助工具的应用 ········· *21*

  2.3.1　栅格和捕捉 ········· *21*

  2.3.2　正交模式 ··········· *23*

  2.3.3　极轴追踪 ··········· *23*

  2.3.4　对象捕捉 ··········· *24*

  2.3.5　动态输入 ··········· *26*

2.4　对象选择 ··············· *27*

  2.4.1　设置选择集 ········· *28*

  2.4.2　选择对象的方法 ······ *30*

  2.4.3　快速选择对象 ········ *31*

2.5　坐标与坐标系 ··········· *32*

  2.5.1　笛卡儿坐标和极坐标 ···· *32*

  2.5.2　世界坐标系和用户

    坐标系 ············· *32*

  2.5.3　坐标输入 ··········· *33*

2.6　图层应用 ··············· *33*

  2.6.1　创建图层 ··········· *33*

  2.6.2　图层状态设置 ········ *35*

  2.6.3　图层特性设置 ········ *37*

2.7　实训 ················· *39*

  2.7.1　创建图形文档 ········ *39*

  2.7.2　辅助工具应用 ········ *40*

  2.7.3　创建图层 ··········· *40*

2.8　思考与练习 ················ 41

第3章　二维图形创建 ············ 42

3.1　创建点对象 ··············· 42
 3.1.1　设置点样式 ············ 42
 3.1.2　绘制点 ··············· 43
 3.1.3　绘制等分点 ············ 43
 3.1.4　绘制等距点 ············ 44

3.2　创建线性对象 ············· 45
 3.2.1　直线 ················· 45
 3.2.2　构造线 ··············· 46
 3.2.3　射线 ················· 47
 3.2.4　多段线 ··············· 47
 3.2.5　多线 ················· 50
 3.2.6　设置多线样式 ·········· 51
 3.2.7　编辑多线 ············· 52
 3.2.8　样条曲线 ············· 53

3.3　绘制曲线对象 ············· 54
 3.3.1　圆 ·················· 54
 3.3.2　圆弧 ················· 57
 3.3.3　圆环 ················· 59
 3.3.4　椭圆 ················· 60
 3.3.5　椭圆弧 ··············· 61

3.4　创建多边形对象 ··········· 62
 3.4.1　矩形 ················· 62
 3.4.2　多边形 ··············· 65

3.5　面域 ··················· 67
 3.5.1　面域的创建 ············ 67
 3.5.2　面域的布尔运算 ········· 68

3.6　图案填充 ··············· 69
 3.6.1　图案填充基本概念 ······· 69
 3.6.2　图案填充操作 ·········· 73
 3.6.3　渐变色填充 ············ 74

3.7　实训 ··················· 76
 3.7.1　绘制五角星 ············ 76
 3.7.2　绘制支座 ············· 77
 3.7.3　创建沙发 ············· 78

3.8　思考与练习 ··············· 79

第4章　二维图形编辑 ············ 81

4.1　夹点应用 ··············· 81
 4.1.1　夹点设置 ············· 81
 4.1.2　夹点编辑 ············· 82

4.2　复制类命令 ··············· 85
 4.2.1　复制 ················· 85
 4.2.2　偏移 ················· 86
 4.2.3　镜像 ················· 88
 4.2.4　阵列 ················· 88

4.3　改变位置命令 ············· 91
 4.3.1　移动对象 ············· 91
 4.3.2　旋转 ················· 92
 4.3.3　缩放 ················· 93

4.4　其他编辑命令 ············· 93
 4.4.1　修剪 ················· 94
 4.4.2　延伸 ················· 94
 4.4.3　拉长 ················· 95
 4.4.4　拉伸 ················· 96
 4.4.5　打断 ················· 97
 4.4.6　合并 ················· 98
 4.4.7　倒角 ················· 99
 4.4.8　圆角 ················· 101
 4.4.9　分解 ················· 102
 4.4.10　删除 ················ 102

4.5　实训 ··················· 103
 4.5.1　绘制餐桌 ············· 103
 4.5.2　绘制沙发 ············· 104

4.6　思考与练习 ··············· 105

第5章　图形注释 ··············· 107

5.1　文字注释 ··············· 107
 5.1.1　设置文字样式 ·········· 107
 5.1.2　创建单行文字 ·········· 109
 5.1.3　创建多行文字 ·········· 110
 5.1.4　特殊符号注释 ·········· 111

5.2　文本编辑 ··············· 112

5.3 引线注释 ················ 114
　5.3.1 设置多重引线样式 ········ 114
　5.3.2 创建多重引线 ·········· 115
　5.3.3 添加或删除引线 ········ 116
　5.3.4 对齐或合并引线 ········ 117
5.4 表格注释 ··············· 118
　5.4.1 设置表格样式 ·········· 118
　5.4.2 创建表格 ············ 121
　5.4.3 编辑表格 ············ 123
5.5 创建尺寸注释 ·········· 124
　5.5.1 尺寸注释的规范要求 ····· 125
　5.5.2 新建标注样式 ·········· 125
　5.5.3 设置标注样式 ·········· 127
5.6 尺寸注释样式 ··········· 135
　5.6.1 线性标注 ············ 136
　5.6.2 半径标注 ············ 136
　5.6.3 角度标注 ············ 137
　5.6.4 弧长标注 ············ 138
　5.6.5 基线标注 ············ 138
　5.6.6 连续标注 ············ 139
　5.6.7 对齐标注 ············ 140
5.7 编辑尺寸注释 ·········· 140
　5.7.1 编辑标注 ············ 140
　5.7.2 旋转标注文字 ·········· 141
　5.7.3 移动标注文字 ·········· 142
　5.7.4 替换标注文字 ·········· 143
5.8 实训 ················· 144
　5.8.1 引线注释应用 ·········· 144
　5.8.2 表格应用 ············ 145
　5.8.3 零件图尺寸注释 ········ 146
5.9 思考与练习 ············ 147
第6章 图块应用 ············ 149
6.1 图块 ················· 149
　6.1.1 创建图块 ············ 149
　6.1.2 创建用作块的图形
　　　　文件 ············· 150

6.1.3 插入图块 ············ 151
　6.1.4 图块的在位编辑 ········ 153
6.2 图块的属性 ············ 154
　6.2.1 定义属性 ············ 154
　6.2.2 编辑属性 ············ 156
　6.2.3 管理图块属性 ·········· 157
6.3 动态图块 ·············· 158
　6.3.1 块编辑器 ············ 158
　6.3.2 参数与动作 ·········· 159
6.4 外部参照 ·············· 163
　6.4.1 附着外部参照 ·········· 163
　6.4.2 绑定外部参照 ·········· 165
　6.4.3 管理外部参照 ·········· 165
　6.4.4 外部参照的编辑 ········ 167
6.5 设计中心 ·············· 167
　6.5.1 打开设计中心 ·········· 168
　6.5.2 查看图形信息 ·········· 168
　6.5.3 使用设计中心插入
　　　　对象 ············· 169
6.6 实训 ················· 171
　6.6.1 图块属性应用 ·········· 171
　6.6.2 动态块应用 ·········· 173
6.7 思考与练习 ············ 175
第7章 图形输出 ············ 177
7.1 模型空间和图纸空间 ······ 177
　7.1.1 模型空间与图纸
　　　　空间的概念 ········· 177
　7.1.2 模型空间与图纸
　　　　空间的切换 ········· 177
7.2 创建布局 ·············· 178
7.3 页面设置 ·············· 181
7.4 打印和输出图形 ········· 183
　7.4.1 打印图形 ············ 183
　7.4.2 输出图形 ············ 184
7.5 信息查询 ·············· 185
　7.5.1 查询距离 ············ 185

7.5.2 查询面积 ·············· 185
7.5.3 查询角度 ·············· 186
7.5.4 查询体积 ·············· 186
7.5.5 查询面域/质量特性······· 187
7.5.6 查询点坐标 ·········· 188
7.5.7 显示对象的数据库
信息 ·············· 188
7.6 实训 ···················· 189
7.6.1 页面设置应用 ········ 189
7.6.2 图形输出 ············ 189
7.7 思考与练习 ·············· 191
第8章 三维对象创建 ············ 192
8.1 三维绘图基础 ············ 192
8.1.1 三维对象的分类 ······ 192
8.1.2 三维坐标系 ·········· 193
8.1.3 坐标系 ·············· 193
8.2 观察三维对象 ············ 195
8.2.1 设置视点 ············ 195
8.2.2 设置视图 ············ 196
8.2.3 视点预置 ············ 196
8.3 创建实体 ················ 196
8.3.1 长方体 ·············· 197
8.3.2 圆柱体 ·············· 197
8.3.3 圆锥体 ·············· 198
8.3.4 球体 ················ 199
8.3.5 棱锥体 ·············· 200
8.3.6 楔体 ················ 201
8.3.7 圆环体 ·············· 202
8.3.8 多段体 ·············· 203
8.4 实体特征操作 ············ 204
8.4.1 拉伸实体 ············ 204
8.4.2 放样实体 ············ 206
8.4.3 旋转实体 ············ 208
8.4.4 扫掠实体 ············ 208
8.4.5 按住并拖动实体 ······ 210
8.5 实训 ···················· 210

8.5.1 创建三维椅子对象 ······· 210
8.5.2 创建三维落地灯模型
对象 ··············· 211
8.6 思考与练习 ·············· 212
第9章 三维对象编辑 ············ 214
9.1 布尔运算 ················ 214
9.1.1 并集 ················ 214
9.1.2 差集 ················ 215
9.1.3 交集 ················ 215
9.2 三维对象编辑 ············ 216
9.2.1 三维移动 ············ 216
9.2.2 三维旋转 ············ 217
9.2.3 三维镜像 ············ 218
9.2.4 三维阵列 ············ 219
9.2.5 倒角 ················ 220
9.2.6 圆角 ················ 221
9.3 编辑三维实体的面 ········ 222
9.3.1 移动面 ·············· 222
9.3.2 拉伸面 ·············· 223
9.3.3 倾斜面 ·············· 224
9.3.4 旋转面 ·············· 225
9.3.5 偏移面 ·············· 226
9.4 编辑三维实体 ············ 226
9.4.1 剖切 ················ 227
9.4.2 抽壳 ················ 227
9.5 实训 ···················· 228
9.5.1 创建"法兰盘"
三维对象 ·········· 228
9.5.2 创建"轴承支座"
三维对象 ·········· 230
9.6 思考与练习 ·············· 233
第10章 三维对象渲染 ··········· 234
10.1 显示控制 ··············· 234
10.1.1 视觉样式 ··········· 234
10.1.2 消隐 ··············· 235
10.1.3 改变显示精度 ······· 235

10.2　查看工具应用 ……………… 236

　10.2.1　三维平移 ……………… 236

　10.2.2　三维缩放 ……………… 237

　10.2.3　动态观察 ……………… 237

　10.2.4　使用 ViewCube 导航 …… 238

　10.2.5　使用 SteeringWheels

　　　　　导航 ……………… 238

10.3　设置光源 ………………… 239

　10.3.1　阳光特性设置 ………… 240

　10.3.2　使用人工光源 ………… 241

10.4　添加材质 ………………… 242

　10.4.1　材质浏览器 …………… 242

　10.4.2　材质编辑器 …………… 242

10.4.3　添加材质 ……………… 242

10.4.4　设置贴图 ……………… 243

10.5　三维图形渲染 …………… 244

　10.5.1　快速渲染 …………… 245

　10.5.2　渲染面域 …………… 245

　10.5.3　设置渲染环境 ………… 246

　10.5.4　设置背景 …………… 246

　10.5.5　设置阴影 …………… 247

10.6　实训 …………………… 249

　10.6.1　渲染"法兰盘" ……… 249

　10.6.2　渲染"轴承座" ……… 250

10.7　思考与练习 ……………… 252

第1章　AutoCAD 2014 基本介绍

本章主要介绍目前应用广泛的 AutoCAD 2014 软件的基本知识，为后面的学习打下基础。主要包括 AutoCAD 2014 的功能、对计算机系统的要求及启动方式；详细介绍 AutoCAD 2014 的工作界面，以及如何打开图形、保存图形等内容。

1.1　AutoCAD 2014 功能概述

计算机辅助设计技术已经成为工程设计领域中的主要技术，它在设计、绘图和相互协作等方面表现出了强大的技术实力。随着 AutoCAD 软件的发展，以及 AutoCAD 在建筑、机械、测绘、电子、造船、服装、广告等各个领域的广泛应用，越来越多的设计人员使用它绘制二维图形、创建和渲染三维立体模型。

1.1.1　AutoCAD 基本功能

经过多次的版本更新，AutoCAD 软件的功能更加完善，更有利于用户快速地实现设计效果。该软件的主要功能有以下几个方面。

1. 强大的图形绘制与编辑功能

用户可以使用多种方式绘制基本图形对象，使用编辑功能还可以方便地创建出更加复杂的图形对象。

2. 完善的图层管理功能

图形对象都位于预先设定的图层当中，用户可以方便地设定图层的颜色、线型、线宽等特性，还可以方便地控制图层的显示和锁定等特性。

3. 强大的图形文本注释功能

用户可以创建多种类型的尺寸标注并可以对标注样式进行自定义设置，还可以方便地对图形添加文字标注和表格，同时还提供了强大的文字和表格的编辑功能。

4. 完善的图形输出与打印功能

AutoCAD 支持绝大多数的输出设备并提供了强大的打印输出功能，另外，用户还可以进行多种图形格式的转换，具有较强的数据交换能力。

5. 强大的三维建模功能

用户可以使用 AutoCAD 提供的三维建模功能创建基本的三维实体对象和复杂的三维对象，还可通过三维编辑功能来创建更加复杂的三维对象。

6. 完善的图形渲染功能

用户可通过对光源、材质、环境的设置，得到三维图形的真实效果，可以创建一个能够表达用户想法的真实级照片质量的演示图像。

7. 完善的数据交换功能

AutoCAD 提供了多种图形图像数据交换格式及相应命令、完善的图形对象数据和信息查询功能。

8. 二次开发和用户定制功能

用户可以根据使用习惯和需要，对 AutoCAD 的工作界面进行设置，并且能够利用 Autolisp、Visual Lisp、VBA、ADS、ARX 等内嵌语言对软件进行二次开发。

1.1.2 AutoCAD 2014 新增功能

AutoCAD 2014 在原有的基础上添加了全新功能，并对相应操作功能进行了改动和完善，可以帮助用户更加方便快捷地完成任务。AutoCAD 2014 的新功能介绍如下。

1. 多功能夹点

AutoCAD 2014 的多功能夹点命令可以支持直接操作，能加快并简化编辑工作，可以使用不同类型的夹点以其他方式重新塑造、移动和操纵对象。经改进和优化后，功能强大的多功能夹点广泛应用于直线、多段线、圆弧、椭圆弧和样条曲线，以及标注对象和多重引线标注等，另外还可以应用于三维面、边和顶点的编辑。

对于很多对象，将光标悬停在夹点上可以访问具有特定于对象（或特定于夹点）的编辑选项菜单。例如，在绘图区选取一条直线，将光标悬停在直线右端的夹点处，会在光标附近显示相应的编辑菜单。选择要执行命令的选项，即可进行该项命令的操作。

针对不同类型的对象，其夹点编辑菜单有所不同，且当光标悬停在同类对象的不同夹点处，其显示的编辑菜单也不尽相同。另外，当选择对象上的多个夹点来拉伸对象时，选定夹点间的对象的形状将保持原样；当选择文字、块参照、直线中点、圆心和点对象上的夹点时，将移动这些对象而不是拉伸这些对象；如果选择象限点来拉伸圆或椭圆，然后在输入新半径命令的提示下指定距离，此距离是指从圆心而不是从选定的夹点测量的距离。

2. 命令行自动完成

AutoCAD 2014 提供自动完成选项功能，可以帮助用户更加有效地访问命令。当在命令行中输入相关命令时，系统自动提供一份清单，列出匹配的命令名称、系统变量和命令别名。

例如：当在命令行中输入字母"a"时，系统将自动列出一份与 a 有关的命令清单，如图 1-1 所示。此时，在该命令清单中选择相应的命令即可。在该清单列表中右击，将弹出快捷菜单，可以对该清单列表进行相关的设置，如图 1-2 所示。

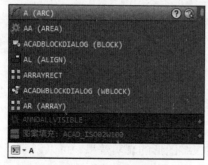

图 1-1　命令清单列表

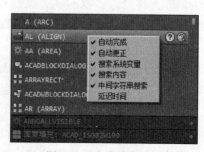

图 1-2　清单列表设置

3. UCS 坐标系功能

在以前版本的 AutoCAD 中，坐标系（UCS）是不能被选取的。在 AutoCAD 2014 中，UCS 坐标系不仅能够被选取，还可以直接进行相关的操作。选取 UCS 坐标系后，该坐标系上会显示不同的夹点。移动光标至不同的夹点上，将会显示相应的夹点编辑菜单，效果如图 1-3 所示。此时，在该编辑菜单上选择要执行的命令，即可对 UCS 坐标系进行相应的操作。需要注意的是：选取坐标时，只能使用鼠标左键单击，不能使用框选的方式进行选取，使用框选的方式选取的坐标系是无效的。

图 1-3　UCS 坐标系不同夹点处的编辑菜单

1.1.3　AutoCAD 2014 软硬件要求

AutoCAD 2014 软件的适用性较强，可以在多种操作系统支持的计算机上运行。使用 AutoCAD 2014 软件，需要确保计算机能够满足最低系统需求，如果系统不满足这些需求，则可能会出现运行不正常的情况。AutoCAD 2014 的软硬件需求见下表。

表　AutoCAD 2014 软硬件需求

32 位系统软硬件需求	操作系统	Windows XP，Microsoft Windows Vista SP1，Microsoft Windows 7，Microsoft Windows 8
	CPU 类型	Intel Pentium 4 或 AMD Athlon Dual Core 处理器，1.6 GHz 或更高
	内存	1 GB RAM 或 2 GB RAM
	显示器分辨率	真彩色 1280 × 1024 像素
	硬盘	安装空间需要 1 GB
	定点设备	MS - Mouse 兼容
	三维建模其他要求	Intel Pentium 4 或 AMD Athlon 处理器，3.0 GHz 或更高；或者 Intel 或 AMD Dual Core 处理器，2.0 GHz 或更高，1 GB RAM 或更大
64 位系统软硬件需求	操作系统	Windows XP，Microsoft Windows Vista SP1，Microsoft Windows 7，Microsoft Windows 8
	CPU 类型	Intel Pentium 4 或 AMD Athlon Dual Core 处理器，1.6 GHz 或更高
	内存	1 GB RAM 或 2 GB RAM
	显示器分辨率	真彩色 1280 × 1024 像素
	硬盘	安装空间需要 1 GB
	定点设备	MS - Mouse 兼容
	三维建模其他要求	Intel Pentium 4 或 AMD Athlon 处理器，3.0 GHz 或更高；或者 Intel 或 AMD Dual Core 处理器，2.0 GHz 或更高，1 GB RAM 或更大

1.2　AutoCAD 2014 操作界面

AutoCAD 2014 的操作界面在启动选项、功能区、选项板、状态栏等处又增加了许多新的选项，使操作更加便捷。

1.2.1 启动 AutoCAD 2014

完成 AutoCAD 2014 的安装，就可以启动软件。启动 AutoCAD 2014 有多种方法，可采用以下方法之一启动 AutoCAD 2014。

- 通过"开始"菜单启动，依次单击"开始"→"所有程序"→"Autodesk"→"AutoCAD 2014 – Simplified Chinese"→"AutoCAD 2014"菜单项。
- 双击计算机桌面上的 AutoCAD 2014 图标来启动。
- 通过鼠标双击"dwg"格式的图形文件，启动 AutoCAD 2014。

1.2.2 工作空间的切换

工作空间是由分组组织的菜单、工具栏、选项板和功能区控制面板组成的集合，可将它们进行编组和重新组织来创建一个面向任务的绘图环境，以便能够在专门的、面向任务的绘图环境中工作。使用工作空间时，只会显示与任务相关的菜单、工具栏和选项板。此外，工作空间还可以自动显示功能区，即带有特定于任务的控制面板的特殊选项板。

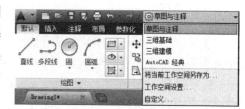

AutoCAD 2014 提供了 4 种工作空间，分别是"AutoCAD 经典""草图与注释""三维基础""三维建模"，可通过窗口右下角的"切换工作空间"快捷菜单或窗口左上角"快速启动工具栏"中的"工作空间下拉菜单"进行切换。用户可以根据个人需要来进行自定义工作空间，还可以将当前设置保存到工作空间中。如图 1-4 所示。

图 1-4　工作空间菜单

将工作空间切换至"AutoCAD 经典"时，程序界面将切换为如图 1-5 所示的状态。

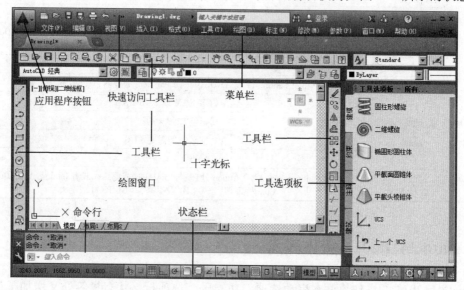

图 1-5　"AutoCAD 经典"工作空间

当将工作空间切换至"草图与注释"时，程序界面将切换为如图 1-6 所示的状态。此工作界面主要用于二维草图的绘制并进行文字与尺寸的注释。

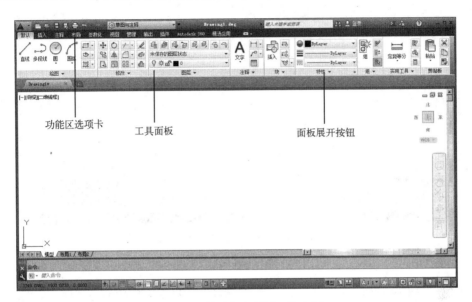

图 1-6 "草图与注释"工作空间

当将工作空间切换至"三维基础"时，程序界面将切换为如图 1-7 所示的状态。该界面提供了三维基础的相关命令。

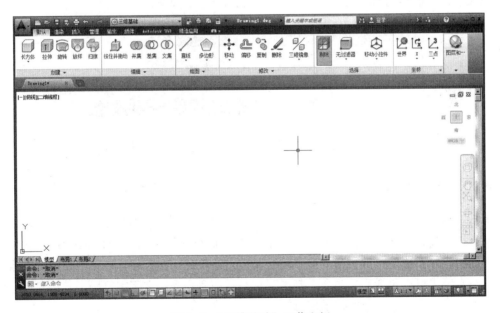

图 1-7 "三维基础"工作空间

当将工作空间切换至"三维建模"时，程序界面将切换为如图 1-8 所示的状态。该界面提供了三维建模的相关命令。

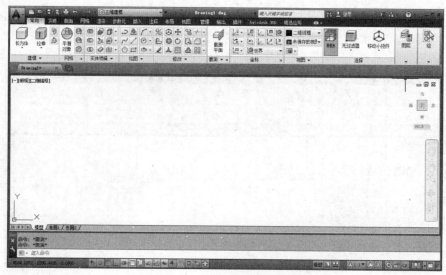

图 1-8 "三维建模"工作空间

1.2.3 功能区

在创建或打开文件时,程序会自动显示功能区,提供一个包括创建文件所需的所有工具的小型选项板,可以根据需要自定义功能区。功能区可水平显示,也可竖直显示。水平功能区在文件窗口的顶部显示,垂直功能区一般固定在窗口的左侧或右侧。用户可以通过功能区选项卡右侧的状态切换按钮来选择功能区的显示效果,程序提供有最小化为面板标题、最小化为面板按钮、最小化为选项卡 3 种形式。功能区如图 1-9 所示。

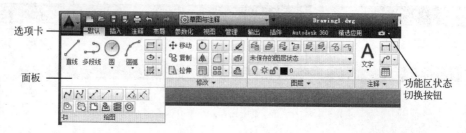

图 1-9 功能区

1.2.4 应用程序菜单

单击"应用程序"按钮 ，程序将会弹出应用程序菜单。通过应用程序菜单,用户可以快速执行创建、打开、保存、另存为、输出和发布文件等命令,如图 1-10 所示。

在应用程序菜单中提供了命令搜索功能,搜索字段显示在应用程序菜单顶部的搜索文本框中。搜索结果可以包括菜单命令、基本工具提示和命令提示文字字符串。若将光标悬停在某命令附近,还可显示相关的提示信息。

用户可以在此查看最近使用的文档、已打开的文档,并能够对文档进行预览。当将光标悬停在其中一个列表中的文件上时,将显示文件的预览与相关信息,如保存文件的路径、上次修改文件的日期、用于创建文件的产品版本、上次保存文件的人员姓名、当前在编辑文件的人员姓名,如图 1-11 所示。

6

图 1-10　应用程序菜单　　　　　　　　图 1-11　图形浏览

1.2.5　快速访问工具栏

"快速访问工具栏"位于应用程序窗口顶部，用户可通过它快速执行相关命令，以提高工作效率，如图 1-12 所示。

图 1-12　快速访问工具栏

a）快速访问工具栏　b）快捷菜单

在"快速访问工具栏"中显示有新建、打开、保存、打印、放弃和重做等命令按钮。用户可以根据需要对"快速访问工具栏"进行添加、删除和重新定位命令及控件，以按照工作方式对界面元素进行适当调整；还可以将下拉菜单和分隔符添加到组中，并组织相关的命令；可以通过快速访问工具栏右侧的下拉箭头按钮对其进行自定义，在此还可以选择是否显示传统的"菜单栏"，以及"快速访问工具栏"的显示位置是在功能区的上方或下方。

1.2.6　状态栏

状态栏位于绘图屏幕的底部，用于显示坐标和提示信息等，同时还提供了一系列的控制按钮。状态栏中可显示光标的坐标值以及用于快速查看的工具，用户可以通过图标或文字的形式查看图形工具按钮，如图 1-13 所示。

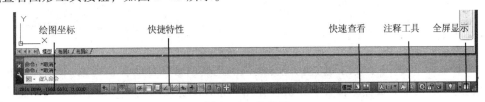

图 1-13　状态栏

通过捕捉工具、极轴工具、对象捕捉工具和对象追踪工具的快捷菜单，用户可以轻松更改这些绘图工具的设置。锁定按钮可锁定工具栏和窗口的当前位置；也可单击"全屏显示"

按钮展开图形显示区域，以方便绘图；还可通过在状态栏空白处右击调用快捷菜单，设置状态栏工具，如图 1-14 所示。

1.2.7　命令窗口

命令窗口主要用于显示提示信息和接受输入的数据，它位于绘图界面的最下方，用户可在命令行提示中输入各种命令。该窗口还显示 AutoCAD 命令的提示及有关信息，并可查阅和复制命令的历史记录。在 AutoCAD 中可以按〈Ctrl + 9〉键来控制命令窗口的显示和隐藏。当按住命令行左侧的标题栏进行拖动时，将使其成为浮动面板，如图 1-15 所示。

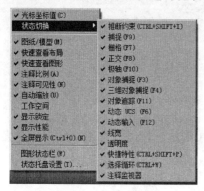

图 1-14　状态栏快捷菜单

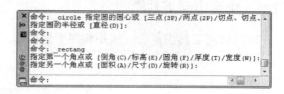

图 1-15　命令窗口

1.2.8　工具选项板

工具选项板提供了一种用来组织、共享和放置块、图案填充及其他工具的有效方法，可以通过菜单栏的工具下拉菜单调用工具选项板。工具选项板还可以包含由第三方开发人员提供的自定义工具，如图 1-16 所示。

用户可以通过将对象从图形拖至工具选项板中来创建工具，然后可以使用添加的新工具来创建与拖至工具选项板的对象具有相同特性的对象。当然，用户也可以更改创建的新工具的特性，以便创建不同特性的对象。如果将块或外部参照拖至工具选项板，则新工具将在图形中插入一个具有相同特性的块或外部参照。若将几何对象或标注拖至工具选项板后，会自动创建带有相应弹出命令的新工具。

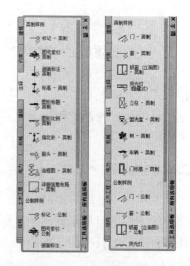

图 1-16　工具选项板

1.2.9　工具栏

在 AutoCAD 2014 中，除了通过功能区提供的工具面板和命令窗口可以执行各种命令外，还可以利用工具栏来完成命令操作。工具栏是由一系列图标按钮构成，每个图标按钮都形象地表示了一个 AutoCAD 命令。用户可通过选择菜单栏中的"工具"→"工具栏"命令调用 Auto-CAD 提供的工具栏，另外也可以在已有的工具栏空白处右击，在弹出的快捷菜单中调用工具栏。使用工具栏上的图标按钮，可以启动命令以及显示弹出工具栏和工具提示信息，将光标移到工具栏按钮上时，工具提示将会显示命令按钮的名称。对于右下角带有黑色三角形的按钮，则是包含相关命令的弹出工具栏。还可以选择显示或隐藏工具栏、锁定工具栏和调整工具栏大小，并可将所做的选择另存为一个工作空间，也可以创建自定义工具栏，以便提高绘图效率。

工具栏能够以浮动或固定的方式显示。浮动工具栏可以显示在绘图区域的任意位置，可以将浮动工具栏拖动至新位置或将其固定。固定工具栏可以附着在绘图区域的任意一侧，如图1-17所示。

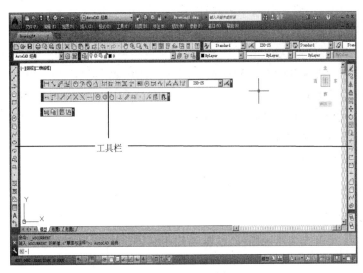

图1-17　工具栏

1.2.10　十字光标

十字光标是AutoCAD在图形窗口显示的绘图光标，主要用于选择和绘制对象，功能同鼠标、光笔等定点设备。当移动定点设备时，十字光标的位置会相应移动。如果要改变光标的大小，可在"选项"对话框中通过拖动"显示"选项卡中的"十字光标大小"的滑块来控制光标十字线的长度，如图1-18所示。

通过拖动"选择集"选项卡中的"拾取框大小"的滑块可控制十字光标选择区域的大小，如图1-19所示。

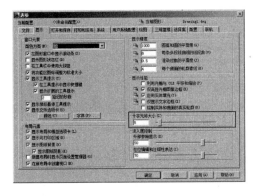

图1-18　"显示"选项卡

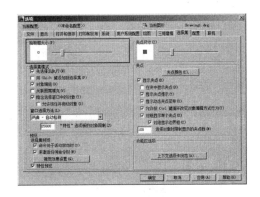

图1-19　"选择集"选项卡

9

1.3 实训

1.3.1 切换工作空间

1. 实训要求

利用本章所讲内容，尝试切换 AutoCAD 2014 的工作空间，熟悉软件工作界面。

2. 实训指导

1）从"开始"菜单依次单击"所有程序"→"AutoCAD 2014 – Simplified Chinese"→"AutoCAD 2014"或从桌面双击程序快捷图标，打开 AutoCAD 2014 程序。

2）在 AutoCAD 2014 工作界面中，单击位于窗口右下角状态栏中的"切换工作空间"按钮 草图与注释，在弹出的下拉列表中依次选择"草图与注释""三维建模""三维基础""AutoCAD 经典"4 种工作空间进行切换，并熟悉在不同的工作空间中，工作界面的变化以及功能区的分布情况。

1.3.2 调用菜单栏

1. 实训要求

启动 AutoCAD 2014 程序，利用"快速访问工具栏"设置"菜单栏"的显示与隐藏。

2. 实训指导

1）从"开始"菜单依次单击"所有程序"→"AutoCAD 2014 – Simplified Chinese"→"AutoCAD 2014"或从桌面双击程序快捷图标，打开 AutoCAD 2014 程序。

2）单击"快速访问工具栏"右端的下拉箭头按钮，选择"显示菜单栏"调出菜单栏。

3）单击"快速访问工具栏"右端的下拉箭头按钮，选择"隐藏菜单栏"隐藏菜单栏，如图 1-20 所示。

图 1-20　调用菜单栏

1.3.3 设置工具选项板

1. 实训要求

利用本章所学内容，对 AutoCAD 2014 提供的工具选项板进行相应设置。

2. 实训指导

1）从"开始"菜单依次单击"所有程序"→"AutoCAD 2014 – Simplified Chinese"→"AutoCAD 2014"或从桌面双击程序快捷图标，打开 AutoCAD 2014 程序。

2）在菜单栏中选择"工具"→"选项板"→"工具选项板"命令，调出工具选项板。也可以在功能区依次选择"视图"选项卡→"选项板"面板→"工具选项板"命令调出工具选项板。

3）在弹出的"工具选项板"的空白区域右击，在弹出的如图 1–21 所示的快捷菜单中选择相应的命令，对"工具选项板"的"自动隐藏""透明度""排序""新建选项板""删除选项板""自定义选项板""自定义命令"等选项进行设置。

图 1–21　设置工具选项板

1.4　思考与练习

1）AutoCAD 2014 提供的主要功能有哪些？

2）通过快速访问工具栏可执行哪些命令操作？

3）用户可以通过哪些方法切换工作空间？

4）在 AutoCAD 2014 的状态栏中提供了哪些工具？

5）调用 AutoCAD 2014 提供的标准、绘图、修改等工具栏，熟悉其工作环境。

第2章　基本绘图工具应用

本章主要学习在 AutoCAD 2014 中进行图形文件管理、设置绘图环境、草图设置、命令执行操作、坐标系的使用、对象的选择、图层管理等内容，重点是命令的执行及应用。这些都是应用 AutoCAD 绘图的基本要求，用户必须熟练掌握这些操作和设置，并能够运用自如，为后面绘制图形打下牢固的基础。

2.1　图形文件管理

在使用 AutoCAD 2014 进行绘图之前，先要了解管理图形文件所必需的操作命令，即创建图形文件、打开现有的图形文件、保存或者重命名保存图形文件以及获得帮助等。熟悉这些图形文件的管理方法可以有效地提高工作效率。

2.1.1　创建图形文件

1. 功能

用户可以通过多种方法创建新的图形文件，如通过"创建新图形"对话框、"选择样板"对话框，或通过不使用任何对话框的默认图形样板文件。

2. 命令调用

可采用以下操作方法之一调用该命令。

- 单击"应用程序"按钮 ，在弹出的菜单中选择"新建"按钮 。
- 单击"快速访问工具栏"中的"新建"按钮 。
- 在命令行输入"New"，按〈Enter〉键执行。
- 按快捷键〈Ctrl + N〉执行命令。

3. 命令操作

执行该命令，若将"STARTUP"和"FILEDIA"系统变量均设置为 1，程序将会弹出"创建新图形"对话框，反之则会弹出"选择样板"对话框。通过"创建新图形"对话框创建新图形文件的方法有以下 3 种。

（1）默认方式创建新的图形文件

在"创建新图形"对话框中，单击"从草图开始"按钮 ，表示使用默认设置新建一幅空白图形，如图 2-1 所示。

（2）使用向导创建新图形文件

在"创建新图形"对话框中单击"使用向导"按钮 ，在对话框的"选择向导"区域中给出了两个向导，即"高级设置"和"快速设置"，如图 2-2 所示。

选择"快速设置"选项，单击"确定"按钮，弹出"快速设置"对话框，首先需要选择测量单位，单位是指输入以及程序显示坐标和测量所采用的格式，一般选择为"小数"。

如图 2-3 所示。

　　单击"下一步"按钮，设置绘图区域，区域是指按绘制图形的实际比例单位表示的宽度和长度，此设置还将限定栅格点所覆盖的绘图区域，如图 2-4 所示。

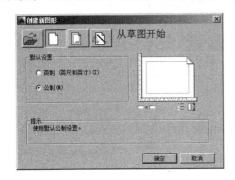

图 2-1　"创建新图形"对话框

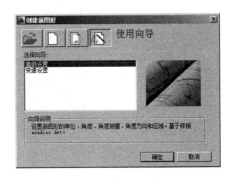

图 2-2　使用向导

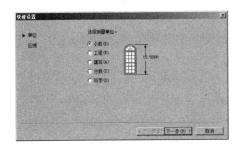

图 2-3　单位设置

图 2-4　区域设置

　　若在"创建新图形"对话框中选择"高级设置"选项，单击"确定"按钮，将弹出"高级设置"对话框。在其左侧区域会多出 3 个设置项，即"角度""角度测量""角度方向"。一般情况下，角度选择为"十进制度数"，角度测量的起始方向选为"东"，角度方向选为"逆时针"，如图 2-5 所示。

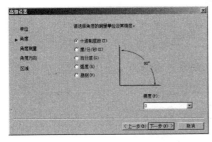

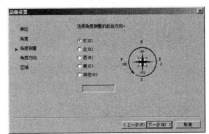

图 2-5　角度设置

　　完成以上设置，单击"完成"按钮，进入工作界面，即完成了新图形文件的创建。

　　（3）使用样板文件创建新图形

　　样板图形是预先对绘图环境进行了设置的"图形模板"，通过创建或自定义样板文件可避免重复性的设置工作。样板文件中通常包含与绘图相关的一些通用设置，如单位类型和精度、栅格界限、图层、线型、文字样式、尺寸标注样式等，还可以包括一些通用图形对象，如标题栏、图框等。在命令行中输入"New"或在对话框中单击"使用样板"按钮 📄 ，即可调用样板文件，如图2-6所示。

图2-6 使用样板文件

2.1.2 打开图形文件

1. 功能

在实际的图形绘制过程中，经常需要打开原有的图形文件进行编辑和修改。

2. 命令调用

用户可采用以下操作方法之一调用该命令。

- 单击"应用程序"按钮 🅰 ，在弹出的菜单中选择"打开"按钮 📂 打开 ▸ 。
- 单击"快速访问工具栏"中的"打开"按钮 📂 。
- 在命令行输入"Open"，按〈Enter〉键执行。
- 按快捷键〈Ctrl + O〉打开图形文件。
- 使用设计中心打开图形。
- 使用图纸集管理器可以在图纸集中找到并打开图形。

3. 命令操作

执行"打开"命令，程序将会弹出"选择文件"对话框，如图2-7所示。在该对话框中单击"打开"按钮旁边的下拉菜单按钮，在弹出的快捷菜单中提供了4种文件打开方式。

图2-7 "选择文件"对话框

（1）打开

该方式是打开图形文件时最常见的操作方式，可在"选择文件"对话框中双击图形文件，或单击"打开"按钮打开当前所指定的图形文件。

（2）以只读方式打开

该打开方式是将文件以只读的方式打开，可对其进行编辑操作。但是编辑后不能直接以原文件名存盘，可另存为其他名称的图形文件。

（3）局部打开

局部打开是有选择地打开图形中的部分内容。执行该命令，程序将会弹出"局部打开"对话框，如图 2-8 所示。当处理较大的图形文件时，可以利用局部打开命令来提高软件的工作效率。

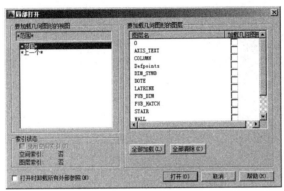

图 2-8 "局部打开"对话框

（4）以只读方式局部打开

该方式与局部打开文件一样，并且对当前图形进行的编辑操作，只可另存为其他名称的图形文件，无法直接保存。

2.1.3 保存图形文件

1. 功能

与使用其他 Microsoft Windows 应用程序一样，使用 AutoCAD 进行图形绘制后需要保存图形文件以便日后使用。用户可以设置自动保存、备份文件以及仅保存选定的对象。AutoCAD 2014 图形文档的文件扩展名为"dwg"，除非更改保存图形文件所使用的默认文件格式，否则将使用最新的图形文件格式保存图形。

在 AutoCAD 2014 中，图形文档默认的文件类型为"AutoCAD 2014 图形"，也可以将图形文档保存为传统图形文件格式（AutoCAD 2004 或早期版本），但是早期版本的图形文档不支持大于 256MB 的对象。通过 AutoCAD 2014 图形文件格式，这些限制已删除，从而可以保存容量更大的对象。用户可以使用 LARGEOBJECTSUPPORT 系统变量控制保存图形时使用的图形对象大小限制。

在对图形进行处理时，应当经常进行保存。保存操作可以在出现电源故障或发生其他意外事件时防止图形及其数据丢失。

2. 命令调用

用户可采用以下操作方法之一调用该命令。

● 单击"应用程序"按钮，在弹出的菜单中选择"保存"按钮。

● 单击"快速访问工具栏"中的"保存"按钮。

- 在命令行中输入"Save"，按〈Enter〉键执行。
- 按键盘快捷键〈Ctrl＋S〉保存图形文件。

3. 命令操作

如果当前的图形文件是首次执行"保存"命令，程序将会弹出"图形另存为"对话框，如图2-9所示。如果对已经保存的图形文件进行编辑修改后再次进行保存时，程序则直接按原有文件的首次保存路径和文件名进行保存，不再弹出对话框。

图2-9 "图形另存为"对话框

2.1.4 关闭图形并退出 AutoCAD 2014

1. 功能

用户可以关闭所绘制的图形，但仍然使 AutoCAD 处于打开状态。用户需分清楚是只关闭图形文件还是要退出 AutoCAD 2014 软件。

2. 命令调用

1）用户可采用以下操作方法之一调用关闭当前的图形文件命令。
- 单击右上角✕（"关闭"按钮）。
- 在菜单栏中选择"文件"→"关闭"命令。
- 在命令行输入"Close"，按〈Enter〉键执行。

2）用户可采用以下操作方法之一调用退出 AutoCAD 2014 命令。
- 在菜单栏中选择"文件"→"退出"命令。
- 在命令行输入"Quit"，按〈Enter〉键执行。
- 按钮：✕或双击左上角▲。
- 按快捷键〈Alt＋F4〉退出 AutoCAD 2014。

如果退出时，已打开的图形文件在修改后没有存盘，也将弹出对话框，询问是否保存文件或取消该命令，做出响应后，AutoCAD 将所有的图形文件按指定文件名及路径进行存盘，然后再退出 AutoCAD 2014。

2.2 设置绘图环境

使用 AutoCAD 进行绘图之前，和手工绘图一样，需要对一些必要的条件进行设置，以便得到一个合理的、适合自己绘图习惯的绘图环境。绘图环境是与 AutoCAD 软件的交流平台，若要保证准确、快速地绘制工程图，必须设置符合专业制图标准的绘图环境。

2.2.1 设置绘图单位

1. 功能

图形单位是在绘图中所采用的单位，在 AutoCAD 中创建的所有图形对象都是根据绘图单位进行测量的。绘图前需要确定图形中要使用的测量单位，所以，必须基于要绘制的图形确定一个图形单位代表的实际大小，然后据此约定创建实际大小的图形。例如，一个图形单位的距离通常表示实际单位的 1 mm、1 cm 或 1 in。设置绘图单位是指定义绘图时使用的长度单位、角度单位的格式以及它们的精度。

2. 命令调用

用户可采用以下操作方法之一调用该命令。

- 在菜单栏选择"格式"→"单位"命令。
- 在命令行输入"Units"，按〈Enter〉键执行。

3. 命令操作

执行该命令，程序即可弹出"图形单位"对话框，如图 2-10 所示。该对话框分有"长度""角度""插入时的缩放单位""光源"4 个选项组，具体介绍如下。

（1）长度

在"长度"选项组，可以设置图形的长度单位类型和精度。AutoCAD 2014 提供了 5 种长度单位类型，分别为"分数""工程""建筑""科学""小数"。在"精度"选项框中，可控制线型测量值显示的小数位数或分数大小，程序提供了 9 种精度，在机械制图中通常选择"0.00"，精度精确到小数点后 2 位，在建筑工程中通常选择"0"，精度精确到整数位。

（2）角度

在"角度"选项组，可以设置图形的角度格式和精度。AutoCAD 2014 提供了 5 种角度单位类型，分别为"百分度""度/分/秒""弧度""勘测单位""十进制读数"。在"精度"选项框中，可以设置当前角度显示的精度，程序提供了 9 种精度。还可以选择"顺时针"复选框，以顺时针方向计算正的角度值，默认的正角度方向为逆时针方向。还可以设置零角度的位置，以控制角度的方向，单击对话框下部的"方向"按钮，程序将会弹出"方向控制"对话框，如图 2-11 所示。系统默认 0°角的方向为正东方向。

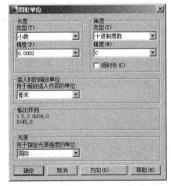

图 2-10 "图形单位"对话框

图 2-11 "方向控制"对话框

(3) 光源

对话框左下角是"光源"选项组可以选择光源单位的类型。AutoCAD 2014 提供了 3 种光源单位，分别是常规、国际标准和美国。

2.2.2 设置图形界限

1. 功能

在 AutoCAD 中进行绘图的工作环境是一个无限大的空间，即模型空间，它是指根据需要设定的绘图工作区域的大小。它以坐标形式表示，并以绘图单位来度量，它是可以使用的绘图区域。

2. 命令调用

用户可采用以下操作方法之一调用该命令。

- 在菜单栏选择"格式"→"图形界限"命令。
- 在命令行输入"Limits"，按〈Enter〉键执行。

3. 命令操作

图形界限是通过指定左下角与右上角两点的坐标来定义，一般要大于或等于实体（通常采用1:1 的比例进行绘图）的绝对尺寸。用户可以根据所绘图形的大小、比例等因素来确定绘图幅面，如 A2（420×594）、A3（297×420）等。执行该命令，命令行提示如下。

> 命令：Limits（执行图形界限命令）
> 重新设置模型空间界限：
> 指定左下角点或［开(ON)/关(OFF)］<0.0000,0.0000>:（单击"Enter"键使用默认值）
> 指定右上角点 <420.0000,297.0000>: 420.0000,594.0000（输入图幅右上角图界坐标）

实际操作中，一旦改变了图纸界限，绘图区的对象显示大小会发生改变，一般"Limits"命令常与"Zoom"命令配合使用，以正常显示图形对象。

2.2.3 设置界面选项

1. 功能

用户可以通过 AutoCAD 提供的"选项"对话框对程序默认的界面选项进行设置，以得到一个最佳的、最适合自己习惯的系统配置，从而提高绘图的速度和质量。

2. 命令调用

用户可采用以下操作方法之一调用该命令。

- 在菜单栏选择"工具"→"选项"命令。
- 单击"应用程序"按钮→"选项"命令。
- 在绘图区右击，在弹出的快捷菜单中选择"选项"命令。
- 在命令行输入"Options"，按〈Enter〉键执行。

3. 命令操作

执行该命令，将弹出"选项"对话框，如图 2-12 所示。在"选项"对话框中提供了文件、显示、打开和保存、打印和发布、系统、三维建模、选择集等 11 个选项卡，可根据需要对其进行设置。各选项卡具体功能简介如下。

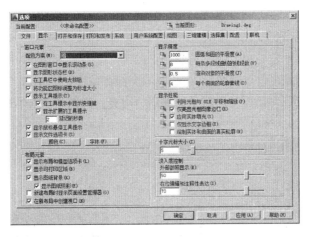

图 2-12　"选项"对话框

"文件"选项卡：用于确定 AutoCAD 搜索支持文件、驱动程序文件、菜单文件和其他文件时的路径，以及定义的一些设置项。

"显示"选项卡：用于设置窗口元素、布局元素、显示精度、显示性能、十字光标大小等显示属性。在"窗口元素"选项组，用户可以设置绘图窗口显示的内容、颜色及字体，如图 2-13 所示；在"显示精度"选项组，用户可以设置图形的显示精度，其值越小，运行性能越好，但显示精度会下降；在"十字光标大小"选项组，用户可设置光标大小，一般按默认设置取 5。

"打开和保存"选项卡：用于设置图形文件自动保存以及自动保存文件的时间间隔，是否维护日志以及是否加载外部参照等。单击"安全选项"按钮，可在此设置文件安全措施，如添加图形文件的打开密码，如图 2-14 所示。

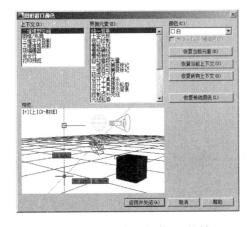

图 2-13　"图形窗口颜色"对话框

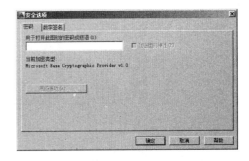

图 2-14　"安全选项"对话框

"打印和发布"选项卡：用于设置 AutoCAD 2014 的输出设备。

"系统"选项卡：用于设置当前三维图形的显示特性、设置定点设备、是否显示 OLE 特性对话框、是否显示所有警告信息、是否检查网络连接以及是否显示启动对话框等。

"用户系统配置"选项卡：可以根据习惯自定义鼠标右键功能，可以设置图形插入比例，还可以用于设置线宽的显示方式。为了提高绘图效率，通常会使用"自定义右键单击"对话框对右键快捷菜单进行设置，如图2-15所示。默认的系统配置是单击右键可弹出快捷菜单，根据操作状态不同（未选定对象、选定对象、正在执行命令），系统弹出的快捷菜单内容也不相同，也可以选择"重复上一个命令"，以提高绘图操作效率。若单击"线宽设置"按钮，即可在弹出的"线宽设置"对话框中对线条宽度进行设置，如图2-16所示。用户可在此设置当前线宽、设置线宽单位、控制线宽的显示和显示比例，以及设置图层的默认线宽值。

图2-15 "自定义右键单击"对话框

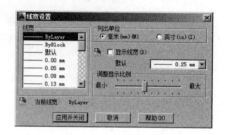

图2-16 "线宽设置"对话框

"绘图"选项卡：用于设置自动捕捉、自动追踪、对象捕捉标记框的颜色和大小，以及靶框的大小，如图2-17所示。

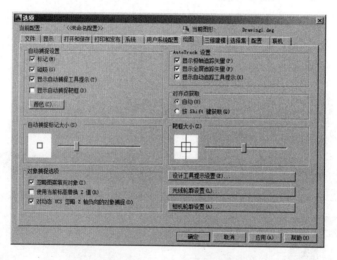

图2-17 "绘图"选项卡

"三维建模"选项卡：用于对三维绘图模式下的三维十字光标、UCS光标、动态输入光标、三维对象和三维导航等选项进行设置。

"选择集"选项卡：用于设置选择集模式、拾取框大小及对象夹点大小等，如图2-18所示。

"配置"选项卡：用于实现新建系统配置文件、重命名系统配置文件以及删除系统配置文件。

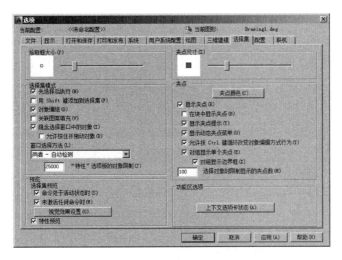

图 2-18　"选择集"选项卡

2.3　绘图辅助工具的应用

AutoCAD 2014 提供的绘图辅助工具主要有栅格和捕捉、正交、极轴追踪、对象捕捉、对象捕捉追踪、动态输入等。绘图辅助工具集中显示在状态栏中，可以在任意按钮上右击，在弹出的快捷菜单中选择"使用图标"命令，可将绘图辅助工具的显示状态切换为"图标显示"或"文本显示"，如图 2-19 所示。在绘图过程中，用户可以灵活运用绘图辅助工具，以便更准确地绘制图形，提高绘图的速度、准确性以及工作效率。

图标显示

文本显示

图 2-19　绘图辅助工具

2.3.1　栅格和捕捉

1. 功能

栅格是指点或线的矩阵遍布指定为栅格界限的整个区域。使用栅格类似于在图形下放置一张坐标纸，以提供直观的距离和位置参照。栅格只是绘图辅助工具，并不是图形的一部分，所以不会被打印出来。"捕捉模式"用于限制十字光标，使其按照定义的栅格间距移动。"捕捉模式"有助于使用箭头或定点设备来精确定位点。

栅格和捕捉功能是在 AutoCAD 中进行辅助绘图的一项重要功能，需要两者结合起来才能更精确地绘制图形，提高绘图的速度和准确性。使用栅格和捕捉功能可以快速指定点的位置。栅格捕捉打开时，光标的移动受栅格捕捉间距的限制，通过鼠标指定的点都将落在捕捉间距所定的点上。

2. 命令调用

用户可采用以下操作方法之一调用该命令。

- 单击屏幕下方状态栏中的"栅格显示"按钮▦，以执行栅格命令。单击状态栏中的"捕捉模式"按钮▦，以执行捕捉命令。
- 按功能键〈F7〉以执行栅格命令。按功能键〈F9〉，执行捕捉命令。
- 按快捷键〈Ctrl + B〉便可开启捕捉功能。

3. 命令操作

（1）栅格

在默认情况下栅格功能是开启的。开启栅格功能后，在绘图区域中将显示一些网格，这些网格即栅格，如图 2-20 所示。用户若要提高绘图的速度和效率，可以选择显示并捕捉矩形栅格，还可以控制其间距、角度和对齐。如果放大或缩小图形，将会自动调整栅格间距，使其更适合新的比例，这称为自适应栅格显示。

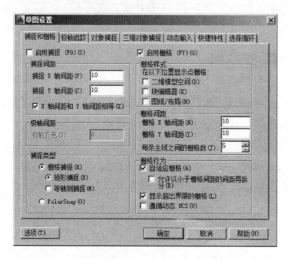

图 2-20　设置主栅格线频率

1）栅格的显示样式。

栅格有两种显示方式，可以将栅格显示为点矩阵或线矩阵。仅在当前视觉样式设置为"二维线框"时，栅格才会显示为点，否则栅格将显示为线。在三维界面中工作时，所有视觉样式都显示为线栅格。

2）主栅格线的频率。

如果栅格以线显示，则颜色较深的线称为主栅格线，以十进制单位或英尺和英寸绘图时，主栅格线对于快速测量距离非常有用。要设置主栅格线的频率，可在状态栏的栅格功能下右击，并在弹出的快捷菜单中选择"设置"命令。即可在打开的对话框中设置"栅格 X 轴间距"和"栅格 Y 轴间距"的数值，从而控制主栅格的频率，两轴间默认为相等间距，如图 2-21 所示。

3）更改栅格角度。

在绘图过程中如果需要沿特定的对齐或角度绘图，可以通过 UCS 坐标系来更改栅格角度，或者在命令行中输入"Snapang"，也可直接修改栅格角度。

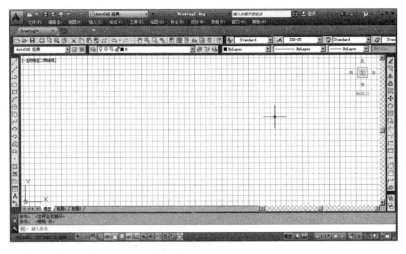

图 2-21　栅格

（2）捕捉

在移动鼠标时，屏幕上的十字光标将沿着栅格的点或线的 X 轴或 Y 轴进行移动并自动定位到附近的栅格上。用户若要设置捕捉方式，可以在状态栏中的"捕捉模式"按钮上右击，并在打开的快捷菜单中选择"设置"命令，程序将会显示"草图设置"对话框的"捕捉和栅格"选项卡，可在此设置捕捉间距和捕捉类型等。

捕捉间距的设置可以与栅格的间距不一致，但是最好将栅格间距设置为捕捉间距的整数倍，这样既可使用较大的栅格参考，也可使用较小的捕捉间距，以便保证定点位的精确性。

2.3.2　正交模式

1. 功能

在绘图过程中使用正交功能，可以将光标限制在水平或垂直方向上移动，以便于精确创建和修改对象。在绘图和编辑过程中，可以随时打开或关闭"正交模式"，输入坐标或指定对象捕捉时将忽略"正交模式"。要临时打开或关闭"正交模式"，可按住临时替代键〈Shift〉。使用临时替代键时，将无法使用直接距离输入方法。"正交模式"和"极轴追踪"不能同时打开。当打开"正交模式"时，程序将自动关闭"极轴追踪"。

2. 命令调用

用户可采用以下操作方法之一调用该命令。

● 单击状态栏的"正交模式"按钮■，启用或禁用正交模式。

● 按功能键〈F8〉以启用或禁用正交模式。

2.3.3　极轴追踪

1. 功能

使用极轴追踪，光标将按指定角度提示角度值。使用极轴捕捉，光标将沿极轴角按指定增量进行移动。

2. 命令调用

用户可采用以下操作方法之一调用该命令。

- 在状态栏单击"极轴追踪"按钮 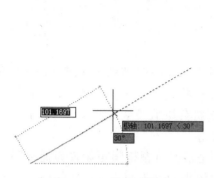，启用极轴追踪功能。
- 按功能键〈F10〉，即可启用极轴追踪功能。

3. 命令操作

开启极轴追踪功能后，当十字光标靠近指定的极轴角度时，在十字光标的一侧就会显示当前点距离前一点的长度、角度及极轴追踪的轨迹，如图 2-22 所示。

系统默认的极轴追踪角度是 90°，用户可以在"草图设置"对话框中的"极轴追踪"选项卡对极轴角度的大小进行设置，如图 2-23 所示。

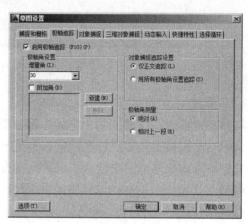

图 2-22 极轴追踪模式　　　　　图 2-23 "极轴追踪"选项卡

"极轴追踪"选项卡中各选项的功能如下。

- "启用极轴追踪"：勾选该复选框后将启用极轴功能。
- "增量角"：在该下拉列表框中选择或直接输入角度值来指定极轴角度。
- "附加角"：勾选该复选框后单击"新建"按钮，在旁边的列表框中可追加多个极轴角度。
- "对象捕捉追踪设置"：用于设置对象捕捉追踪的显示方式。选择"仅正交追踪"单选按钮，只显示捕捉的正交追踪路径；选择"用所有极轴角设置追踪"单选按钮，光标将从捕捉点起沿极轴角度进行追踪。
- "极轴角测量"：用于更改极轴的角度类型。默认选择"绝对"类型，即以当前坐标系确定极轴追踪的角度。如果选择"相对上一段"单选按钮，则根据上一个绘制线段确定极轴的追踪角度。

2.3.4 对象捕捉

1. 功能

对象捕捉是将指定的点限制在现有对象的特定位置上，如可以捕捉到图形端点、中点、圆心、切点和交点等。使用对象捕捉功能，可快速、准确地捕捉到特征点，从而达到准确绘图的效果。

2. 命令调用

用户可采用以下操作方法之一调用该命令。

- 鼠标左键单击状态栏"对象捕捉"按钮 ，以激活"对象捕捉"状态。
- 在"对象捕捉"工具栏中单击相应的捕捉模式，以激活"对象捕捉"状态。
- 按功能键〈F3〉，以激活"对象捕捉"状态。
- 按住〈Shift〉键在绘图区中右击，将会打开"对象捕捉"快捷菜单，可以方便地在快捷菜单中选择对象捕捉的方式，以激活"对象捕捉"状态。
- 在命令行输入相应的捕捉命令（例如圆心捕捉命令为 CEN、端点捕捉命令为 Endp），以激活"对象捕捉"状态。

3. 命令操作

当激活"对象捕捉"状态后，既可在绘图过程中捕捉到所需要的特征点。用户若要执行对象捕捉操作，首先需要指定捕捉该点的类型。右击状态栏中的"对象捕捉"按钮，在打开的快捷菜单中选择"设置"命令，或在"对象捕捉"工具栏中单击"对象捕捉设置"按钮，在弹出的对话框中选择对象捕捉点的方式即可。另外，也可以通过右键快捷菜单来选择对象捕捉点的方式，如图 2-24 所示。

a)　　　　　　　　　　　　　b)　　　　　　c)

图 2-24 "对象捕捉"模式

a)"对象捕捉"选项卡　b)"对象捕捉"工具栏　c)"对象捕捉"快捷工菜单

常用的对象捕捉类型包括有以下内容。
- "端点" ：捕捉到圆弧、椭圆弧、直线、多行、多段线线段、样条曲线、面域或射线最近的端点，或捕捉宽线、实体或三维面域的最近角点。
- "中点" ：捕捉到圆弧、椭圆、椭圆弧、直线、多行、多段线线段、面域、实体、样条曲线或参照线的中点。
- "圆心" ：捕捉到圆弧、圆、椭圆或椭圆弧的中心。
- "节点" ：捕捉到点对象、标注定义点或标注文字原点。
- "象限点" ：捕捉到圆弧、圆、椭圆或椭圆弧的象限点。
- "交点" ：捕捉到圆弧、圆、椭圆、椭圆弧、直线、多行、多段线、射线、面域、样条曲线或参照线的交点。"延伸交点"不能用作执行对象捕捉模式。
- "延长线" ：当光标经过对象的端点时，显示临时延长线或圆弧，以便在延长线或圆弧上指定点。

25

- "插入点" ⬚：捕捉到属性、块、形或文字的插入点。
- "垂足" ⬚：捕捉圆弧、圆、椭圆、椭圆弧、直线、多线、多段线、射线、面域、实体、样条曲线或构造线的垂足。
- "切点" ⬚：捕捉到圆弧、圆、椭圆、椭圆弧或样条曲线的切点。
- "最近点" ⬚：捕捉到圆弧、圆、椭圆、椭圆弧、直线、多行、点、多段线、射线、样条曲线或参照线的最近点。

2.3.5　动态输入

1. 功能

"动态输入"在光标附近提供了一个命令界面，以帮助专注于绘图区域。打开动态输入时，工具提示将在光标旁边显示信息，该信息会随光标的移动而动态更新。当某命令处于活动状态时，工具提示将提供输入的位置。

在输入字段中输入数值并按〈Tab〉键后，该字段将显示一个锁定图标，并且光标会受输入值的约束。随后可以在第二个输入字段中输入数值。若输入数值后按〈Enter〉键，则第二个输入字段将被忽略，且该数值将被视为输入的距离数值。

2. 命令调用

用户可采用以下操作方法之一调用该命令。
- 单击状态栏上的"动态输入"按钮 ⬚，以打开和关闭动态输入。
- 按功能键〈F12〉，以打开和关闭动态输入。

3. 命令操作

在状态栏的"动态输入"按钮 ⬚ 上右击，在弹出的快捷菜单中选择"设置"命令，打开"草图设置"对话框，选择"动态输入"选项卡，可以设置动态输入的参数，以控制在启用"动态输入"时每个部件所显示的内容，如图 2-25 所示。

动态输入有 3 个组件：指针输入、标注输入和动态提示，分别控制动态输入的 3 项功能。

（1）指针输入

当启用指针输入且正在执行命令时，十字光标的位置将在光标附近的功能提示中显示为坐标。用户可以在功能提示中输入坐标值，而不用在命令行中输入。

在"动态输入"选项卡中勾选"启用指针输入"复选框，可打开动态指针显示。在指针输入栏中单击"设置"按钮，即可弹出"指针输入设置"对话框，在此用户可以设置显示信息的格式和可见性，如图 2-26 所示。使用指针输入设置可修改坐标的默认格式以及控制指针输入工具提示何时显示。

（2）标注输入

启用标注输入功能，当命令提示指定第二点时，工具提示将显示距离和角度值，而且在工具提示中的数值将会随着光标的移动而改变，此时按〈Tab〉键可以移动到要更改的数值。标注输入可用于直线和多段线、弧、椭圆、圆等图形对象。

在"动态输入"选项卡中勾选"可能时启用标注输入"复选框，可以启用标注输入。单击标注输入栏中的"设置"按钮，将会弹出"标注输入的设置"对话框，用户可以在此设置标注输入的字段数和内容，如图 2-27 所示。

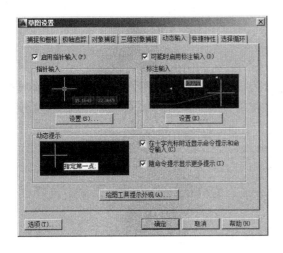
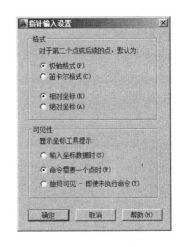

图 2-25 "动态输入"选项卡　　　　图 2-26 "指针输入设置"对话框

（3）动态提示

当启用动态提示时，命令提示会显示在光标附近的工具提示中，用户可以在工具提示中输入响应。按〈↓〉键可以查看和选择选项，按〈↑〉键可以显示最近的输入。

另外，当单击"草图工具提示外观"按钮时，系统将会弹出"工具提示外观"对话框，用户可以在此设置工具提示框的颜色和大小等，如图 2-28 所示。

图 2-27 "标注输入的设置"对话框　　　　图 2-28 "工具提示外观"对话框

2.4 对象选择

用户若要对绘制的图形对象进行编辑修改操作时，首先需要定义用以编辑修改的图形对象，需要掌握选择图形对象的方法。可以在 AutoCAD 中选择对象时，设置对象选择的预览效果、选择后的显示效果以及编辑操作与选择对象之间的相应顺序等。下面对选择对象的方式进行详细介绍，如点选、框选、栏选和快速选择等。

2.4.1 设置选择集

1. 功能

通过设置选择集的选项，用户可以根据个人使用习惯对拾取框、夹点显示以及选择视觉效果等方面选项进行详细设置，从而可以达到提高选择对象时的准确性和速度，提高绘图效率和精确度的目的。

2. 命令调用

用户可采用以下操作方法之一调用该命令。

- 在菜单栏选择"工具"→"选项"命令，在打开的"选项"对话框中选择"选择集"选项卡进行设置。
- 单击"应用程序按钮"→"选项"，在打开的"选项"对话框中选择"选择集"选项卡进行设置。
- 在绘图区右击，在弹出的快捷菜单中选择"选项"命令，在打开的"选项"对话框中选择"选择集"选项卡进行设置。
- 在命令行输入"Options"，按〈Enter〉键执行命令，在打开的"选项"对话框中选择"选择集"选项卡进行设置。

3. 命令操作

执行该命令，程序将会弹出"选择集"选项卡，如图 2-29 所示。该选项卡中各选项组的作用如下。

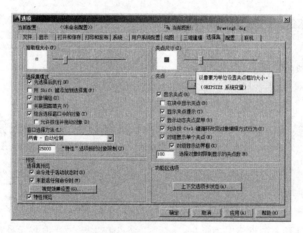

图 2-29 "选择集"选项卡

（1）拾取框和夹点大小

拾取框是十字光标中部用来确定拾取对象的方形图框。夹点是图形对象被选中后，处于对象端部、中点或控制点处的矩形或圆锥形实心标识。拖动夹点，可对图形对象的长度、位置或弧度等进行手动调整。

拖动"拾取框大小"选项组中的调整滑块，即可改变拾取框的大小，并且在拖动滑块的过程中，其左侧的调整框预览图标将动态显示调整框的大小。在选择对象时，只有处于拾取框内的图形对象才会被选中。因此在绘制较为简单的图形时，可以将拾取框调大，以便于选择图形对象。在绘制复杂图形对象时，可适当调小拾取框大小，以避免误选图形对象。

夹点可以标识图形对象的选择情况，还可以通过拖动夹点的位置，对选择的对象进行相应的编辑。用户可以适当将夹点调大，以方便在利用夹点编辑图形时选择夹点。夹点的调整方法和拾取框大小的调整方法相同，都是拖动调整滑块进行调整的。

（2）选择集预览

选择集预览就是当光标的拾取框移动到图形对象上时，图形对象以加粗或虚线的形式显示为预览效果。启用"命令处于活动状态时"复选框，只有某个命令处于激活状态，并在命令提示行中显示"选取对象"提示信息时，将拾取框移动到图形对象上，该对象才会显示选择预览。启用"未激活任何命令时"复选框，其作用与上述复选框相反，即只在没有任何命令处于激活状态时，才会显示选择预览。

若单击"视觉效果设置"按钮，程序将打开"视觉效果设置"对话框，如图 2-30 所示，用户可以在此对选择对象的显示效果进行设置。

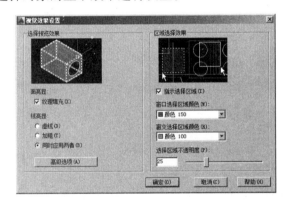

图 2-30　"视觉效果设置"对话框

（3）选择集模式

该选项组用以控制与对象选择方法相关的设置。

1）先选择后执行：允许在启动命令之前选择对象。被调用的命令将会对之前选定的对象产生影响。

2）用 Shift 键添加到选择集：可以向选择集中添加对象或从选择集中删除对象。要快速清除选择集，可以在图形的空白区域绘制一个选择窗口或按〈Esc〉键。

3）允许按住并拖动对象：该选项用以控制窗口的选择方法。如果未选择此选项，则可以用定点设备单击两个单独的点来绘制选择窗口。

4）隐含选择窗口中的对象：当在对象外单击一点时，程序将初始化选择窗口中的图形。当从左向右绘制选择窗口，将选择完全处于窗口边界内的对象；从右向左绘制选择窗口，将选择处于窗口边界内以及与边界相交的对象。

5）对象编组：当选择编组中的一个对象时，也同时选择了编组中的所有对象。用户可以使用"Group"命令创建和命名一组选择对象。

6）关联图案填充：确定选择关联填充时将选定哪些对象。如果选择该选项，那么选择关联填充的同时还可选定边界对象。

2.4.2 选择对象的方法

1. 单击选择对象

使用该方式选择对象时，一次只能选择一个对象。单击选择对象是最简单和最常用的选择方式。直接用十字光标在绘图区域中单击该对象即可完成对象的选取操作，效果如图 2-31 所示。连续单击不同的对象则可以同时选择多个对象。当命令窗口出现"选择对象"命令提示时再选择要编辑的对象，被选中的对象将以虚线方式显示。

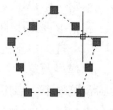

图 2-31 点选对象

2. 指定矩形选择区域

当要选择的图形对象较多、较复杂时，可以使用该方式来选择对象，以提高选择对象的效率。用户可以通过指定矩形选择框的对角点来定义矩形区域，选择区域背景的颜色将更改为透明色。在 AutoCAD 中的指定矩形选择区域来选择对象的方式分为窗口选择和窗交选择两种，如图 2-32 所示。

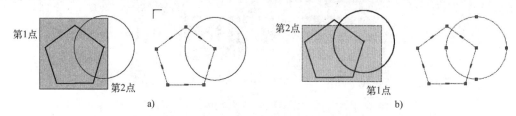

图 2-32 指定矩形选择区域选择对象

a) 窗口选择 b) 窗效选择

- 窗口选择：将光标移到图形对象的左侧，按住鼠标左键不放向右侧拖动，释放鼠标后，即可仅选择完全位于浅蓝色矩形选择区域中的对象。
- 窗交选择：将光标移到图形对象的右侧，按住鼠标左键不放向左侧拖动，释放鼠标后，与浅绿色矩形选择区域相交或完全包围的所有对象都将被选取。

3. 栏选对象

使用该选取方式，可以绘制一条由一段或多段直线组成的任意折线，凡是与折线相交的图形对象均会被选取。利用该方式选择连续性目标非常方便，但是栏选不能封闭或相交。在复杂图形中，使用选择栏。选择栏的外观类似于多段线，仅选择它经过的对象。

在执行命令过程中，当出现"选择对象或＜全部选择＞:"命令提示时，在命令行的提示后输入"F"并按〈Enter〉键即可栏选对象，效果如图 2-33 所示。

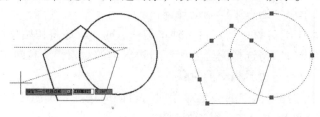

图 2-33 栏选对象

4. 指定不规则形状的选择区域

用户可通过多个指定点来定义一个形状不规则的选择区域。使用窗口多边形选择方式可选择完全封闭在选择区域中的对象，使用交叉多边形选择方式可以选择完全包含于或经过选择区域的对象，效果如图 2-34 所示。

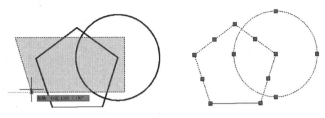

图 2-34　指定不规则形状的选择区域

2.4.3　快速选择对象

1. 功能

快速选择对象是一种特殊的选择方法，可以使用对象特性或对象类型来将对象包含在选择集中或将对象排除在选择集外。使用"快速选择"功能可以根据指定的过滤条件快速定义选择集。

使用"实用工具"选项板中的"快速选择"或"对象选择过滤器"对话框，可以按特性（例如颜色）和对象类型过滤选择集。例如，只选择图形中所有红色的圆而不选择任何其他对象，或者选择除红色圆以外的所有其他对象。

2. 命令调用

用户可采用以下操作方法之一调用该命令。

- 在菜单栏选择"工具"→"快速选择"命令。
- 在功能区单击"实用工具"→"快速选择"按钮 。
- 在命令行输入"Qselect"，按〈Enter〉键执行。

3. 命令操作

执行上述命令，程序将弹出如图 2-35 所示的"快速选择"对话框，可在该对话框中设置指定对象的应用范围、对象类型、特性以及想指定类型所对应的值等选项后，单击"确定"按钮，即可完成对象的快速选择。如在"快速选择"对话框中选择"对象类型"为圆，"特性"为颜色，"值"为红，执行命令后即可选中图形中的相应对象。

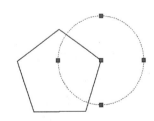

图 2-35　快速选择

2.5　坐标与坐标系

精确绘图是进行工程设计的重要依据，而精确绘图的关键是给出输入点的坐标。在 AutoCAD 中采用了笛卡儿坐标系和极坐标系两种确定坐标的方式。为了方便地创建三维模型，系统提供了世界坐标系（WCS）和用户坐标系（UCS）进行坐标变换。

2.5.1　笛卡儿坐标和极坐标

笛卡儿坐标系（直角坐标系）是由 X、Y 和 Z 3 个轴构成的。输入坐标值时，需要指定沿 X、Y 和 Z 轴相对于坐标系原点 (0, 0, 0) 点的距离及其方向（正或负）。工作平面类似于平铺的网格纸。笛卡儿坐标水平方向的坐标轴为 X 轴，X 值指定水平距离，以向右为其正方向；垂直方向的坐标轴为 Y 轴，Y 值指定垂直距离，以向上为其正方向；原点 (0, 0) 表示两轴相交的位置。平面中的点都用 (X, Y) 坐标值来指定，比如坐标 (6, 4) 表示该点在 X 轴正方向与原点相距 6 个单位，在 Y 轴正方向与原点相距 4 个单位，如图 2-36 所示。

极坐标使用距离和角度来定位点，角度计量以水平向右为 0° 方向，逆时针计量角度。平面上任何一点 P 都可以由该点到极点的连线长度 L（L > 0）和连线与极轴的夹角 α（极角，逆时针方向为正）所定义，即用一对坐标值 (L < α) 来定义一个点，其中 "<" 表示角度。例如，某点的极坐标为 (8 < 30)，表示该点距离原点 8 个单位，且该点与原点连线与 0° 方向的夹角为 30°，如图 2-37 所示。

图 2-36　笛卡儿坐标系　　　　图 2-37　极坐标系

2.5.2　世界坐标系和用户坐标系

世界坐标系（World Coordinate System，WCS）由 3 个相互垂直并相交的坐标轴 X、Y 和 Z 组成。世界坐标系统在默认情况下，X 轴正方向水平向右，Y 轴正方向垂直向上，Z 轴正方向垂直屏幕向外，坐标原点在绘图区的左下角。在绘图和编辑图形的过程中，WCS 是默认的坐标系统，其坐标原点和坐标轴方向都不会改变。

相对于世界坐标系 WCS，我们可根据需要创建无限多的坐标系，这些坐标系称为用户坐标系（User Coordinate System，UCS）。UCS 可以在绘图过程中根据具体需要而定义，这一点在创建复杂三维模型时的作用非常突出。例如，可以将 UCS 设置在斜面上，也可以根据需要设置成与侧立面重合或平行的状态，如图 2-38 所示。

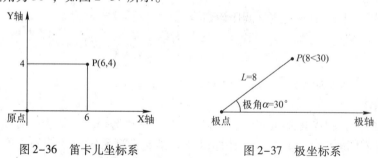

图 2-38　用户坐标系

2.5.3 坐标输入

在命令提示输入点时，可以使用定点设备指定点，也可以在命令提示下输入坐标值。打开动态输入时，还可以在光标旁边的工具提示中输入坐标值，可以按照笛卡儿坐标或极坐标输入二维坐标。

1. 绝对坐标输入

绝对坐标是以左下角的原点（0，0，0）为基点来定义所有的点。绘图区内任何一点均可用（X，Y，Z）来表示，可以通过输入 X、Y、Z（中间用逗号间隔）坐标来定义点的位置。例如：绘制一条直线段 AB，端点坐标分别为 A（15，10）和 B（40，10），即可绘制一条长度为 25 的水平线段。

2. 相对坐标输入

在绘图过程中，有时需要直接通过点与点之间的相对位移来绘制图形，而不是指定每个点的绝对坐标。为此，AutoCAD 提供了使用相对坐标的办法。所谓相对坐标，就是某点与相对点的相对位移值，在 AutoCAD 中相对坐标用"@"标识。使用相对坐标时可以使用笛卡儿坐标，也可以使用极坐标，可以根据具体情况而定。

例如，某一直线的起点坐标为（15，10）、终点坐标为（40，10），则终点相对于起点的相对坐标为（@25，0）；用相对极坐标表示应为（@25＜0）。另外，也可以通过移动光标指定方向，然后直接输入两点相对距离来确定第二点的位置。例如，将光标移动到直线起点的水平向右方向并输入两点的相对距离 25，即可指定该直线的终点。

2.6 图层应用

在 AutoCAD 中，图层就像透明的覆盖层，相当于绘图中使用的重叠图纸。用户可以分别在不同的透明图纸上绘制不同的对象，然后将这些透明图纸重叠起来，最终形成复杂的图形。图层是图形绘制中使用的重要组织工具。在绘制图形之前需要先创建和设置图层，这样便于编辑和管理图形文件。AutoCAD 把线型、线宽、颜色等作为对象的基本特性，用图层来管理这些特性。

在绘制复杂的平面图形时，一般要创建多个图层来组织图形，可以将类型相似的对象指定给同一图层以使其相关联。例如，用户可以将不同类型的图形对象、构造线、文字、标注和标题栏置于不同的图层上，而不是将整个图形均创建在"0"图层上。这样，用户可以对各图层对象的颜色、线型、线宽、可见性等特性方便地进行控制。另外，通过控制图层对象的显示或打印方式，可以降低图形的视觉复杂程度，并提高显示性能。

2.6.1 创建图层

1. 功能

图层是绘制图形时的主要组织工具。对于一个图形，用户可创建的图层数和在每个图层中创建的对象数都是没有限制的。通过设置图层，用户可改变图层的线型、颜色、线宽、状态、名称、打开、关闭和冻结、解冻等特性，极大地提高绘图速度和效率。

每个图形均包含一个名为 0 的图层，而且无法删除或重命名 0 图层。该图层的用途是确保每个图形至少包括一个图层，提供与块中的控制颜色相关的特殊图层。建议在绘图时创建多个新图层来组织图形，而不是在 0 图层上创建整个图形。

2. 命令调用

用户可采用以下操作方法之一调用该命令。

- 在菜单栏选择"格式"→"图层"命令。
- 在功能区单击"常用"选项卡→"图层"面板→"图层特性"按钮。
- 在命令行输入"Layer"，按〈Enter〉键执行。

3. 命令操作

创建图层的过程如下。

1）利用上述方法打开"图层特性管理器"对话框，如图 2-39 所示。

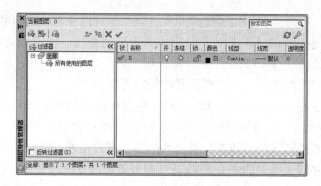

图 2-39 "图层特性管理器"对话框

2）在"图层特性管理器"对话框中，单击"新建图层"按钮，图层列表中将自动添加名为"图层 1"的图层，并采用默认设置的特性，如图 2-40 所示。

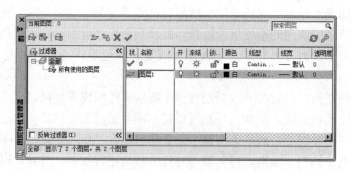

图 2-40 新建图层

3）为新建的图层命名，图层名最多可包含 255 个字符，其中包括字母、数字和特殊字符，如人民币符号（¥）和连字符（—）等。也可以选择图层的颜色、线型、线宽等特性进行图层特性设置。

4）若需要创建多个图层时，可多次单击"新建图层"按钮，并输入新的图层名。

5）关闭"图层特性管理器"，系统将会自动保存当前图形的图层设置。

用户可根据上述步骤来创建机械图或建筑图的相应图层，例如，绘制建筑平面图时，可创建图层名分别为轴线、墙线、门窗、尺寸标注、文字标注、楼梯等，如图 2-41 所示。

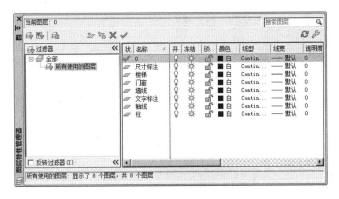

图 2-41　创建和命名图层

每个新建图层的特性都指定为默认设置：颜色为编号 7 的颜色（白色或黑色，由背景色决定）；线型为 Continuous 线型；线宽为默认值；打印样式为"普通"打印样式。用户可以使用默认设置，也可以给每个图层指定新的颜色、线型、线宽和打印样式。如果在创建新图层之前选中了一个现有的图层，新建的图层将继承所选定图层的特性。

2.6.2　图层状态设置

1. 功能

AutoCAD 可以控制图层中对象的显示与编辑，用于控制图层可见性的工具有打开/关闭、冻结/解冻、锁定/解锁、打印/不打印等。对图层进行关闭或冻结，可以隐藏该图层上的对象。关闭图层后，该图层上的图形将不能被显示或打印。冻结图层后，AutoCAD 不能在被冻结图层上显示、打印或重新生成对象。打开已关闭的图层时，AutoCAD 将重画该图层上的对象。解冻已冻结的图层时，AutoCAD 将重新生成图形并显示该图层上的对象。关闭而不冻结图层，可避免每次解冻图层时重新生成图形。

2. 命令操作

（1）打开或关闭图层

当某些图层需要频繁地切换它的可见性时，选择关闭该图层而不冻结。当再次打开已关闭的图层时，图层上的对象会自动重新显示。关闭图层可以使图层上的对象不可见，但在使用"Hide"命令时，这些对象仍会遮挡其他对象。

当要打开或关闭图层时，可在功能区选择"图层"面板中的"图层下拉列表"或使用"图层特性管理器"中的图层控件，并单击要控制图层的"开/关图层"灯泡图标 💡。当图标显示为黄色时，图层处于打开状态，否则，图层处于关闭状态。如图 2-42 所示的"尺寸标注""文字标注"和"楼梯"3 个图层都处于关闭状态。

（2）冻结和解冻图层

在绘图中，对于一些长时间不必显示的图层，可将其冻结而非关闭。当要冻结或解冻图层时，可在功能区选择"图层"面板中的"图层下拉列表"或使用"图层特性管理器"的图层控件，并单击要控制图层的"在所有视口中冻结解冻"图标 ☼。如果该图标显示为黄色的太阳状态时，则所选图层处于解冻状态；反之，则所选图层处于冻结状态。如图 2-43 所示的"轴线"和"墙线"两个图层处于冻结状态。

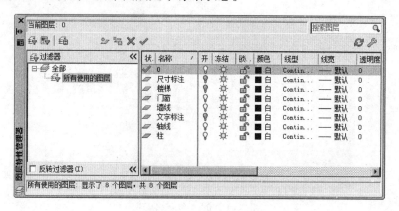

图 2-42　打开或关闭图层

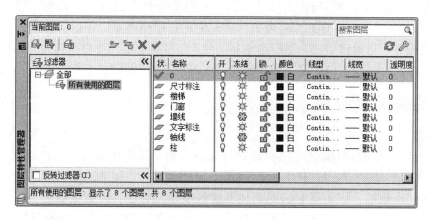

图 2-43　冻结和解冻图层

（3）锁定和解锁图层

锁定某个图层时，在解锁该图层之前，无法选择和修改该图层上的所有对象。锁定图层可以降低意外修改对象的可能性。在锁定图层上的对象仍然可以使用对象捕捉功能，且可以执行不会修改这些对象的其他操作，例如，可以使锁定图层作为当前图层，并为其添加对象。还可以使用查询命令、使用对象捕捉指定锁定图层中对象上的点，以及更改锁定图层上对象的绘制次序。

为有助于区分锁定和解锁图层，可执行以下操作：在图形对象上悬停光标，查看是否显示锁定图标；在锁定图层上标注对象。需要说明的是，在锁定图层上的对象不显示夹点。

在功能区选择"图层"面板中的"图层下拉列表"或使用"图层特性管理器"的图层控件，并单击要控制图层的"锁定/解锁图层"图标 🔓。当锁定图标显示为打开状态时，表示该图层未被锁定。当锁定图标显示为锁定状态时，表示该图层处于锁定状态。如图 2-44 所示的"墙线"和"轴线"两个图层处于锁定状态。

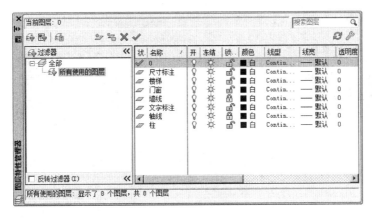

图 2-44　锁定和解锁图层

2.6.3　图层特性设置

1. 功能

用户可以更改图层的任意特性（包括颜色、线型和线宽等），也可以将图形对象从一个图层另外指定给其他图层以改变其特性。如果在错误的图层上创建了对象，或者决定更改图层的组织方式，将对象重新指定给其他图层会非常有用。除非已明确设置了对象的颜色、线型或其他特性，否则，重新指定给其他图层的对象将采用该图层的特性。

图层上的对象通常采用该图层所设定的特性，也可以替代对象的任何图层特性。例如，如果对象的颜色特性设置为"BYLAYER"，则对象将显示该图层的颜色。如果对象的颜色设置为"红"，则不管指定给该图层的是什么颜色，对象都将显示为红色。

2. 命令调用

用户可采用以下操作方法之一调用该命令。

● 利用前面所讲方法打开"图层特性管理器"，选择相应图层的特性按钮进行设置。
● 在功能区"常用"选项卡的"图层"面板中选择"图层下拉列表"，选择相应图层的特性按钮进行设置。
● 在图层工具栏中选择"图层下拉列表"，选择相应图层的特性按钮进行设置。

3. 命令操作

（1）设置图层颜色

在绘图过程中，用户可以使用颜色直观地将对象进行编组，既可以随图层将颜色指定给对象，也可以单独为图形对象指定颜色。随图层指定颜色可以轻松识别图形中的每个图层。用户可从"图层特性管理器"对话框中单击"颜色"下相应图层的按钮"■ 白"，程序将会弹出"选择颜色"对话框，如图 2-45 所示。

选择好所需颜色后，单击确定按钮即可完成图层颜色的设置，如图 2-46 所示。一般情况下，在建筑图的绘制中，习惯将"轴线"图层颜色设置为红色，将"墙体"图层颜色设置为黄色，将"门窗"图层颜色设置为蓝色，将"楼梯"图层颜色设置为洋红色，将"尺寸标注"图层颜色设置为绿色，将"文字标注"图层颜色设置为白色，将"柱"图层颜色设置为青色。

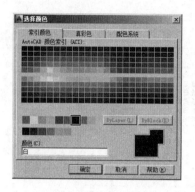

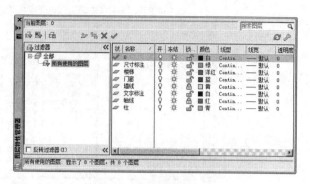

图 2-45 "选择颜色"对话框   图 2-46 图层颜色设置

在"选择颜色"对话框中，可以选择使用"索引颜色（ACI）""真彩色""配色系统"3 种类型的色彩系统。

ACI 颜色是 AutoCAD 中使用的标准颜色。每种颜色均通过 ACI 编号（1~255 的整数）标识。标准颜色名称仅用于颜色 1~7。颜色指定如下：1 红、2 黄、3 绿、4 青、5 蓝、6 洋红、7 白/黑。

真彩色使用 24 位颜色定义显示 1600 多万种颜色。指定真彩色时，可以使用 RGB 或 HSL 颜色模式。通过 RGB 颜色模式，可以指定颜色的红、绿、蓝组合；通过 HSL 颜色模式，可以指定颜色的色调、饱和度和亮度要素。

配色系统包括几个标准 Pantone 配色系统，也可以输入其他配色系统，例如 DIC 色彩指南或 RAL 颜色集。输入定义的配色系统可以进一步扩充可以使用的颜色选择。

（2）设置图层线型

线型是由虚线、点和空格组成的重复图案，可以通过图层将线型指定给对象，也可以根据需要创建自定义线型。在绘图过程中要用到不同类型和样式的线型，每种线型在图形中所代表的含义也各不相同。默认状态下的线型为"Continuous"线型（实线型），因此需要根据实际情况修改线型，同时还可以设置线型比例以控制虚线和点画线等线型的显示。

从"图层特性管理器"对话框中单击"线型"下的"Continuous"按钮，将会弹出如图 2-47 所示"选择线型"对话框，用户可以在此选择需要使用的线型。在"选择线型"对话框中，单击"加载"按钮，程序将会弹出"加载或重载线型"对话框，可为线型的选择范围添加多个新的线型种类，如图 2-48 所示。

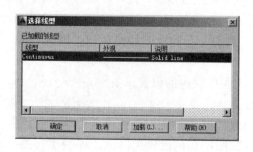

图 2-47 "选择线型"对话框   图 2-48 "加载或重载线型"对话框

用户可选择所需线型，然后单击"确定"按钮，返回"选择线型"对话框，继续单击"确定"按钮以完成线型的设置。选择"格式"菜单中的"线型"选项，将弹出"线型管理器"对话框，在其右下角的"全局比例因子"中，可输入线型的比例值，此比例值用于调整虚线和点画线的横线与空格的比例显示，一般设置为 0.2 ~ 0.5。

（3）设置图层线宽

线宽是指定给图形对象以及某些类型的文字的宽度值，线宽可以显示在计算机屏幕上，也可输出到图纸中。使用线宽，用户可以用粗线和细线清楚地表现出截面的剖切方式、标高的深度、尺寸线细节上的不同。从"图层特性管理器"对话框中单击"线宽"下的"—默认"按钮，将会弹出"线宽"对话框，用户可以在此根据需要选择所需线宽。

通过为不同的图层指定不同的线宽，用户可以轻松区别复杂图形中图形对象。在 AutoCAD 中提供了显示线宽的功能。若在状态栏上选择了"显示/隐藏线宽"按钮，程序将不显示线宽，反之则会显示对象的线宽。

在模型空间中显示的线宽不随缩放比例而变化。例如，无论如何放大，以 4 个像素的宽度表示的线宽值总是用 4 个像素显示。如果要使对象的线宽在"模型"窗口上显示得更厚些或更薄些，更改显示比例不影响线宽的打印值。在"布局"窗口和打印预览时，线宽以实际单位显示，并随缩放比例而变化。用户可以通过"打印"对话框的"打印设置"选项卡控制图形中的线宽打印和缩放。

2.7 实训

2.7.1 创建图形文档

1. 实训要求

启动 AutoCAD 2014 程序，利用向导创建一个名为"创建图形文件"的新文件并保存至指定文件夹中。

2. 实训指导

1）从"开始"菜单依次单击"所有程序" → "AutoCAD 2014 – Simplified Chinese" → "AutoCAD 2014"或从桌面双击程序快捷图标，打开 AutoCAD 2014。

2）在弹出的"创建新图形"对话框中，选择"使用向导"选项对图形文档进行"快速设置"，"单位"设为"小数"，"区域"设为"420 × 297"。

3）单击程序窗口左上角的"应用程序"按钮，并选择"选项"命令按钮，在弹出的"选项"对话框中选择"显示"选项卡，单击"颜色"按钮，在弹出的"图形窗口颜色"对话框中，将颜色设为"黑色"，单击"应用并关闭"按钮，完成绘图区背景颜色的设置。

4）在菜单栏选择"格式"菜单中的"单位"工具，在弹出的"图形单位"对话框中进行单位设置，将"类型"设为"小数"、"精度"设为"0"、"插入时的缩放单位"设为"毫米"、"光源"设为"国际"。

5）单击"快速访问工具栏"中的"保存"按钮🖫，在弹出的"图形另存为"对话框中选择路径，将图形文档保存至"D：\AutoCAD 2014 第 2 章实训"文件夹中，文件名为"创建图形文件"。

2.7.2 辅助工具应用

1. 实训要求

利用 AutoCAD 2014 提供的"极轴追踪""对象捕捉""动态输入"功能指定点的位置进行精确绘图。

2. 实训指导

1）从"开始"菜单依次单击"所有程序"→"AutoCAD 2014 – Simplified Chinese"→"AutoCAD 2014"或从桌面双击程序快捷图标，打开 AutoCAD 2014。

2）在程序界面下方的状态栏中，依次单击"极轴追踪""对象捕捉""动态输入"3 个功能按钮以激活调用该功能。

3）在功能区单击"常用"选项卡→"绘图"面板→"直线"按钮，将光标捕捉到已绘制等边三角形的左下角点作为直线起点，辅助使用"极轴追踪"功能绘制一条与水平线夹角为 30°的斜线，且通过"动态输入"功能指定其长度为 300，再连续绘制一条垂直线，使其终点捕捉到三角形边上的垂足，如图 2-49 所示。

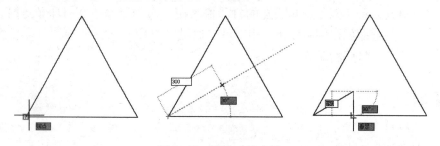

图 2-49　辅助工具应用

4）单击"快速访问工具栏"中的"保存"按钮，在弹出的"图形另存为"对话框中选择路径，将图形文档保存至"D：\AutoCAD 2014 第 2 章实训"文件夹中，文件名为"辅助工具应用"。

2.7.3 创建图层

1. 实训要求

根据本章所学内容，为绘制平面图创建相应图层并进行图层特性设置。

2. 实训指导

1）打开 AutoCAD 2014 中文版，新建一个图形文件，工作空间选为"二维草图与注释"。

2）在功能区单击"常用"选项卡→"图层"面板→"图层特性"按钮，在弹出的"图层特性管理器"中进行相应设置。

3）在"图层特性管理器"中单击"新建图层"按钮，将新建的图层"名称"设为"轴线"，"颜色"设为"红色"，"线型"设为"Center"，"线宽"设为"默认"。

4）新建图层，将"名称"设为"墙线"，"颜色"设为"白色"，"线型"设为"Continuous"，"线宽"设为"0.35"。

5）新建图层，将"名称"设为"尺寸"，"颜色"设为"绿色"，"线型"设为"Continuous"，"线宽"设为"默认"。

6）新建图层，将"名称"设为"文字"，"颜色"设为"白色"，其余为默认设置。

7）新建图层，将"名称"设为"门窗"，"颜色"设为"青色"，其余为默认设置。

8）新建图层，将"名称"设为"图框"，"颜色"设为"白色"，其余为默认设置。

9）完成图层的创建，结果如图2-50所示。最后将文件保存至"D:\AutoCAD 2014 第2章实训"文件夹中，文件名为"创建图层"。

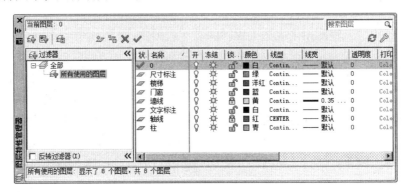

图2-50　创建图层

2.8　思考与练习

1）练习如何创建、打开和保存AutoCAD图形文件。

2）如何定义图形界限？如何设置图形文件的自动保存？

3）栅格的作用是什么？如何设置栅格？

4）对象捕捉的功能和作用是什么？对象捕捉模式有哪些？

5）使用动态输入有什么作用？如何设置动态输入中的工具提示？

6）如何设置图层的特性？AutoCAD提供了哪些图层特性？

7）在AutoCAD中如何指定当前图层？有哪些方法？

8）在AutoCAD中如何设置图层的可见性？关闭、冻结和锁定图层有什么区别？

9）如何设置图层的特性？AutoCAD提供了哪些图层特性？

10）利用本章所学内容，创建如图2-51所示的图层并进行设置。

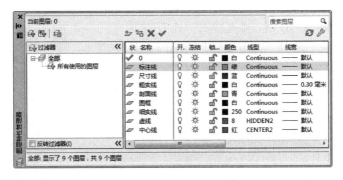

图2-51　创建图层练习

第3章 二维图形创建

在工程设计中，工程图用于表达工程师的设计意图，同时也是产品加工与工程实施的依据。在工程图的绘制中，任何简单或复杂的工程图都是由点、直线、圆、圆弧、矩形、多边形等这些最基本的几何图形组合而成的，它们是构成工程图的基本元素，要求其形状和尺寸必须精确，用户可以通过使用定点设备指定点的位置，或者输入坐标来创建基本对象。

二维图形对象的绘制是 AutoCAD 的绘图基础，熟练地掌握这些基本图形的绘制方法和技巧才能方便、快捷地绘制出各行各业所需的各种图形。本章主要讲述点、直线、构造线、射线、多线、圆、圆弧、椭圆、椭圆弧、矩形、正多边形、多段线、圆环、样条曲线等基本图形的绘制。

3.1 创建点对象

点是构造图形的最小的实体，其主要用途是标记位置或用作节点，如标记圆心、中点等。为方便地识别点对象，用户可设置不同的点样式，还可以使用定数等分和定距等分命令，按距离或等分数沿直线、弧线、多段线和样条曲线绘制多个点。

3.1.1 设置点样式

AutoCAD 提供了多种点的样式。默认情况下，点对象是以一个小点的现实表现，不便于识别，用户可以根据自己实际工程的需要设置合适的当前点的显示样式。

1. 功能

默认情况下，点对象是以一个小点的形式表现的，不便于识别，因此在绘制点对象之前通常先要设置点样式，必要时也可以自定义设置点的大小。

2. 命令调用

用户可采用以下操作方法之一调用该命令。

- 在菜单栏选择"格式"→"点样式"命令。
- 在功能区单击"默认"选项卡→"实用工具"面板→"点样式"按钮。
- 在命令行输入"Ddptype"，按〈Enter〉键执行。

3. 命令操作

执行该命令，程序将弹出如图 3-1 所示的"点样式"对话框。在对话框中共有 20 种点样式，单击其中一种，该图框颜色改变，表明已选中该类型的点样式。

用户可以设置点的大小，程序提供了如下两种设置点大小的方式。

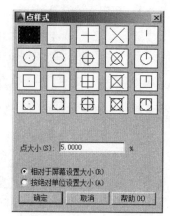

图 3-1 "点样式"对话框

- "相对于屏幕设置大小"单选按钮：选择该项，程序将按屏幕尺寸的百分比设置点的显示大小。当缩放图形时，点的显示大小不变。
- "按绝对单位设置大小"单选按钮：选择该项，可以在"点大小"列表框中输入实际单位参数定义点对象的大小。当缩放图形时，绘图区中点对象的显示大小也会随之改变。

设置好"点样式"后，就可以进行点的绘制。AutoCAD 提供了两种绘制点的方法，即"单点"和"多点"，用于绘制单个点或任意多个点。

3.1.2 绘制点

1. 功能

在绘图过程中，通常将点对象作为圆心标记或者定位标记来使用。在 AutoCAD 2014 中，每执行一次"单点"命令只能绘制一个单点。若需要连续绘制多个点，使用"单点"命令绘制多个点会显得十分烦琐，用户可以使用"多点"命令来解决这个问题。

2. 命令调用

用户可采用以下操作方法之一调用该命令。
- 在菜单栏选择"绘图"→"点"→"单点"或"多点"命令。
- 在功能区单击"默认"选项卡→"绘图"面板→"多点"按钮 。
- 在命令行输入"Point"，按〈Enter〉键执行。

3. 命令操作

执行"多点"命令，即可在窗口中连续绘制多个点对象。例如标记如图 3-2 所示矩形的角点和各边的中点，选择适当点样式，输入多点命令，通过对象捕捉功能，分别捕捉到各端点和中点，完成多点绘制。命令行提示如下。

```
命令：_point（执行"单点"命令）
当前点模式： PDMODE = 35   PDSIZE = 0.0000
指定点：（在绘图区域中单击，指定点的位置即可）
```

完成操作，按〈Esc〉键即可退出命令，结果如图 3-3 所示。

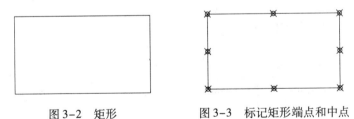

图 3-2　矩形　　　　　图 3-3　标记矩形端点和中点

3.1.3 绘制等分点

1. 功能

在绘图过程中，经常需要在所选对象上插入等分点。AutoCAD 2014 提供了"定数等分"和"定距等分"两个工具可以方便地创建等分点。定数等分点是指在对象上放置等分点，将选择的对象等分为指定的若干段，使用该命令可辅助绘制其他图形。

2. 命令调用

用户可采用以下操作方法之一调用该命令。

- 在菜单栏选择"绘图"→"点"→"定数等分"命令。
- 在功能区单击"默认"选项卡→"绘图"面板→"定数等分"按钮⚬。
- 在命令行输入"Divide",按〈Enter〉键执行。

3. 命令操作

例如,为一个圆形绘制6等分点。执行该命令,根据命令提示选择要等分的图形对象,并指定等分数量即可完成定数等分点的绘制。命令行提示如下。

命令:_divide(执行"定数等分"命令)

选择要定数等分的对象:(指定要进行等分的图形对象)

输入线段数目或[块(B)]:6

完成命令操作,结果如图3-4所示。

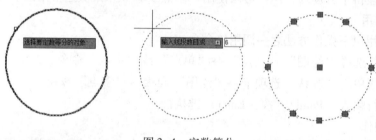

图3-4　定数等分

被等分的对象并没有断开,而只是将这些点作为标记放上去。

3.1.4　绘制等距点

1. 功能

创建定距等分点是指在所选对象上按指定距离绘制多个点对象。

2. 命令调用

用户可采用以下操作方法之一调用该命令。

- 在菜单栏选择"绘图"→"点"→"定距等分"命令。
- 在功能区单击"默认"选项卡的"绘图"面板选择"定距等分"按钮⚬。
- 在命令行输入"Measure",按〈Enter〉键执行。

3. 命令操作

例如,为一个长度为150的直线绘制间距为20的等分点。执行该命令,根据命令提示选择要等分的对象,并指定等分间距即可完成定距等分点的绘制。命令行提示如下。

命令:_measure(执行"定距等分"命令)

选择要定距等分的对象:(指定要进行等分的图形对象)

指定线段长度或[块(B)]:20(将等分距离设为20)

完成命令操作,结果如图3-5所示。

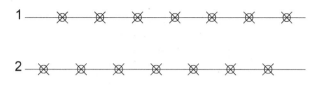

图 3-5　定距等分

如图 3-5 所示是对两条等长的直线进行距离为 20 的定距等分后的效果，但由于在"选择要定距等分的对象"时，拾取的位置不同，效果也不同。如图 3-5 所示中直线 1 是拾取直线左侧后等分的效果，是以直线左端为起点，按照距离为 20 的图形单位进行的定距等分；而直线 2 则是拾取直线右侧后等分的效果，是以直线右端为起点，按照距离为 20 的图形单位进行的定距等分。

"定数等分"和"定距等分"命令执行对象只针对有端点的直线或弧线，不包括构造线。

3.2　创建线性对象

线性对象是图形的主要组成部分，主要有直线型和曲线型两种。线类命令包括直线、构造线、射线、多段线、多线、样条曲线和螺旋线等。

3.2.1　直线

在 AutoCAD 中，直线作为最基本的线性对象，是默认的最简单的图形对象。直线指有端点的线段。直线命令可以根据起点和端点绘制直线或折线。

1. 功能

使用"直线"命令可生成单条直线，也可生成连续折线。直线一般由位置和长度两个参数确定，只要指定了直线的两个端点，或指定直线的起点和长度就可以确定直线。在绘制折线时，线段的终点即是下一线段的起点（在命令执行结束之前），对于每个起点和端点之间的直线段都是一个独立的对象。

2. 命令调用

用户可采用以下操作方法之一调用该命令。

- 在菜单栏选择"绘图"→"直线"命令。
- 在功能区单击选项板中"默认"选项卡→"绘图"面板→"直线"按钮。
- 在命令行输入"Line"，按〈Enter〉键执行。

3. 命令操作

例如，绘制一个如图 3-6 所示的梯形，执行该命令，命令行提示如下。

命令：_line 指定第一点：（执行"直线"命令并指定图形左上角点为第一点）
指定下一点或［放弃（U）］：200（顺时针方向依次指定下一点，在状态栏打开"极轴追踪"，光标水平向右给定方向，并输入距离值为 200）
指定下一点或［闭合（C）/放弃（U）］：@400＜300（输入相对极坐标来指定下一点）
指定下一点或［闭合（C）/放弃（U）］：600（光标水平向左给定方向，并输入距离值为 600）
指定下一点或［闭合（C）/放弃（U）］：C（选择"闭合"选项）

完成命令操作，结果如图 3-6 所示。

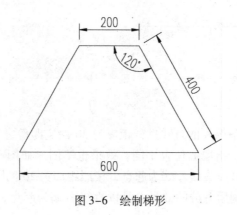

图 3-6　绘制梯形

3.2.2　构造线

1.　功能

构造线是向两端方向无限延长的直线，它没有起点和终点。构造线命令主要用来绘制辅助线、轴线或中心线等。构造线可以放置在三维空间中的任意位置，而指定构造线的方向则可以使用多种方法。

2.　命令调用

用户可采用以下操作方法之一调用该命令。

- 在菜单栏选择"绘图"→"构造线"命令。
- 在功能区单击"默认"选项卡→"绘图"面板→"构造线"按钮 ⚊。
- 在命令行输入"Xline"，按〈Enter〉键执行。

3.　命令操作

创建构造线的默认方法是两点法，即用无限长直线所通过的两点定义构造线的位置，如图 3-7 所示。用户也可以使用其他方法创建构造线。

图 3-7　绘制构造线

执行该命令，命令行将显示"指定点或［水平（H）/垂直（V）/角度（A）/二等分（B）/偏移（O）］"提示信息，各选项含义如下。

- 水平（H）：默认构造线为水平线，单击一次绘制一条水平构造线，直到右击或〈Enter〉键时结束。
- 垂直（V）：默认构造线为垂直线，单击一次创建一条垂直构造线，直到右击或〈Enter〉键时结束。
- 角度（A）：创建一条指定角度的倾斜构造线，输入角度，单击一次创建一条倾斜构造线，直到右击或〈Enter〉键时结束。
- 二等分（B）：首先指定一个角的顶点，再分别确定该角两条边的两个端点，从而创建一条构造线。该构造线通过指定的角的顶点，平分该角。

- 偏移（O）：创建平行于另一个实体的构造线，类似于偏移编辑命令。选择的另一个实体可以是一条构造线、直线或复合线实体。

3.2.3 射线

在绘制二维图形时，通常需要做辅助线来完成，射线即是其中一种。它是指从指定的起点向某一个方向无限延伸的直线。

1. 功能

射线是一端固定另一端无限延伸的直线，只有起点没有终点或终点无穷远的直线。主要用于绘制图形中投影所得线段的辅助引线，或绘制某些长度参数不确定的角度等类型的线段。

2. 命令调用

用户可采用以下操作方法之一调用该命令。

- 在菜单栏选择"绘图"→"射线"命令。
- 在功能区单击"默认"选项卡→"绘图"面板→"射线"按钮。
- 在命令行输入"Ray"，按〈Enter〉键执行。

3. 命令操作

在 AutoCAD 中指定起点和通过点定义射线延伸的方向，可以绘制任意角度的射线。执行该命令后，命令行提示如下。

> 命令：_ray 指定起点：(指定点1)
> 指定通过点：(指定射线要通过的点2)
> 指定通过点：(指定射线要通过的点3)
> 指定通过点：(指定射线要通过的点4)

按〈Enter〉键完成命令操作，结果如图3-8所示。

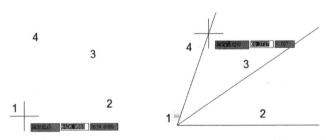

图3-8 绘制射线

射线类似于构造线，但射线是以指定点为起点，向某一方向无限延伸。如果需要一条仅在一个方向上扩展的线，用射线比较好。构造线和射线都可以利用对象捕捉，也都能像其他对象一样进行编辑，但需要注意的是：构造线不能使用端点捕捉，射线不能用中点捕捉。

3.2.4 多段线

多段线是一种组合图形，是由等宽或不同宽度的直线段和圆弧段组合而成。

1. 功能

多段线有多种样式，在各连接点处的线宽可在绘图过程中设置。该命令主要用于绘制不是单纯由直线或圆弧组成的复杂图形，可以对多段线的每条线段指定不同的线宽，从而绘制一些特殊图形。

多段线适用于以下几个方面：用于地形和其他科学应用的轮廓素线；布线图、流程图和布管图；三维实体建模的拉伸轮廓和拉伸路径等。

2. 命令调用

用户可采用以下操作方法之一调用该命令。

● 在菜单栏选择"绘图"→"多段线"命令。

● 在功能区单击"默认"选项卡→"绘图"面板→"多段线"按钮⊃。

● 在命令行输入"Pline"，按〈Enter〉键执行。

3. 命令操作

利用该命令绘制一条转折线，命令行提示如下。

> 命令：_pline（执行"多段线"命令）
> 指定起点：（任意单击一点，确定指向箭头起点）
> 当前线宽为 0.0000
> 指定下一个点或［圆弧(A)/半宽(H)/长度(L)/放弃(U)/宽度(W)］：w（选择"宽度"选项）
> 指定起点宽度 <0.0000>：5（设置起点线宽）
> 指定端点宽度 <5.0000>：（端点线宽同起点线宽）
> 指定下一个点或［圆弧(A)/半宽(H)/长度(L)/放弃(U)/宽度(W)］：300（指定多段线第二点距离）
> 指定下一个点或［圆弧(A)/半宽(H)/长度(L)/放弃(U)/宽度(W)］：200（指定多段线第二点距离）
> 指定下一个点或［圆弧(A)/半宽(H)/长度(L)/放弃(U)/宽度(W)］：500（指定多段线第二点距离）
> 指定下一点或［圆弧(A)/闭合(C)/半宽(H)/长度(L)/放弃(U)/宽度(W)］：w（选择"宽度"选项）
> 指定起点宽度 <1.0000>：10（设置多段线箭头的起点线宽）
> 指定端点宽度 <1.0000>：0（设置多段线箭头的端点线宽）
> 指定下一点或［圆弧(A)/闭合(C)/半宽(H)/长度(L)/放弃(U)/宽度(W)］：200（指定箭头长度）

完成命令操作，结果如图 3-9 所示。

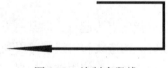

图 3-9 绘制多段线

多段线是单一的整体对象，需要使用专门的多段线编辑工具。多段线提供了单条直线所不具备的编辑功能，可以使用"多段线编辑"命令对其进行编辑。使用"多段线编辑"命令可以移动、添加或删除多段线对象的各个顶点，可以为整条多段线设置统一的宽度，也可以控制各条线段的宽度，可以创建样条曲线的近似（称为样条曲线拟合多段线）等。用户还可以使用夹点功能或对象特性选项板编辑多段线对象，也可以根据需要使用"分解"命令将其转换成单独的直线段和弧线段，然后再进行编辑。

用户可采用以下操作方法之一调用该命令。

- 在菜单栏选择"修改"→"对象"→"多段线"命令。
- 在功能区单击"默认"选项卡→"修改"面板→"编辑多段线"按钮。
- 双击多段线对象，在弹出的快捷菜单中选择编辑多段线的选项。
- 选择多段线对象，激活多段线的夹点模式，使用夹点功能编辑多段线对象。
- 在命令行输入"Pedit"，按〈Enter〉键执行。

使用"多段线编辑"命令可对多段线对象进行不同方式的编辑，执行该命令，程序将会弹出如图3-10所示的快捷菜单，各选项的含义和设置方法如下。

- 闭合：创建闭合的多段线，将其首尾连接。
- 合并：合并连续的直线、圆弧或多段线。
- 宽度：指定整个多段线新的统一宽度，选择该选项，命令行将显示"指定所有线段的新宽度："提示信息，输入新宽度数值，整个曲线宽度发生改变。
- 编辑顶点：可对多段线顶点进行移动、打断、插入，修改线的宽度以及拉直任意两顶点之间的多段线等操作。
- 拟合：创建连接每一对顶点的平滑圆弧曲线，就是将原来的直线段转换为拟合曲线。
- 样条曲线：该方式与拟合方式相比拟合量较小，就是将多段线顶点用作样条曲线拟合的控制点或控制框架。
- 非曲线化：删除圆弧拟合或样条曲线拟合多段线插入的其他顶点并拉直所有多段线。
- 线型生成：生成经过多段线顶点的连续图案的线型。

当选中多段线对象并打开特性窗口，程序将会弹出如图3-11所示的多段线特性选项板，可以在此设置多段线的宽度、长度、闭合等特性。

图3-10　编辑多段线快捷菜单　　　　图3-11　多段线特性选项板

3.2.5 多线

多线是由多条平行线组合而成的图形，其中每一条平行线称为该多线的一个元素。多线中平行线的数目、颜色和相互间的距离可以根据需要进行设定。

1. 功能

多线默认用于绘制那些由多条平行线组成的实体对象，如建筑图中的墙体、窗子，或用来绘制电子线路图中的平行线条等，调用"绘制多线"能极大提高绘图效率。在创建新图形时，AutoCAD 将会自动创建一个"标准"多线样式作为默认值。用户也可以根据需要对多线样式进行设置。

2. 命令调用

用户可采用以下操作方法之一调用该命令。

- 在菜单栏选择"绘图"→"多线"命令。
- 在命令行输入"Mline"，按〈Enter〉键执行。

3. 命令操作

绘制多线对象的操作方法与绘制直线对象相同。例如，利用该命令绘制一个房间的墙线轮廓，命令行提示如下。

```
命令: _mline (执行"多线"命令)
当前设置: 对正 = 上, 比例 = 20.00, 样式 = STANDARD
指定起点或[对正(J)/比例(S)/样式(ST)]: j (选择"对正"选项)
输入对正类型[上(T)/无(Z)/下(B)] <上>: z (将"对正"类型设置为"无")
当前设置: 对正 = 无, 比例 = 20.00, 样式 = STANDARD
指定起点或[对正(J)/比例(S)/样式(ST)]: s (选择"比例"选项)
输入多线比例 <20.00>: 5 (将"多线比例"设置为5)
当前设置: 对正 = 无, 比例 = 5.00, 样式 = STANDARD
指定起点或[对正(J)/比例(S)/样式(ST)]: (单击一点, 确定墙线起点)
指定下一点: 100 (确定第二点)
指定下一点或[放弃(U)]: 60 (确定第三点)
指定下一点或[闭合(C)/放弃(U)]: c (选择"闭合"选项, 将房间的墙线轮廓封闭)
```

完成命令操作，结果如图 3-12 所示。

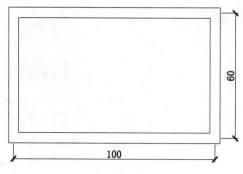

图 3-12 绘制多线

3.2.6　设置多线样式

多线对象是由 1 ~ 16 条平行线组成，这些平行线称为元素。这些平行线通过"多线"命令一次绘制而成，用户可以根据需要设置平行线之间的间距和平行线的数目。

1. 功能

在绘制多线之前，常先设置多线样式，例如选择多线的数目、指定多线比例因子、线条颜色、填充颜色等。

2. 命令调用

用户可采用以下操作方法之一调用该命令。

● 在菜单栏选择"格式"→"多线样式"命令。

● 在命令行输入"Mlstyle"，按〈Enter〉键执行。

3. 命令操作

执行该命令，程序将会弹出如图 3-13 所示的"多线样式"对话框，在该对话框中可以执行新建、修改、重命名以及加载多线样式等操作。

图 3-13　"多线样式"对话框

单击"新建"按钮，程序将会弹出"创建新的多线样式"对话框，如图 3-14 所示，可在此输入新样式名。单击"继续"按钮将打开"新建多线样式"对话框，可以在该对话框中设置多线样式的封口、填充、元素特性等选项，如图 3-15 所示。

图 3-14　"创建新的多线样式"对话框

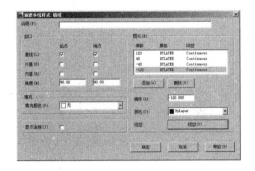

图 3-15　"新建多线样式"对话框

在该对话框中，"封口"选项组用来控制多线起点和端点处的样式，可以为多线的每个端点选择不同方式的封口效果，如图 3-16 所示。

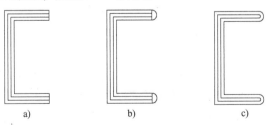

图 3-16　多线封口样式

a) 直线封口　　b) 直线 + 外弧封口　　c) 外弧 + 内弧封口

3.2.7 编辑多线

1. 功能

用户可以使用"多线编辑"工具对多线对象执行打开、闭合、结合、剪切、合并等操作，从而使绘制的多线符合预想的设计效果。

2. 命令调用

用户可采用以下操作方法之一调用该命令。

- 在菜单栏选择"修改"→"对象"→"多线"命令。
- 双击多线对象，打开"多线编辑工具"对话框。
- 在命令行输入"Mledit"，按〈Enter〉键执行。

3. 命令操作

执行该命令，程序将会弹出如图3-17所示的"多线编辑工具"对话框。该对话框汇总了12种编辑工具，其中使用第一列和第二列工具以及"角点结合"工具可清除相交线，获得与工具图标相符合的修剪效果。利用"角点结合"工具还可以清除多线一侧的延伸线，从而形成直角。利用"十字合并"工具选取两条相交的多线，系统会将多线相交的部分合并。其他几种工具同样可以对多线对象进行编辑。其中"单个剪切"工具用于剪切多线中的一条线，"全部剪切"工具用于切断整条多线，"全部接合"工具用于重新显示所选两点间的任何切断部分。

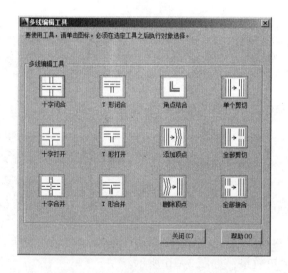

图3-17 "多线编辑工具"对话框

例如，将"T"形相交的多线对象角点打开，可以使用"多线编辑工具"中的"T形打开"工具来实现；将"L"形相交的多线对象角点打开，可以使用"多线编辑工具"中的"角点结合"工具来实现；将"十字"形相交的多线对象相交点打开，可以使用"多线编辑工具"中的"十字打开"工具来实现，结果如图3-18所示。

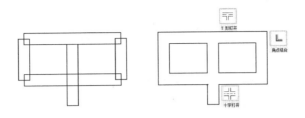

图 3-18　多线编辑

3.2.8　样条曲线

样条曲线是指给定一组控制点而得到一条光滑曲线，曲线的大致形状由这些点予以控制，一般可分为插值样条和逼近样条两种。插值样条通默认于数字化绘图或动画的设计，逼近样条一般用来构造物体的表面。样条曲线主要用于绘制机械图样中凸轮曲线、断切面、地形图中等高线等。

1. 功能

用户可以通过指定点来创建样条曲线；也可以封闭样条曲线，使起点和端点重合；还可以通过指定的一系列控制点，在指定的允差范围内把控制点拟合成光滑的曲线。

2. 命令调用

用户可采用以下操作方法之一调用该命令。

- 在菜单栏选择"绘图"→"样条曲线"命令。
- 在功能区单击"默认"选项卡→"绘图"面板→"样条曲线"按钮 ～。
- 在命令行输入"Spline"，按〈Enter〉键执行。

3. 命令操作

利用样条曲线命令，绘制一条光滑的闭合曲线。命令行提示如下。

命令：_spline（执行"样条曲线"命令）

当前设置：方式 = 拟合　节点 = 弦

指定第一个点或 [方式(M)/节点(K)/对象(O)]：（指定样条曲线的起点1）

指定下一点或 [起点切向(T)/公差(L)]：（指定第2点）

输入下一个点或 [端点相切(T)/公差(L)/放弃(U)]：（依次指定3、4点）

指定下一点或 [端点相切(T)/公差(L)/放弃(U)/闭合(C)]：u（选择"放弃"选项，完成样条曲线绘制）

完成命令操作，结果如图 3-19 所示。

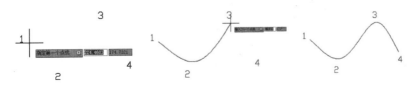

图 3-19　绘制样条曲线

3.3 绘制曲线对象

在 AutoCAD 中，圆、圆弧、椭圆和椭圆弧都属于二维曲线对象，其绘制方法比线性对象复杂，也是使用比较频繁的图形对象。

3.3.1 圆

1. 功能

圆形是形状规则的曲线对象，是由指定点沿另一个点旋转一周所形成的曲线特征。在 AutoCAD 中，用户可以通过指定圆心、半径、直径、圆周上的点和其他对象上点的不同组合方式来绘制圆形。

2. 命令调用

用户可采用以下操作方法之一调用该命令。

- 在菜单栏选择"绘图"→"圆"命令，再从级联子菜单中选择一种画圆方式，如图 3-20 所示。
- 在功能区单击"默认"选项卡→"绘图"面板→"圆形"按钮⊘·。
- 在命令行输入"Circle"，按〈Enter〉键执行。

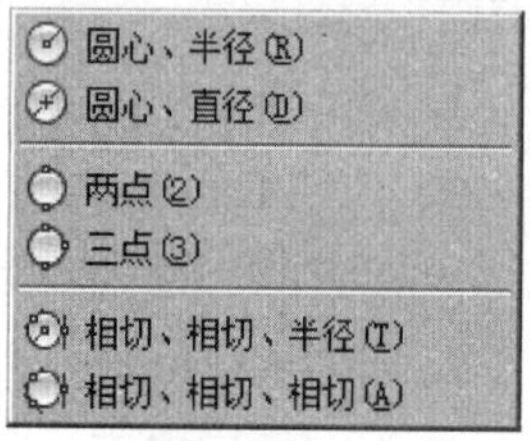

3. 命令操作

AutoCAD 2014 提供了 6 种创建圆形的方法，即"圆心、半径""圆心、直径""两点""三点""相切、相切、半径""相切、相切、相切"，下面分别介绍各种创建圆形的方法。

图 3-20　绘制圆

（1）圆心、半径

该方式是系统默认的绘制方式，只需指定一点作为圆心，然后输入半径，即可完成圆形的创建。执行该命令，命令行提示如下。

> 命令: _circle 指定圆的圆心或 [三点(3P)/两点(2P)/切点、切点、半径(T)]: (执行"圆"命令并指定圆心)
> 指定圆的半径或 [直径(D)] <200.0000>: 200 (指定圆形的半径)

完成命令操作，结果如图 3-21 所示。

图 3-21　"圆心、半径"绘制圆形

（2）圆心、直径

该方式是指定圆心的位置，直接输入直径即可完成圆形的创建。执行该命令，命令行提示如下。

命令：_circle 指定圆的圆心或 [三点(3P)/两点(2P)/切点、切点、半径(T)]：(执行"圆"命令并指定圆心)

指定圆的半径或 [直径(D)] <200.0000>：_d 指定圆的直径 <400.0000>：400 (指定圆形的直径)

完成命令操作，结果如图 3-22 所示。

图 3-22 "圆心、直径"绘制圆形

(3) 三点

该方式通过指定圆周上的 3 个点来绘制圆形。执行该命令，命令行提示如下。

命令：_circle 指定圆的圆心或 [三点(3P)/两点(2P)/切点、切点、半径(T)]：_3p 指定圆上的第一个点：(执行"圆"命令并指定第一点)

指定圆上的第二个点：(指定第二点)

指定圆上的第三个点：(指定第三点)

完成命令操作，结果如图 3-23 所示。

图 3-23 "三点"绘制圆形

(4) 两点

该方式通过指定两个点来绘制圆形，系统将会提示圆形的直径方向的两个端点。执行该命令，命令行提示如下。

命令：_circle 指定圆的圆心或 [三点(3P)/两点(2P)/切点、切点、半径(T)]：_2p 指定圆直径的第一个端点：(执行圆形命令并指定其第一个端点)

指定圆直径的第二个端点：400 (指定圆形的第二个端点)

完成命令操作，结果如图 3-24 所示。

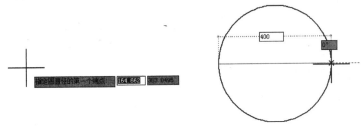

图 3-24 "两点"绘制圆形

（5）相切、相切、半径

该方式是指用两个已知对象的切点和圆的半径来绘制圆形。系统会提示指定圆形的第一切线、第二切线上的点，以及圆的半径。在使用该选项绘制圆时应该注意，由于圆的半径限制，绘制的圆可能与已知对象不是实际相切的，而是与其延长线相切的，如果输入的圆半径不合适，也可能绘制不出所需的圆。执行该命令，命令行提示如下。

命令：_circle 指定圆的圆心或［三点(3P)/两点(2P)/切点、切点、半径(T)］：_t（执行"圆"命令）

指定对象与圆的第一个切点：（在左侧梯形斜边上指定第一个切点）

指定对象与圆的第二个切点：（在右侧梯形斜边上指定第二个切点）

指定圆的半径 <200.0000>：（指定圆形半径）

完成命令操作，结果如图3-25所示。

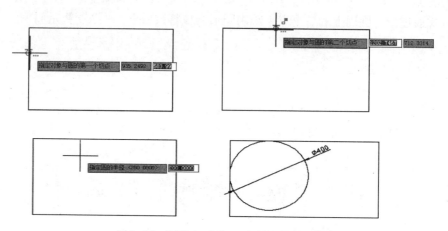

图3-25 "相切、相切、半径"绘制圆形

（6）相切、相切、相切

该方式用3个已知对象的切点来绘制圆形，系统会分别提示指定圆的切线上的3个点。执行该命令，命令行提示如下。

命令：_circle 指定圆的圆心或［三点(3P)/两点(2P)/切点、切点、半径(T)］：_3p 指定圆上的第一个点：_tan 到（执行"圆"命令并指定第一点）

指定圆上的第二个点：_tan 到（指定第二点）

指定圆上的第三个点：_tan 到（指定第三点）

完成命令操作，结果如图3-26所示。

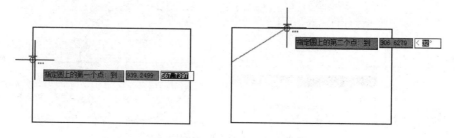

图3-26 "相切、相切、相切"绘制圆形

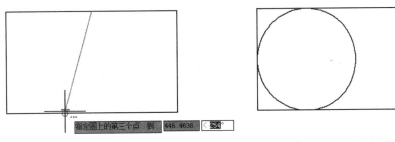

图 3-26 "相切、相切、相切"绘制圆形（续）

3.3.2 圆弧

圆弧是构成图形的主要部分，该命令主要用于绘制任意半径的圆弧对象。

1. 功能

圆弧是圆的某一组成部分。AutoCAD 中，通常是通过指定圆心、端点、起点、半径、角度、弦长和方向值的各种组合形式来绘制圆弧。

2. 命令调用

用户可采用以下操作方法之一调用该命令。

- 在菜单栏选择"绘图"→"圆弧"命令，再从级联子菜单中选择一种绘制圆弧方式，如图 3-27 所示。
- 在功能区单击"默认"选项卡→"绘图"面板→"圆弧"按钮。
- 在命令行输入"Arc"，按〈Enter〉键执行。

图 3-27　绘制圆弧

3. 命令操作

AutoCAD 提供了多种绘制圆弧的方法，如"三点""起点、圆心、端点""起点、圆心、角度""起点、圆心、长度""起点、端点、角度""起点、端点、方向""起点、端点、半径""圆心、起点、端点""圆心、起点、角度""圆心、起点、长度""继续"，下面分别介绍几种默认的绘制圆弧的方法。

（1）三点

采用"三点"的方式绘制圆弧是系统默认的绘制方式。执行该命令，命令行提示如下。

> 命令：_arc 指定圆弧的起点或 [圆心(C)]：(任意单击一点，确定圆弧起点)
> 指定圆弧的第二个点或 [圆心(C)/端点(E)]：(任意单击一点，确定圆弧上第二点)
> 指定圆弧的端点：(任意单击一点，确定圆弧端点)

完成命令操作，结果如图 3-28 所示。

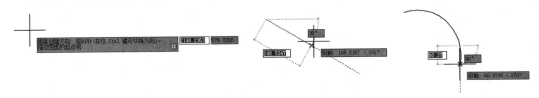

图 3-28　"三点"绘制圆弧

（2）起点、圆心、端点

采用"起点、圆心、端点"的方式绘制圆弧时，由起点和圆心之间的距离确定半径，端点由从圆心引出的通过第三点的直线确定。生成的圆弧始终从起点以逆时针方向绘制。执行该命令，命令行提示如下。

命令：_arc 指定圆弧的起点或［圆心（C）］：(任意单击一点,确定圆弧起点)
指定圆弧的第二个点或［圆心（C）/端点（E）］：_c 指定圆弧的圆心：(单击一点,确定圆心)
指定圆弧的端点或［角度（A）/弦长（L）］：(任意单击一点,确定圆弧端点)

完成命令操作，结果如图 3-29 所示。

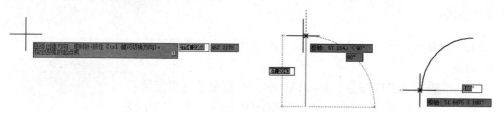

图 3-29 "起点、圆心、端点"绘制圆弧

（3）起点、圆心、角度

采用"起点、圆心、角度"的方式绘制圆弧时，由起点和圆心之间的距离确定半径，圆弧的另一端通过指定以圆弧圆心为顶点的夹角确定。生成的圆弧始终从起点以逆时针方向绘制。执行该命令，命令行提示如下。

命令：_arc 指定圆弧的起点或［圆心（C）］：(任意单击一点,确定圆弧起点)
指定圆弧的第二个点或［圆心（C）/端点（E）］：_c 指定圆弧的圆心：(单击一点,确定圆心)
指定圆弧的端点或［角度（A）/弦长（L）］：_a 指定包含角：90 (单击一点,确定圆弧端点,或输入包含角数值)

完成命令操作，结果如图 3-30 所示。

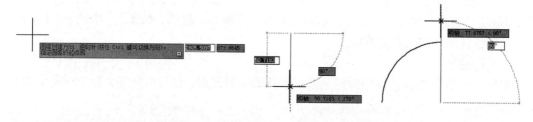

图 3-30 "起点、圆心、角度"绘制圆弧

（4）起点、圆心、长度

采用"起点、圆心、长度"的方式绘制圆弧时，由起点和圆心之间的距离确定半径，圆弧的另一端通过指定圆弧起点和端点之间的弦长确定。生成的圆弧始终从起点以逆时针方向绘制。执行该命令，命令行提示如下。

命令：_arc 指定圆弧的起点或［圆心（C）］：(任意单击一点,确定圆弧起点)
指定圆弧的第二个点或［圆心（C）/端点（E）］：_c 指定圆弧的圆心：(指定圆心距圆弧起点100)
指定圆弧的端点或［角度（A）/弦长（L）］：_l 指定弦长：200 (指定弦长)

完成命令操作，结果如图 3-31 所示。

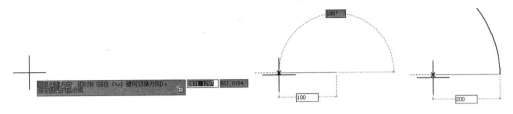

图 3-31　"起点、圆心、长度"绘制圆弧

（5）起点、端点、角度

采用"起点、端点、角度"的方式绘制圆弧时，由圆弧端点之间的夹角确定圆弧的圆心和半径。生成的圆弧始终从起点以逆时针方向绘制。执行该命令，命令行提示如下。

> 命令：_arc 指定圆弧的起点或 [圆心(C)]：(任意单击一点,确定圆弧起点)
> 指定圆弧的第二个点或 [圆心(C)/端点(E)]：_e (选择"端点"选项)
> 指定圆弧的端点：(任意单击一点,确定圆弧端点)
> 指定圆弧的圆心或 [角度(A)/方向(D)/半径(R)]：_a 指定包含角：90 (指定包含角)

完成命令操作，结果如图 3-32 所示。

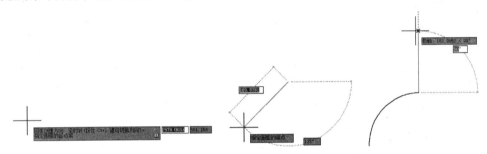

图 3-32　"起点、端点、角度"绘制圆弧

3.3.3　圆环

绘制圆环即是根据指定的内、外圆直径在指定的位置创建圆环。

1. 功能

圆环是填充环或实体填充圆，是由带有宽度的闭合多段线组成的。

2. 命令调用

用户可采用以下操作方法之一调用该命令。

● 在菜单栏选择"绘图"→"圆环"命令。

● 在功能区单击"默认"选项卡→"绘图"面板→"圆环"按钮◎。

● 在命令行输入"Donut"，按〈Enter〉键执行。

3. 命令操作

通过指定圆环的内径、外径和中心点绘制圆环。若将内径值指定为 0，则可创建实体填充圆。在绘制圆环之前，用户可以通过在命令行中输入"Fill"命令，选择圆环是否执行填充效果。执行该命令，命令行提示如下。

命令：_donut（执行"圆环"命令）
指定圆环的内径 <0.5000>：10（设置圆环内径）
指定圆环的外径 <1.0000>：15（设置圆环外径）
指定圆环的中心点或 <退出>：↙（按〈Enter〉键，完成命令）

完成命令操作，结果如图 3-33 所示。图中左图为打开"Fill"状态，右图为关闭"Fill"状态的效果。

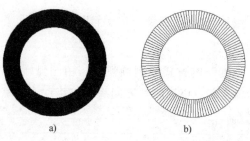

a)   b)

图 3-33 绘制圆环
a）打开"Fill"状态 b）关闭"Fill"状态

3.3.4 椭圆

调用绘制椭圆，可以绘制任意形状的椭圆。

1. 功能

椭圆由定义其长度和宽度的两条轴决定，较长的轴称为长轴，较短的轴称为短轴。椭圆的形状是由中心点、椭圆长轴和短轴 3 个参数来确定的。

2. 命令调用

用户可采用以下操作方法之一调用该命令。

● 在菜单栏选择"绘图"→"椭圆"命令。

● 在功能区单击"默认"选项卡→"绘图"面板→"椭圆"按钮 ⬬。

● 在命令行输入"Ellipse"，按〈Enter〉键执行。

3. 命令操作

绘制椭圆的方法有"圆心"和"轴、端点"两种，用户可以根据需要选择使用。

（1）圆心

采用该方式绘制椭圆时，先要指定椭圆的中心点，然后指定椭圆长轴和短轴的长度。执行该命令，命令行提示如下。

命令：_ellipse（执行"椭圆"命令）
指定椭圆的轴端点或 [圆弧(A)/中心点(C)]：_c（选择使用"中心点"选项）
指定椭圆的中心点：（单击一点，确定椭圆中心点）
指定轴的端点：（单击一点，确定椭圆轴的端点）
指定另一条半轴长度或 [旋转(R)]：（指定第二条轴的长度）

完成命令操作，结果如图 3-34 所示。

（2）轴、端点

采用该方式绘制椭圆时，根据两个端点定义椭圆的第一条轴。第一条轴的角度确定了整

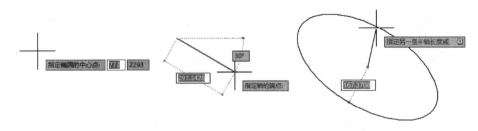

图 3-34   "圆心"绘制椭圆

个椭圆的角度。第一条轴既可作为椭圆的长轴也可作为短轴。执行该命令，命令行提示如下。

命令：_ellipse (执行"椭圆"命令)
指定椭圆的轴端点或 [圆弧(A)/中心点(C)]：(单击一点，确定椭圆第一条轴的端点)
指定轴的另一个端点：(单击一点，确定椭圆第一条轴的第二个端点)
指定另一条半轴长度或 [旋转(R)]：(单击一点，确定椭圆第二条轴的长度)

完成命令操作，结果如图 3-35 所示。

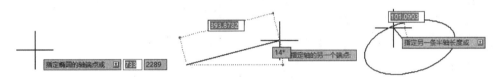

图 3-35   "轴、端点"绘制椭圆

3.3.5   椭圆弧

1. 功能

椭圆弧即椭圆的部分弧线，是椭圆上的一部分。绘制时只要指定圆弧的起始角和终止角，即可绘制椭圆弧。在指定椭圆弧终止角时，用户可以通过在命令行输入数值或直接在图形中位置点定义终止角。

2. 命令调用

用户可采用以下操作方法之一调用该命令。

● 在菜单栏选择"绘图"→"椭圆"→"圆弧"命令。
● 在功能区单击"默认"选项卡→"绘图"面板→"椭圆弧"按钮 。
● 在命令行输入"Ellipse"并选择"圆弧"选项，按〈Enter〉键执行。

3. 命令操作

绘制椭圆弧时，椭圆弧上的前两个点确定第一条轴的位置和长度，第三个点确定椭圆弧的圆心与第二条轴的端点之间的距离，第四个点和第五个点确定起始和终止角度。执行该命令，命令行提示如下。

命令：_ellipse (执行"椭圆"命令)
指定椭圆的轴端点或 [圆弧(A)/中心点(C)]：_a (选择绘制椭圆弧选项)
指定椭圆弧的轴端点或 [中心点(C)]：(单击一点，确定椭圆弧端点)

完成命令操作,结果如图 3-36 所示。

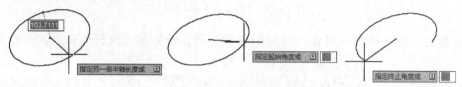

图 3-36 椭圆弧绘制

3.4 创建多边形对象

多边形对象包括矩形和正多边形,它们的所有线段不是孤立的,而是合成一个面域。在进行三维绘图时,无须直线面域操作,使用拉伸或旋转工具即可将该轮廓线转换为实体。使用正多边形和矩形命令可以简化图形的绘制过程,提高绘图效率。

3.4.1 矩形

在 AutoCAD 中,用户可绘制直角、倒角、圆角矩形 3 种,如图 3-37 所示。

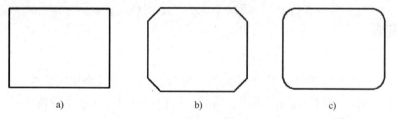

a)   b)   c)

图 3-37 矩形

a) 直角矩形 b) 倒角矩形 c) 圆角矩形

1. 功能

使用该命令可以快速绘制出矩形形状的闭合多段线,而不必使用直线命令逐一绘制组成矩形的各条直线,而且在绘制过程中,还可以设置矩形的倒角、圆角效果和宽度、厚度值。

2. 命令调用

用户可采用以下操作方法之一调用该命令。

● 在菜单栏选择"绘图"→"矩形"命令。

● 在功能区单击"默认"选项卡→"绘图"面板→"矩形"按钮 。

● 在命令行输入"Rectang",按〈Enter〉键执行。

3. 命令操作

绘制矩形的默认方法是指定矩形的一个角点和一个对角点,选择 AutoCAD 提供的不同选项,将绘制出不同效果的矩形。执行该命令,命令行提示如下。

命令：_rectang (执行"矩形"命令)
指定第一个角点或 [倒角(C)/标高(E)/圆角(F)/厚度(T)/宽度(W)]：(拾取矩形角点)
指定另一个角点或 [面积(A)/尺寸(D)/旋转(R)]：(拾取矩形对角点)

完成命令操作，结果如图 3-38 所示。

图 3-38　绘制矩形

命令行中各选项的含义介绍如下。

- 倒角（C）：绘制倒角矩形。在当前命令行提示窗口中输入 C，按照提示输入第 1、第 2 倒角距离，明确第 1 和第 2 角点，即可完成矩形的绘制。第 1 倒角距离是第 1 角点沿 Y 轴方向的距离，第 2 倒角是第 1 角点沿 X 轴方向的距离。
- 标高（E）：设置矩形的绘图高度，该命令一般用于三维绘图中。在当前命令行提示窗口中输入 E，并输入标高，然后明确第 1 和第 2 角点即可。
- 圆角（F）：绘制圆角矩形。在当前命令行提示窗口输入 F，并输入圆角半径参数值，然后明确第 1 和第 2 角点即可。
- 厚度（T）：绘制具有厚度特征的矩形。在当前命令行提示窗口中输入 T，并输入厚度参数值，然后明确第 1 和第 2 角点即可。
- 宽度（W）：绘制具有宽度特征的矩形。在当前命令行提示窗口中输入 W，并输入宽度参数值，然后明确第 1 和第 2 角点即可。
- 面积（A）：通过指定矩形面积来绘制矩形。
- 尺寸（D）：通过指定矩形的长度和宽度来绘制矩形。
- 旋转（R）：绘制按指定的倾斜角度放置的矩阵。

这些选项的应用方法如下所示。

1）绘制一个矩形并在角点加倒角。执行该命令，命令行提示如下。

命令：_rectang (执行"矩形"命令)
指定第一个角点或 [倒角(C)/标高(E)/圆角(F)/厚度(T)/宽度(W)]：c (选择"倒角"选项)
指定矩形的第一个倒角距离 <0.0000>：80 (指定倒角距离)
指定矩形的第二个倒角距离 <80.0000>：50 (指定倒角距离)
指定第一个角点或 [倒角(C)/标高(E)/圆角(F)/厚度(T)/宽度(W)]：(拾取矩形角点)
指定另一个角点或 [面积(A)/尺寸(D)/旋转(R)]：(拾取矩形对角点)

完成命令操作，结果如图 3-39 所示。

2）绘制矩形并在角点加圆角。执行该命令，命令行提示如下。

命令：rectang (执行"矩形"命令)
指定第一个角点或 [倒角(C)/标高(E)/圆角(F)/厚度(T)/宽度(W)]：f (选择"圆角"选项)
指定矩形的圆角半径 <0.0000>：80 (指定圆角半径为80)

指定第一个角点或 [倒角(C)/标高(E)/圆角(F)/厚度(T)/宽度(W)]:(拾取矩形角点)
指定另一个角点或 [面积(A)/尺寸(D)/旋转(R)]:(拾取矩形对角点)

完成命令操作,结果如图 3-40 所示。

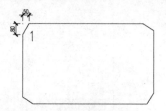

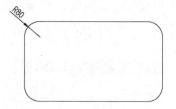

图 3-39　绘制带倒角矩形　　　　　　图 3-40　绘制带圆角矩形

3)绘制矩形并指定线宽。执行该命令,命令行提示如下。

命令:rectang (执行"矩形"命令)
指定第一个角点或 [倒角(C)/标高(E)/圆角(F)/厚度(T)/宽度(W)]:w (选择"宽度"选项)
指定矩形的线宽 <0.0000>:20 (指定线宽为 20)
指定第一个角点或 [倒角(C)/标高(E)/圆角(F)/厚度(T)/宽度(W)]:(拾取矩形角点)
指定另一个角点或 [面积(A)/尺寸(D)/旋转(R)]:(拾取矩形对角点)

完成命令操作,结果如图 3-41 所示。

4)绘制矩形并指定标高和厚度。执行该命令,命令行提示如下。

通过确定矩形的厚度可绘制长方体,"厚度(T)"选项可绘制一个在 Z 轴方向上有一定高度的矩形。如绘制一个厚度为 30 的矩形,可得到一个高度为 30 的长方体。如果指定标高为 30,就可以在原来的长方体顶面上再绘制一个长方体。

命令:_rectang (执行"矩形"命令)
指定第一个角点或 [倒角(C)/标高(E)/圆角(F)/厚度(T)/宽度(W)]:t (选择"厚度"选项)
指定矩形的厚度 <0.0000>:30 (将厚度定义为 30)
指定第一个角点或 [倒角(C)/标高(E)/圆角(F)/厚度(T)/宽度(W)]:(拾取矩形角点)
指定另一个角点或 [面积(A)/尺寸(D)/旋转(R)]:(拾取矩形对角点)
命令:_rectang (执行"矩形"命令)
当前矩形模式: 厚度=30.0000
指定第一个角点或 [倒角(C)/标高(E)/圆角(F)/厚度(T)/宽度(W)]:e (选择"标高"选项)
指定矩形的标高 <0.0000>:30 (将标高定义为 30)
指定第一个角点或 [倒角(C)/标高(E)/圆角(F)/厚度(T)/宽度(W)]:(拾取矩形角点)
指定另一个角点或 [面积(A)/尺寸(D)/旋转(R)]:(拾取矩形对角点)

完成命令操作,结果如图 3-42 所示。

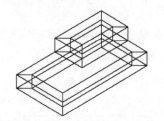

图 3-41　绘制带线宽矩形　　　　　　图 3-42　指定标高和厚度绘制矩形

5）指定面积绘制矩形。执行该命令，命令行提示如下。

命令：_rectang（执行"矩形"命令）
指定第一个角点或［倒角(C)/标高(E)/圆角(F)/厚度(T)/宽度(W)］：（任意拾取一点,指定矩形角点）
指定另一个角点或［面积(A)/尺寸(D)/旋转(R)］：a（选择"面积"选项）
输入以当前单位计算的矩形面积 ＜100.0000＞：50000（指定矩形面积）
计算矩形标注时依据［长度(L)/宽度(W)］＜长度＞：L（选择"长度"选项）
输入矩形长度 ＜10.0000＞：250（指定矩形长度为100）

完成命令操作，结果如图3-43所示。

6）指定尺寸绘制矩形。执行该命令，命令行提示如下。

命令：_rectang（执行"矩形"命令）
指定第一个角点或［倒角(C)/标高(E)/圆角(F)/厚度(T)/宽度(W)］：（任意拾取一点,指定矩形角点）
指定另一个角点或［面积(A)/尺寸(D)/旋转(R)］：r（选择"旋转"选项）
指定旋转角度或［拾取点(P)］＜0＞：30（指定旋转角度）
指定另一个角点或［面积(A)/尺寸(D)/旋转(R)］：d（选择"尺寸"选项）
指定矩形的长度 ＜0.0000＞：250（指定矩形长度）
指定矩形的宽度 ＜0.0000＞：200（指定矩形宽度）
指定另一个角点或［面积(A)/尺寸(D)/旋转(R)］：↙（按〈Enter〉键确定）

完成命令操作，结果如图3-44所示。

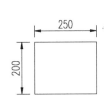　　　　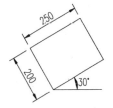

图3-43　指定面积绘制矩形　　　　图3-44　指定尺寸和旋转角度绘制矩形

需要注意的是：在绘制矩形时，一定要根据命令行的提示"当前矩形模式"再进行必要的设置，才能绘制出符合需求的矩形。

3.4.2　多边形

由3条以上的线段所组成的封闭界限图形称为多边形，若多边形的每条边长度相等，则称为正多边形。同样，绘制的多边形是一个整体，不能单独对每条边进行编辑。

1. 功能

在AutoCAD中，利用该命令可以快速绘制边数为3～1024的等边多边形。

2. 命令调用

可采用以下操作方法之一调用该命令。

● 在菜单栏选择"绘图"→"多边形"命令。

● 在功能区单击"默认"选项卡→"绘图"面板→"多边形"按钮 ⬠ 。

● 在命令行输入"Polygon"，按〈Enter〉键执行。

3. 命令操作

使用 AutoCAD 2014 绘制多边形，执行该命令后，可以选择使用以下 3 种方法绘制多边形。

（1）内接圆法

使用内接圆法绘制多边形时，多边形的中心到多边形的顶角点之间的距离相等，也就是整个多边形位于一个虚拟的圆形中。单击"多边形"按钮⬡，输入多边形的边数，并指定多边形中心。然后根据命令行提示选择"内接于圆"选项，并输入内接圆的半径值，即可完成多边形的绘制。执行该命令，命令行提示如下。

> 命令：_polygon 输入边的数目 <4＞:6(执行"多边形"命令并指定其边数)
> 指定多边形的中心点或［边(E)］:(光标拾取多边形的中心点)
> 输入选项［内接于圆(I)/外切于圆(C)］<I＞:I(选择"内接于圆"选项)
> 指定圆的半径:200(指定圆形的半径)

完成命令操作，结果如图 3-45 所示。

（2）外切圆法

使用外切圆法绘制多边形时，所输入的半径值是多边形的中心点至多边形任意边的垂直距离。单击"多边形"按钮⬡，输入多边形的边数，并指定多边形中心，然后根据命令行提示选择"外切于圆"选项，输入外切圆的半径值，即可完成多边形的绘制。执行该命令，命令行提示如下。

> 命令：_polygon 输入边的数目 <4＞:6(执行"多边形"命令并指定其边数)
> 指定多边形的中心点或［边(E)］:(光标拾取多边形的中心点)
> 输入选项［内接于圆(I)/外切于圆(C)］<I＞:C(选择"外切于圆"选项)
> 指定圆的半径:200(指定圆形的半径)

完成命令操作，结果如图 3-46 所示。

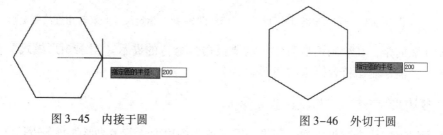

图 3-45　内接于圆　　　　　　　　　　图 3-46　外切于圆

（3）边长法

使用边长法绘制多边形时，通过设定多边形的边长和一条边的两个端点创建多边形。此方法与上述方法类似，在命令提示指定多边形的中心点时输入字母 E，可直接指定两点或在指定一点后输入边长即可绘制出所需的多边形。执行该命令，命令行提示如下。

> 命令：_polygon 输入边的数目 <4＞:6(执行"多边形"命令并指定其边数)
> 指定多边形的中心点或［边(E)］:　E(选择"边"选项)
> 指定边的第一个端点:指定边的第二个端点:200(指定多边形第一条边的端点和长度)

完成命令操作，结果如图 3-47 所示。

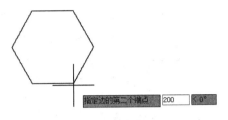

图 3-47　边长法

3.5　面域

在上一节中介绍的矩形、多边形都是只有轮廓，没有实体填充的对象。用户通过执行"面域"命令，将其转换为二维效果，使之可被填充，且具有边界效果。

3.5.1　面域的创建

1. 功能

面域是具有边界的平面区域，其内部可以包含孔。用户可以在由某些对象围成的封闭区域内创建成面域，这些封闭区域可以是圆、椭圆、封闭的二维多段线和封闭的样条曲线，也可以是由圆弧、直线、二维多段线、椭圆弧等对象构成的封闭区域。

2. 命令调用

用户可采用以下操作方法之一调用该命令。

- 在菜单栏选择"绘图"→"面域"命令。
- 在菜单栏选择"绘图"→"边界"命令，将"对象类型"选为"面域"，也可创建面域。
- 在功能区单击"默认"选项卡→"绘图"面板→"面域"按钮 ⊙。
- 在命令行输入"Region"，按〈Enter〉键执行。

3. 命令操作

执行"面域"命令，AutoCAD 将选择集中的闭合多段线、直线、曲线等对象进行转换，形成闭合的平面环，也可以将已有的若干个面域合并到单个复杂的面域中。如果有两个以上的曲线共用一个端点，得到的面域可能是不确定的。

面域的边界由端点相连的曲线组成，曲线上的每个端点仅连接两条边。AutoCAD 不接受所有相交或自交的曲线。

（1）利用"面域"工具创建面域

执行该命令，命令行提示如下。

命令：_region（执行"面域"命令）

选择对象：指定对角点：找到 6 个（选择要转换面域的对象）

选择对象：（按〈Enter〉键，完成选择）

已提取 1 个环。已创建 1 个面域。

完成命令操作，结果如图 3-48 所示。

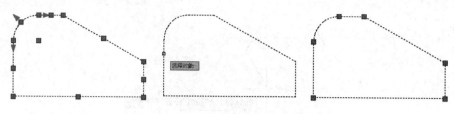

图 3-48　利用"面域"工具创建面域

（2）利用"边界"工具创建面域

如果是对象内部相交而构成的封闭区域，利用"面域"工具是无法将其转换为面域的，此时就需要利用"边界"工具创建面域。

执行该命令，程序将会弹出如图 3-49 所示的"边界创建"对话框，用户可以在此将"对象类型"选项设为"面域"，单击"拾取点"按钮，在绘图区域单击构成封闭区域内部的任意一点，按〈Enter〉键完成操作，如图 3-50 所示。

图 3-49　"边界创建"对话框

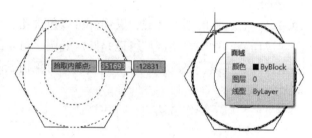

图 3-50　利用"边界"工具创建面域

3.5.2　面域的布尔运算

1. 功能

布尔运算是数学中的一种逻辑运算。用户使用该命令可以通过对实体和共面的面域进行添加、剪切或查找面域的交点来创建组合面域，从而创建较为复杂的面域。

2. 命令调用

用户可采用以下操作方法之一调用该命令。

- 在菜单栏选择"修改"→"实体编辑"→"并集""差集"或"交集"命令。
- 将工作空间切换到"三维建模"，在功能区单击"默认"选项卡→"实体编辑"面板→"并集""差集"或"交集"按钮。
- 在命令行输入"Union"（并集）、"Subtract"（差集）或"Intersect"（交集），按〈Enter〉键执行。

3. 命令操作

（1）"并集"

利用"并集"工具可以合并两个面域，即创建两个面域的和集。运算后的面域与合并前的面域位置没有任何关系，但必须保证需要合并的多个对象是创建好的独立面域，如图 3-51 所示。

图 3-51　面域"并集"

（2）差集

利用"差集" ⑩ 创建复杂面域，使用该命令可以通过从一个选定的二维面域中减去一个现有的二维面域来创建复杂面域。需要注意的是，在提示选择对象时，应先选择要保留的对象，按〈Enter〉键确认选择，然后选择要减去的对象，如图 3-52 所示。

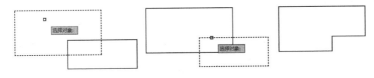

图 3-52　面域"差集"

（3）交集

利用"交集" ⑩ 创建复杂面域，使用该命令可以从两个或两个以上现有面域的公共部分创建复杂面域，如图 3-53 所示。

图 3-53　面域"交集"

3.6　图案填充

在绘制图形过程中，如果要绘制实体剖面图，则剖视区域必须用图案进行填充。对于不同部件不同的材料应使用不同的填充图案。AutoCAD 的图案填充功能，可用于在封闭区域或定义的边界内绘制剖面符号或剖面线、表现表面纹理或涂色。

3.6.1　图案填充基本概念

图案填充是通过制定的线条图案、颜色和比例来填充指定区域，可以使用预定义的填充图案填充指定区域、使用当前线型定义简单的线条图案，也可以创建更为复杂的填充图案，还可以使用颜色填充指定区域或创建渐变填充。在此之前，首先要了解图案填充的一些基本概念。

1. 定义图案填充边界

在 AutoCAD 2014 中，用户可以用多种方法指定图案填充的边界，如指定封闭对象内部区域中的一点；选择封闭对象；将填充图案从工具选项板或设计中心拖动到封闭区域。

在填充图形时，将忽略不在对象边界内的整个或局部对象。如果填充线与某个对象相交，并且该对象被选定为边界集的一部分，程序将围绕该对象进行填充，如图3-54所示。

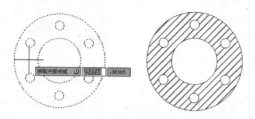

图3-54 定义图案填充边界

2. 添加填充图案和实体填充

用户可以使用多种方法向图形中添加填充图案。如可以通过"图案填充和渐变色"对话框中的"填充图案选项板"或"渐变色"选项卡进行填充，还可以通过"图案填充"工具选项板，将预定义的填充图案拖动到指定图形中进行填充，这样可以更快、更方便地完成工作。如图3-55所示为"填充图案选项板"和"图案填充"工具选项板。

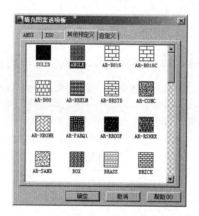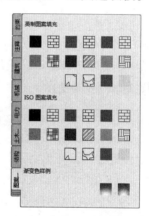

图3-55 "填充图案选项板"与"图案填充"工具选项板

3. 控制图案填充原点

进行填充时，填充图案始终相互"对齐"，但有时可能需要移动填充图案的原点。例如，若创建砖形填充图案，要在填充区域的左下角以完整的砖块开始填充，可以使用"图案填充和渐变色"对话框中的"图案填充原点"选项，重新指定原点即可，如图3-56所示。

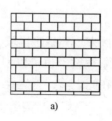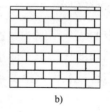

a)   b)

图3-56 控制图案填充原点

a）默认原点填充 b）指定原点填充

70

在"图案填充原点"选项区域中提供了使用当前原点和指定原点两种方式，选择指定原点时，可以使用单击设置新原点、默认为边界范围（左下、右下、左上、右上、中心）、存储为默认原点3种方式。其功能介绍如下。

- "使用当前原点"：将默认使用当前UCS的原点（0，0）为图案填充的原点。
- "单击设置新原点"：将返回绘图界面利用鼠标单击新的原点。
- "存储为默认原点"：将指定点存储为默认的图案填充原点。
- "左下"：将图案填充原点设置在图案填充矩形范围的左下角。
- "右下"：将图案填充原点设置在图案填充矩形范围的右下角。
- "左上"：将图案填充原点设置在图案填充矩形范围的左上角。
- "右上"：将图案填充原点设置在图案填充矩形范围的右上角。
- "中心"：将图案填充原点设置在图案填充矩形范围的中心。

4. 选择填充图案

在AutoCAD 2014中提供了实体填充及50多种行业标准填充图案，可用于区分对象的部件或表示对象的材质。在"预定义"图案填充类型中，提供了83种填充图案，其中"AN-SI"图案8种、"ISO"图案14种、"其他预定义"图案61种。

选择"预定义"选项，系统将在"图案"和"样例"下拉列表框中分别给出预定义填充图案的名称和相应的图案。用户也可单击"图案"列表框右侧的"浏览"按钮▣，程序将会弹出"填充图案选项板"，查看所有预定义的预览图像，如图3-57所示。

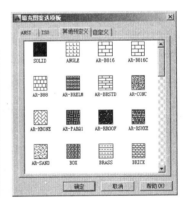

图3-57　填充图案选项板

用户还可以根据需要选择"定义"和"自定义"两种类型的填充图案，以便更好地满足不同行业的绘图要求。

- "定义"：该类型是基于图形的当前线型创建的直线填充图案。选择"定义"，用户可以通过"角度"和"间距"选项来控制定义图案中的角度和直线间距。
- "自定义"：可以使用当前线型来定义自己的填充图案，或创建更复杂的填充图案。

5. 创建关联图案填充

进行图案填充时，使用关联选项将会使填充图案随边界的更改自动更新。默认情况下，创建的图案填充区域是关联的。若未使用关联选项，在修改填充边界轮廓时，填充图案将会维持不变。用户也可以创建独立于边界的非关联图案填充，如图3-58所示。

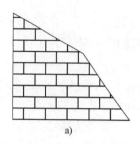
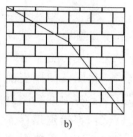

图 3-58　图案填充的关联

a）关联图案填充　b）非关联图案填充

6. 控制填充图案的比例

用户可根据需要为填充图案设置适当的比例，比例值默认为 1，可以在"图案填充编辑器"中的"特性"选项卡或"图案填充和渐变色"对话框中进行设置。

为防止不慎创建大量图案填充线，在单个图案填充操作中创建的图案填充线的最大数目是受限的，这样可避免内存和性能出现问题。用户可使用 HPMAXLINES 系统变量更改图案填充线的最大数目，范围为 100 ~ 10 000 000，默认值为 1 000 000。

7. 指定图案填充的绘制顺序

在进行图案填充时，用户可以指定其绘制顺序，以便将其绘制在图案填充边界的后面或前面，或者其他所有对象的后面或前面。默认情况下，在创建图案填充时，将其绘制在图案填充边界的后面，这样比较容易查看和选择图案填充边界。用户也可以根据需要更改图案填充的绘制顺序，将其绘制在填充边界的前面，或者其他对象的后面或前面。在"图案填充和渐变色"对话框"图案填充"选项卡中的"绘图次序"中提供有不指定、后置、前置、置于边界之后、置于边界之前 5 种选项，如图 3-59 所示。

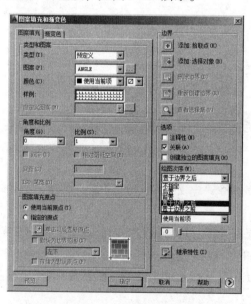

图 3-59　绘图次序

例如，绘制一个圆形和五角星，并为圆形填充蜂窝状图案，为五角星填充红色，然后分别将五角星填充颜色设置为前置和后置，效果如图 3-60 所示。

72

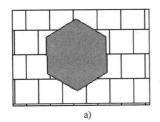
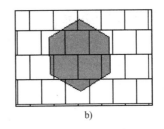

图 3-60　图案填充顺序

a）前置　b）后置

3.6.2　图案填充操作

1. 功能

使用该命令，用户可以按照设置的样式、颜色、比例、角度为图形填充图案。进行图案填充时，首先应创建一个填充区域边界，这个边界必须是封闭的，否则无法进行图案填充。

2. 命令调用

用户可采用以下操作方法之一调用该命令。

- 在菜单栏选择"绘图"→"图案填充"命令。
- 在功能区单击"默认"选项卡→"绘图"面板→"图案填充"按钮▨。
- 在命令行输入"Bhatch"，按〈Enter〉键执行。

3. 命令操作

利用"图案填充"功能为"桌面"示意图填充图案。具体的操作步骤如下。

1）打开 AutoCAD 2014，新建图形文件，将工作空间设为"二维草图与注释"。

2）运用所学的基本绘图命令，绘制"齿轮"示意图，如图 3-61 所示。

3）在功能区单击"默认"选项卡→"绘图"面板→"图案填充"按钮▨，在弹出的"图案填充和渐变色"对话框中，单击"添加拾取点"按钮▣，在"桌面"示意图要填充图案的部位单击，其区域会呈填充状态，若有其他区域采用同样的填充图案，则可以连续单击以指定多个填充区域，如图 3-62 所示。

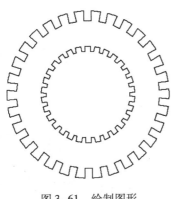

图 3-61　绘制图形

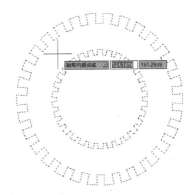

图 3-62　指定填充区域

4）指定图案填充区域后，按〈Enter〉键返回"图案填充和渐变色"对话框，单击"图案"列表框右侧的"浏览"按钮▦，弹出"填充图案选项板"，选择"ANSI"选项卡中的"ANSI31"图案样例作为填充图案。右击回到"图案填充和渐变色"对话框中,单击"预览"按钮,即可查看填充效果,若填充比例未设置好,看到的填充图案可能为"全黑"或看不到填充内容,为了正常显示填充图案,可以调整"比例"选项。调整合适后,单击"确定"按钮,完成图案填充,结果如图3-63所示。

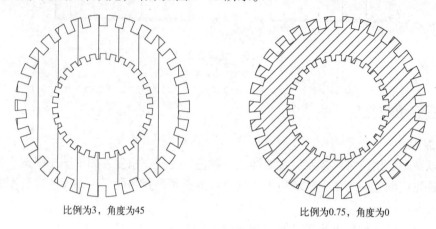

比例为3,角度为45　　　　　　　　比例为0.75,角度为0

图3-63　图案填充

3.6.3　渐变色填充

1. 功能

在工程图绘制中,经常需要对图形对象进行颜色填充,以便更好地表达设计效果。AutoCAD 2014 提供的"渐变色填充"功能可以对封闭区域进行渐变色填充,从而形成更好的视觉效果。根据填充的效果不同,分为单色填充和双色填充。使用渐变填充中的颜色可以从浅色到深色再到浅色,或者从深色到浅色再到深色平滑过渡,也可选择预定义的图案并为图案指定旋转角度。渐变填充是在一种颜色的不同灰度之间或在两种颜色之间平滑过渡的双色渐变填充。渐变填充提供光源反射到对象上的外观,可用于增强图形的演示效果。

2. 命令调用

用户可采用以下操作方法之一调用该命令。

- 在菜单栏选择"绘图"→"渐变色"命令。
- 在功能区单击"默认"选项卡→"绘图"面板→"渐变色"按钮▨。
- 在功能区单击"默认"选项卡→"绘图"面板→"图案填充"按钮▨,在弹出的对话框中选择"渐变色"选项卡。
- 在命令行输入"Gradient",按〈Enter〉键执行。

3. 命令操作

利用基本绘图命令和编辑命令,绘制一个"螺帽"示意图,并进行渐变色填充。具体的操作步骤如下。

1)打开 AutoCAD 2014 中文版,新建一个图形文件,将工作空间设为"二维草图与注释"。

2)利用基本绘图命令和编辑命令,绘制"螺帽"示意图,如图3-64所示。

3)在功能区单击"默认"选项卡→"绘图"面板→"渐变色"按钮▨,打开"图案填充和渐变色"对话框,如图 3-65 所示。

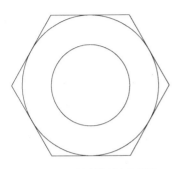

图 3-64　绘制螺帽示意图

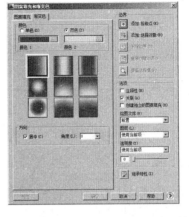

图 3-65　"图案填充和渐变色"对话框

4）选择"单色"单选按钮,并单击颜色"浏览"按钮 ，程序将会弹出"选择颜色"对话框,用户可以在"索引颜色"选项卡中选择合适的颜色进行填充,或在"真彩色"选项卡中设置所需的颜色,如图 3-66 所示。

5）选定颜色后,单击"确定"按钮返回"图案填充和渐变色"对话框,单击"添加拾取点"按钮,在需要填充的螺帽轮廓内部单击,以选择所需填充的区域,结果如图 3-67 所示。

6）用户还可以根据需要,设置渐变色的"明暗程度",并能够选择填充方向是否"居中",以及设置"填充角度",效果如图 3-68 所示。

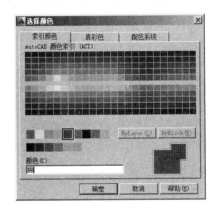

图 3-66　"选择颜色"对话框

图 3-67　螺帽渐变色填充

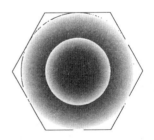

图 3-68　渐变色填充设置

需要说明的是:图案填充的命令有 Hatch 和 Bhatch 两种,Hatch 是以命令行提示的形式进行;Bhatch 是以对话框的形式进行,建议用 Bhatch 的形式以提高作图效率。尽管填充图案是由多个填充线组成,但仍然将它作为一个整体来对待,如果要对图案进行编辑,那么在选择对象时只要选择填充图案上的一个点,便可将整个填充的对象选定。如果想单独编辑某一条线,则必须选择"编辑"→"分解"命令将填充的图案分解后再对线进行编辑。

3.7 实训

3.7.1 绘制五角星

1. 实训要求

运用本章所学的圆形、等分点、直线、图案填充等基本绘图命令，绘制一个"五角星"示意图。在绘制过程中，辅助运用对象捕捉、极轴追踪、动态输入等功能，以提高绘图的准确性和效率。

2. 实训指导

1）打开 AutoCAD 2014 中文版，新建图形文件，将工作空间设为"草图与注释"。

2）在功能区单击"默认"选项卡→"绘图"面板→"圆"按钮，并使用"圆心，半径"模式，绘制一个 $\phi500$ 的圆形，如图 3-69 所示。

3）在功能区单击"默认"选项卡→"绘图"面板→"定数等分"按钮，在圆形上绘制 5 个等分点，结果如图 3-70 所示。

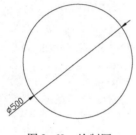

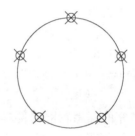

图 3-69　绘制圆　　　　　　　　　　　图 3-70　绘制等分点

4）使用"直线"命令，指定所绘制的 5 个等分点上分别为端点绘制直线，完成"五角星"轮廓的绘制，结果如图 3-71 所示。

5）在功能区单击"默认"选项卡→"绘图"面板→"图案填充"按钮，为"五角星"设置填充效果。五角星区域指定渐变色填充，颜色 1 为白色，颜色 2 为黄色，渐变色填充方式为"球形"；其他区域指定渐变色填充，颜色为 1 为红色，颜色 2 为白色，渐变色填充方式为"球形"。完成图案填充后，结果如图 3-72 所示。最后将文件保存至"D:\AutoCAD 2014 第 3 章实训"文件夹中，文件名为"五角星"。

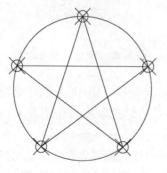

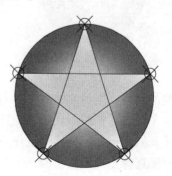

图 3-71　绘制五角星轮廓　　　　　　　　图 3-72　填充五角星

76

3.7.2 绘制支座

1. 实训要求

运用本章所学的直线、多段线、圆等基本图形绘制命令，绘制一个支座零件图。在绘制过程中，运用对象捕捉追踪、极轴追踪、对象捕捉、动态输入等辅助功能，以提高绘图的准确性和效率。具体的操作步骤如下。

2. 实训指导

1）打开 AutoCAD 2014 中文版，新建一个图形文件，将工作空间选定为"二维草图与注释"。

2）在功能区单击"常用"选项卡→"图层"面板→"图层特性"按钮 🔳，在弹出的"图层特性管理器"中创建"中心线""轮廓线""虚线"3 个图层。图层设置要求如图 3-73 所示。

3）将"中心线"图层置为当前，并在功能区单击"常用"选项卡→"绘图"面板→"直线"按钮 ，绘制如图 3-74 所示的中心线。

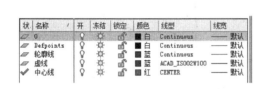

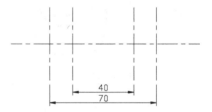

图 3-73　设置图层　　　　　　　　图 3-74　绘制中心线

4）将"轮廓线"图层置为当前，并在功能区单击"常用"选项卡→"绘图"面板→"圆"按钮 ，并使用"圆心、半径"方式绘制螺栓孔圆形，外圆半径为 8，内圆半径为 6，如图 3-75 所示。

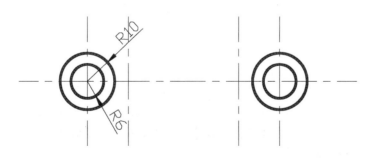

图 3-75　绘制螺栓孔

5）将"轮廓线"图层置为当前，并在功能区单击"常用"选项卡→"绘图"面板→"多段线"按钮 ，绘制支座轮廓线和表示圆孔轮廓的虚线，如图 3-76 所示。注意在绘制过程中灵活运用对象捕捉追踪、极轴追踪、对象捕捉、动态输入等功能。

6）在功能区单击"常用"选项卡→"修改"面板→"圆角"按钮 ，并将圆角半径设为 8，对支座四角进行圆角处理，结果如图 3-77 所示。

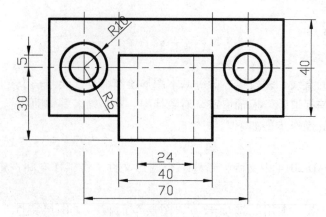

图 3-76　绘制支座轮廓线

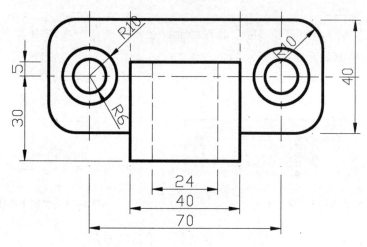

图 3-77　绘制支座

7）完成图形绘制，将文件保存至"D：\AutoCAD 2014 第 3 章实训"文件夹中，文件名为"绘制支座"。

3.7.3　创建沙发

1. 实训要求

利用矩形、直线等基本绘图命令以及圆角、复制、延伸和修剪等编辑命令绘制一个"转角沙发"示意图。辅助运用对象捕捉追踪、极轴追踪、对象捕捉、动态输入等功能，以提高绘图的准确性和效率。

2. 实训指导

1）打开 AutoCAD 2014 中文版，新建图形文件，切换工作空间"二维草图与注释"。

2）在功能区单击"常用"选项卡→"绘图"面板→"矩形"按钮▭，绘制 9 个矩形，尺寸分别是 5 个 700 × 700、1 个 850 × 850、1 个 3100 × 150、1 个 1400 × 150、1 个 700 × 150，如图 3-78 所示。

3）在功能区单击"常用"选项卡→"修改"面板→"圆角"按钮⬜，按照如图 3-79

所示将沙发扶手、靠背等位置做圆角处理，圆角半径设为50。

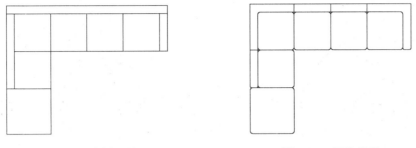

图3-78 绘制矩形   图3-79 圆角处理

4）完成图形绘制，将文件保存至"D:\AutoCAD 2014第3章实训"文件夹中，文件名为"沙发"。

3.8 思考与练习

1）利用直线、多段线、矩形等基本绘图命令和复制、夹点编辑、拉伸、镜像、偏移、圆角等编辑命令，绘制如图3-80所示的一个双人床示意图并保存至指定位置。双人床宽度为1500，长度为2000，床头柜尺寸为500×500。

2）利用本章所学的矩形、圆等工具，绘制如图3-81所示的门立面示意图并保存至指定位置。

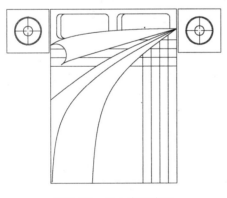

图3-80 双人床示意图   图3-81 门立面示意图

3）利用本章所学的直线、圆等基本绘图命令和偏移、阵列等编辑命令，绘制一个如图3-82所示的法兰盘示意图并保存至指定位置。

4）利用本章所学的直线、圆、圆弧等绘图命令和镜像、复制等编辑命令，绘制一个如图3-83所示的泵盖示意图并保存至指定位置。

5）利用本章所学的直线、多段线、圆、圆弧等工具，绘制如图3-84所示的零件图并保存至指定位置。

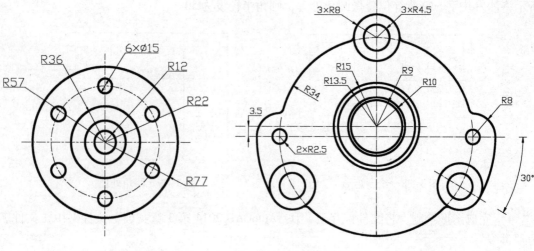

图 3-82　法兰盘示意图　　　　　　　　　　　　图 3-83　泵盖示意图

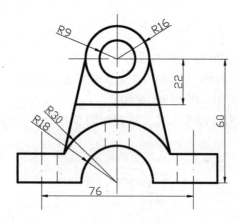

图 3-84　零件图

第4章 二维图形编辑

在使用 AutoCAD 进行绘图时，并非所有图形都能够使用基本绘图命令来直接绘制，而是需要使用图形编辑功能来完成的。在 AutoCAD 2014 中，通过执行相应的编辑命令，可以合理地构造和组织图形，保证绘图的准确性，提高绘图效率。

本章主要介绍基于绘图命令绘制的图形对象的修改和编辑方法，通过本章的学习，读者可以掌握编辑二维对象的各种方法，如复制、移动、旋转、对齐、偏移、镜像、阵列、倒角、圆角、打断对象、夹点编辑等命令的使用。

4.1 夹点应用

指定图形对象后，对象的关键点上会显示出实心小方框，这些小方框是用来标记选中对象的夹点。夹点是一种集成的编辑模式，为用户提供了一种方便快捷的编辑操作途径，可以通过拖动夹点执行拉伸、移动、旋转、缩放或镜像操作。选择执行的编辑操作称为夹点模式。

要使用夹点模式，先要选择作为操作基点的夹点，然后选择一种夹点模式。用户可以通过按〈Ctrl〉键或〈Space〉键循环选择这些模式，还可以使用快捷键或单击鼠标右键查看所有模式和选项。当图形对象被选中时，夹点显示为蓝色，称为"冷夹点"；如果再次单击某个夹点，则该夹点显示为红色，称为"暖夹点"；若按住〈Shift〉键时，还可以连续选择多个夹点为"暖夹点"，如图 4-1 所示。

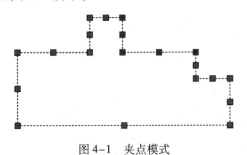

图 4-1 夹点模式

4.1.1 夹点设置

1. 功能

用户可以在"选项"对话框的"选择集"选项卡中设置是否启用夹点，也可以对夹点样式进行设置。

2. 命令调用

用户可采用以下操作方法之一调用该命令。

- 打开"应用程序"下拉菜单,选择"选项"按钮,打开"选项"对话框中的"选择集"选项卡,对夹点进行设置。
- 在菜单栏选择"工具"→"选项"命令,打开"选项"对话框中的"选择集"选项卡,对夹点进行设置。
- 在未选中对象的状态下,在绘图区域右击,在弹出的快捷菜单中选择"选项"命令,打开"选项"对话框中的"选择集"选项卡,对夹点进行设置。
- 在命令行输入"Options",打开"选项"对话框中的"选择集"选项卡,对夹点进行设置。

3. 命令操作

用户可以在"选项"对话框的"选项集"选项卡中对夹点样式进行设置,如图4-2所示。AutoCAD 2014提供的夹点设置内容有夹点大小、夹点颜色、在块中启用夹点、启用夹点提示、选择对象时限制显示的夹点数等。

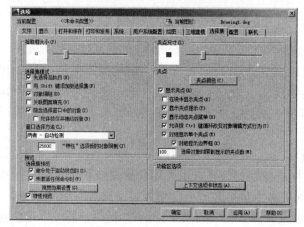

图4-2 设置夹点

- "夹点尺寸":该选项可以控制夹点的显示尺寸。
- "夹点颜色":可以设置未选中夹点显示颜色、选中夹点显示颜色、光标悬停在夹点上时所显示的颜色、夹点轮廓颜色。
- "显示夹点提示":当光标悬停在对象的夹点上时,显示夹点的特定提示内容。
- "在块中显示夹点":用以控制在选中图块后夹点显示的状态。如果选中此选项,则显示该图块内所有对象的全部夹点。
- "选择对象时限制显示的夹点数":当选择集中的对象包括多于指定数目的夹点时,将不显示夹点。有效值的范围是1~32767,默认设置是100。

4.1.2 夹点编辑

1. 功能

拖动夹点能够对选中对象进行拉伸、移动、旋转、缩放、镜像等操作。

2. 命令调用

用户可采用以下操作方法之一调用该命令。

- 选择要进行夹点编辑的图形对象，并单击选中该对象的一个夹点，右击，在弹出的快捷菜单中选择要执行的夹点编辑命令。
- 选择要进行夹点编辑的图形对象，并单击选中该对象的一个夹点，按〈Ctrl〉键或〈空格〉键循环选择夹点编辑命令。

3. 命令操作

（1）夹点拉伸

用户可以通过将选定的夹点移动到新的位置来拉伸对象。使用夹点拉伸时，首先选中要拉伸的图形对象，然后在所显示的夹点中单击一个夹点进行拉伸。应注意的是，当选中在文字、块参照、直线中点、圆心和点对象上的夹点时，将移动对象而不是拉伸对象。

当选中需要进行编辑的对象夹点时，该夹点将会亮显，并激活默认夹点模式"拉伸"，然后移动光标到合适位置单击，即可完成对象的拉伸，如图4-3所示。

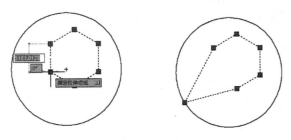

图4-3　夹点拉伸

（2）夹点移动

用户可以通过选定夹点移动对象。选定的夹点亮显后按指定的下一点位置移动一定的方向和距离。

首先，选中需要移动的对象上的任一夹点作为基点，该夹点将会亮显。然后，可以在命令提示行中输入"Mo"进入"移动"模式，或右击，在弹出的快捷菜单中选择"移动"命令进入移动模式，还可以按〈Ctrl〉键或〈Space〉键在夹点模式之间进行切换，直至显示"移动"模式。此时，可利用光标移动或坐标输入将对象进行移动，结果如图4-4所示。

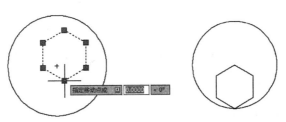

图4-4　夹点移动

（3）夹点旋转

用户可以通过拖动和指定点的位置来绕基点旋转所选定的对象，还可以输入角度值进行旋转。

在夹点编辑模式下，确定基点后，在命令提示行中输入"Ro"进入"旋转"模式，或右击，在弹出的快捷菜单中选择"旋转"命令，还可以在夹点状态下按〈Ctrl〉键或

〈Space〉键切换到"旋转"模式。此时，可利用光标移动或输入旋转角度将对象进行旋转，结果如图4-5所示。

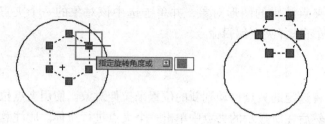

图4-5　夹点旋转

（4）夹点缩放

用户可以通过从基点夹点向外拖动光标并指定点位置来增大对象尺寸，或通过向内拖动光标减小尺寸。此外，也可以输入比例因子来指定缩放比例，当比例因子大于1时将放大对象，当比例因子在0~1时将缩小对象。

在夹点编辑模式下确定基点后，在命令提示行中输入"Sc"进入"缩放"模式，或在夹点状态下按〈Ctrl〉键或〈Space〉键切换到"缩放"模式，也可在夹点模式下右击，在弹出的快捷菜单中选择"缩放"命令，结果如图4-6所示。

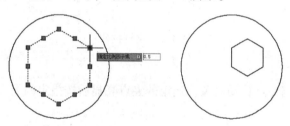

图4-6　夹点缩放

（5）夹点镜像

该命令可以沿临时镜像线为选定对象创建镜像。在创建镜像时，辅助使用"正交"模式和"极轴追踪"模式有助于实现按指定角度的镜像线进行对象的镜像。在默认情况下，镜像操作后将删除原对象。

在夹点编辑模式下确定基点后，在命令提示行中输入"Mi"进入"镜像"模式，或在夹点状态下按〈Ctrl〉键或〈Space〉键切换到"镜像"模式，还可以在夹点模式下右击，在弹出的快捷菜单中选择"镜像"命令，结果如图4-7所示。

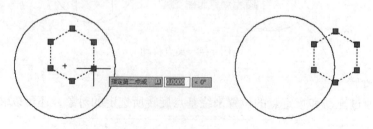

图4-7　夹点镜像

（6）复制对象

利用夹点编辑所提供的拉伸、移动、旋转、缩放、镜像 5 种夹点模式编辑对象时，均可以在进行夹点编辑的同时创建对象的多个副本。

在执行夹点编辑时，当选择好夹点编辑模式后，在命令提示行输入"C"，选择"复制"选项，或在执行夹点编辑命令的同时按〈Ctrl〉键，即可在执行夹点编辑的同时复制所选定的对象。例如，使用"拉伸"模式进行夹点编辑时，按〈Ctrl〉键或在命令提示行输入"C"，移动光标到合适位置单击，将创建对象的多个副本，效果如图 4-8 所示。

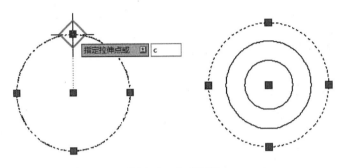

图 4-8　夹点复制

4.2　复制类命令

在 AutoCAD 2014 中，复制类命令是非常实用的操作命令，主要用于生成与已知图形对象具有相同性质的图形对象。复制类命令主要包括"复制""镜像""偏移""阵列"等。

4.2.1　复制

复制是对当前选中的图形对象的一种重复，对于需要许多同一种图形对象的任务来说，基点复制命令能快速、便捷地生成相同形状的图形对象并且能达到再次绘制的目的。

1. 功能

使用该命令可以从原对象以指定的角度和方向创建对象的副本，加以配合使用坐标、栅格捕捉、对象捕捉和其他工具还可以精确复制对象，大大提高绘图效率。默认情况下，"复制"命令自动重复执行。用户可以使用系统变量"Copymode"来控制是否自动重复"复制"命令。变量值为 0 时，程序将会自动重复"复制"命令；变量值为 n 时，设置创建 n 个副本的"复制"命令。

另外，在输入相对坐标复制对象时，无须像通常情况下那样包含"@"标记，因为相对坐标是假设的。如需指定距离或角度复制对象，还可以在"正交"模式和"极轴追踪"打开的同时使用动态输入模式，较快速、精确地确定目标点。

2. 命令调用

用户可采用以下操作方法之一调用该命令。

- 在菜单栏选择"修改"→"复制"命令。
- 在功能区单击"默认"选项卡→"修改"面板→"复制"按钮 。

- 在命令行输入"Copy"，按〈Enter〉键执行。

3. 命令操作

执行该命令，命令行提示如下。

> 命令：_copy（执行"复制"命令）
>
> 选择对象：指定对角点：找到 2 个（选择已绘制好的源对象）
>
> 选择对象：（按〈Enter〉键或鼠标右键完成选择）
>
> 当前设置：复制模式=多个
>
> 指定基点或[位移(D)/模式(O)]<位移>：指定第二个点或<使用第一个点作为位移>：（指定基点位置）
>
> 指定第二个点或[退出(E)/放弃(U)]<退出>：（指定目标点位置，也可直接输入距离数据进行复制）

按〈Enter〉键完成命令操作，结果如图 4-9 所示。

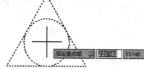

图 4-9　复制对象

4.2.2　偏移

1. 功能

使用"偏移"命令可以创建出与源对象相平行并有一定距离，形状相同或相似的新对象。使用该命令可以偏移直线、圆弧、圆、椭圆和椭圆弧、二维多段线、构造线、射线、样条曲线等图形对象，常用于创建同心圆、平行线和平行曲线等。用户在使用该功能时，可采用指定距离进行偏移，或通过指定点来进行偏移。在偏移圆、圆弧或图块时，用户可以创建更大或更小的相似图形，这些取决于向哪一侧进行偏移。

2. 命令调用

用户可采用以下操作方法之一调用该命令。

- 在菜单栏选择"修改"→"偏移"命令。
- 在功能区单击"默认"选项卡→"修改"面板→"偏移"按钮 。
- 在命令行输入"Offset"，按〈Enter〉键执行。

3. 命令操作

使用"偏移"命令时，如果偏移的对象是线段，偏移后的线段长度是不变的。但如果偏移的对象是圆、圆弧或矩形等，则偏移后的对象将放大或缩小。偏移功能在使用时分为定距偏移、通过点偏移和删除源对象偏移、变图层偏移 4 种，其中程序默认方式为定距偏移。执行该命令，命令行提示如下。

> 命令：_offset（执行"偏移"命令）
>
> 当前设置：删除源=否　图层=源　OFFSETGAPTYPE=0

指定偏移距离或[通过(T)/删除(E)/图层(L)]<0.0000>:200（指定偏移距离）
选择要偏移的对象，或[退出(E)/放弃(U)]<退出>:（单击要偏移的对象）
指定要偏移的那一侧上的点，或[退出(E)/多个(M)/放弃(U)]<退出>:（指定偏移方向）

按〈Enter〉键完成命令操作，结果如图 4-10 所示。

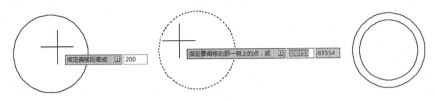

图 4-10　偏移对象

"定距偏移"：该方式为系统默认的偏移方式，是以输入偏移距离数值为偏移参照，指定的方向为偏移方向。单击"偏移"按钮，根据命令提示输入偏移距离值并按〈Enter〉键，在要偏移一侧单击，即可完成定距偏移操作。

"通过点偏移"：该偏移方式是以图形中现有的端点、各节点、切点等为源对象的偏移参照，进行偏移操作。单击"偏移"按钮，在命令行中输入"T"并按〈Enter〉键执行，然后选取偏移源对象，再指定通过点，即可完成偏移操作，如图 4-11 所示。

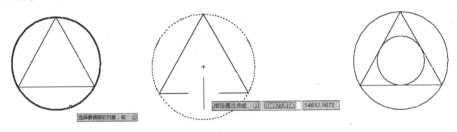

图 4-11　通过点偏移

"删除源对象偏移"：当偏移只是以源对象作为偏移参照，偏移出新图形后需要删除源对象，则可以利用删除源对象偏移的方式。单击"偏移"按钮，在命令行输入"E"，并根据提示选择"是"选项，即可将源对象删除，效果如图 4-12 所示。

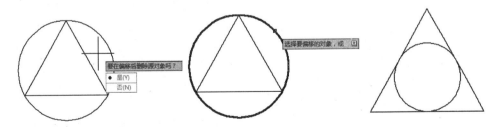

图 4-12　删除源对象偏移

"变图层偏移"：通过变图层偏移，可以将偏移出的新对象的图层转换为当前图层，该方式可以避免修改图层的重复操作。单击"偏移"按钮，在命令行输入"L"，根据提示选择"当前"选项，即可将偏移的新对象转换至当前图层中。

4.2.3 镜像

1. 功能

镜像也是复制的一种，其生成的图形对象与源对象以一条基线相对称，它也是在绘图时经常使用的命令。执行该命令后，可以保留源对象，也可以将源对象删除。使用"镜像"命令可以绕指定轴翻转对象创建对称的镜像图像，也可以快速地绘制半个图形对象，然后将其镜像，而不必绘制整个对象。

2. 命令调用

用户可采用以下操作方法之一调用该命令。

● 在菜单栏选择"修改"→"镜像"命令。

● 在功能区单击"默认"选项卡→"修改"面板→"镜像"按钮⚐。

● 在命令行输入"Mirror"，按〈Enter〉键执行。

3. 命令操作

例如，在绘制双扇门的平面示意图时，可以先将其左半部分绘制出来，然后利用"镜像"命令来完成另外半部分的绘制。执行该命令，命令行提示如下。

> 命令:_mirror（执行"镜像"命令）
> 选择对象:指定对角点:找到 3 个
> 选择对象:(选择要镜像的对象,按〈Enter〉键,结束选择)
> 指定镜像线的第一点:指定镜像线的第二点:(单击镜像线即对称线的两个端点)
> 要删除源对象吗?［是(Y)/否(N)］<N>:N(不删除原对象)

按〈Enter〉键完成命令操作，结果如图 4-13 所示。

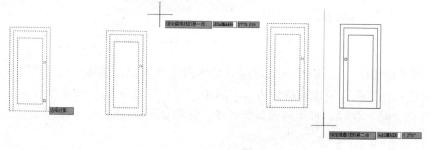

图 4-13　镜像对象

4.2.4 阵列

1. 功能

如果多个图形之间形状相同，且分布有一定的规律，则可先绘制一个对象，然后用阵列命令复制其他对象。使用"阵列"命令可以快速复制出与源对象相同，且按一定规律分布的多个图形对象副本。在 AutoCAD 2014 中，可以创建矩形阵列、环形阵列和路径阵列。

2. 命令调用

用户可采用以下操作方法之一调用该命令。

● 在菜单栏选择"修改"→"阵列"命令。

- 在功能区单击"默认"选项卡→"修改"面板→"阵列"按钮⬚。
- 在命令行输入"Array"，并按〈Enter〉键执行。

3. 命令操作

（1）矩形阵列

在创建矩形阵列时，通过指定行、列的数量以及它们之间的距离，可以控制阵列中的副本数量，还可以通过预览功能快速获得阵列效果。执行该命令，命令行提示如下。

> 命令：_array（执行"阵列"命令）
> 选择对象：找到 10 个（选择阵列对象）
> 输入阵列类型[矩形(R)/路径(PA)/极轴(PO)] <矩形>:R（选择矩阵阵列类型）
> 类型 = 矩形　关联 = 是
> 选择夹点以编辑阵列或[关联(AS)/基点(B)/计数(COU)/间距(S)/列数(COL)/行数(R)/层数(L)/退出(X)] <退出>:（按〈Enter〉键，完成选择）

完成命令操作，结果如图 4-14 所示。

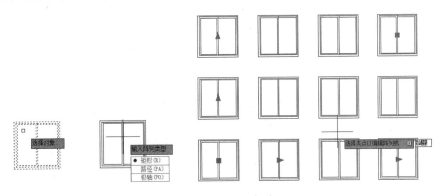

图 4-14　矩形阵列

上述方法，是凭感官拉出矩形阵列效果，若要精确绘图，则需要指定行、列数和行、列间距，用户在命令行提示"选择夹点以编辑阵列或[关联(AS)/基点(B)/计数(COU)/间距(S)/列数(COL)/行数(R)/层数(L)/退出(X)]："时，选择"计数"方式进行矩形阵列。命令行提示如下。

> 选择夹点以编辑阵列或[关联(AS)/基点(B)/计数(COU)/间距(S)/列数(COL)/行数(R)/层数(L)/退出(X)] <退出>:cou
> 输入列数数或[表达式(E)] <4>:5
> 输入行数数或[表达式(E)] <3>:4
> 选择夹点以编辑阵列或[关联(AS)/基点(B)/计数(COU)/间距(S)/列数(COL)/行数(R)/层数(L)/退出(X)] <退出>:s
> 指定列之间的距离或[单位单元(U)] <1371.6>:1200
> 指定行之间的距离 <1371.6>:1200（按〈Enter〉键，完成选择）

完成命令操作，结果如图 4-15 所示。

（2）环形阵列

在创建环形阵列时，可以控制阵列中副本的数量以及是否旋转副本。环形阵列能够以任一点为阵列中心点，将阵列源对象以圆周或扇形的方式进行阵列，可指定阵列项目总数、填充角度、项目间的角度。执行该命令，命令行提示如下。

> 命令:_array(执行"阵列"命令)
> 选择对象:找到 1 个(选择阵列对象)
> 输入阵列类型[矩形(R)/路径(PA)/极轴(PO)]<矩形>:PO(选择"极轴"选项)
> 类型=极轴　关联=是
> 指定阵列的中心点或[基点(B)/旋转轴(A)]:(选择圆心作为中心点)
> 选择夹点以编辑阵列或[关联(AS)/基点(B)/项目(I)/项目间角度(A)/填充角度(F)/行(ROW)/层(L)/旋转项目(ROT)/退出(X)]<退出>:i
> 输入阵列中的项目数或[表达式(E)]<6>:8
> 选择夹点以编辑阵列或[关联(AS)/基点(B)/项目(I)/项目间角度(A)/填充角度(F)/行(ROW)/层(L)/旋转项目(ROT)/退出(X)]<退出>:(按〈Enter〉键,完成选择)

完成命令操作，结果如图 4-16 所示。

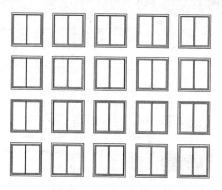

图 4-15　5×4 矩形阵列

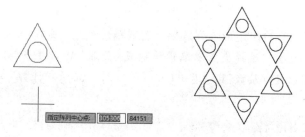

图 4-16　环形阵列

（3）路径阵列

在创建路径阵列时，可以控制阵列中副本的数量以及副本路径。环形阵列能够以任意线性对象为路径，将阵列源对象以路径的方式进行阵列，可指定阵列项目总数、项目间的间距。执行该命令，命令行提示如下。

> 命令:_array(执行"阵列"命令)
> 选择对象:找到 1 个(选择阵列对象)
> 选择对象:　输入阵列类型[矩形(R)/路径(PA)/极轴(PO)]<极轴>:PA(选择"路径"选项)
> 类型=路径　关联=是

选择路径曲线:(选取曲线作为路径)

选择夹点以编辑阵列或[关联(AS)/方法(M)/基点(B)/切向(T)/项目(I)/行(R)/层(L)/对齐
项目(A)/Z方向(Z)/退出(X)]<退出>:i

指定沿路径的项目之间的距离或[表达式(E)]<90>:100

最大项目数=6

指定项目数或[填写完整路径(F)/表达式(E)]<6>:5

选择夹点以编辑阵列或[关联(AS)/方法(M)/基点(B)/切向(T)/项目(I)/行(R)/层(L)/对齐
项目(A)/Z方向(Z)/退出(X)]<退出>:(按〈Enter〉键,完成选择)

完成命令操作,结果如图4-17所示。

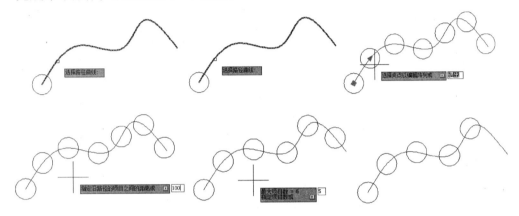

图4-17　路径阵列

4.3　改变位置命令

在绘制图形对象时,经常会根据需要对图形对象的位置进行改变。在AutoCAD 2014中,
改变位置类命令包括"移动""旋转""缩放"等。

4.3.1　移动对象

1. 功能

移动是指改变原有图形对象的位置,而不改变对象的方向、大小和性质等。在AutoCAD
2014中,用户可以使用"移动"命令将图形对象平移到所需的其他任意位置。

2. 命令调用

用户可采用以下操作方法之一调用该命令。

● 在菜单栏选择"修改"→"移动"命令。

● 在功能区单击"默认"选项卡→"修改"面板→"移动"按钮 ✛ 。

● 选中对象后右击,在弹出的快捷菜单中选择"移动"命令。

● 在命令行输入"Move",按〈Enter〉键执行。

3. 命令操作

使用该命令,可以将原对象以指定的角度和方向进行移动。若辅助使用坐标输入、栅格捕捉、对象捕捉、极轴追踪、动态输入和其他工具还可以精确移动对象。执行该命令,命令行提示如下。

> 命令:_move(执行"移动"命令)
>
> 选择对象:找到 1 个(选择需要移动的对象)
>
> 选择对象:(按〈Enter〉键结束选择)
>
> 指定基点或[位移(D)]<位移>: 指定第二个点或<使用第一个点作为位移>:(单击移动的起点和目标点,或直接输入需移动的距离)

完成命令操作,结果如图 4-18 所示。

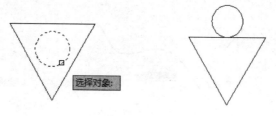

图 4-18　移动对象

4.3.2　旋转

1. 功能

使用"旋转"命令,可以绕指定基点旋转图形中的对象。在 AutoCAD 2014 中,该命令提供的转角方式有"复制"和"参照"两种,可以根据需要选择使用。用户可以按角度、弧度、百分度或勘测方向等方式输入旋转角度值。当输入正角度值时,程序默认为逆时针旋转对象;当输入负角度值时,程序默认为顺时针旋转对象。用户可以在新建图形向导中设置角度旋转方向,也可以在"图形单位"对话框中进行设置。

2. 命令调用

用户可采用以下操作方法之一调用该命令。

- 在菜单栏选择"修改"→"旋转"命令。
- 在功能区单击"默认"选项卡→"修改"面板→"旋转"按钮◌。
- 在命令行输入"Rotate",按〈Enter〉键执行。

3. 命令操作

执行该命令,命令行提示如下。

> 命令:_rotate(执行"旋转"命令)
>
> UCS 当前的正角方向: ANGDIR =逆时针　ANGBASE =0
>
> 选择对象:指定对角点:找到 1 个(选择需要旋转的对象)
>
> 选择对象:(按〈Enter〉键,结束选择)
>
> 指定基点:(单击对象的端点)
>
> 指定旋转角度,或[复制(C)/参照(R)]<60 >: (输入对象旋转角度90°)

按〈Enter〉键完成命令操作,结果如图 4-19 所示。

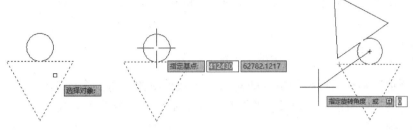

图 4-19　旋转对象

4.3.3　缩放

1. 功能

使用"缩放"命令，可以调整图形对象的大小，使其在一个方向上按比例增大或缩小。要缩放图形对象，需要指定基点和比例因子。基点将作为缩放操作的中心，选定对象的大小发生改变时，基点位置保持不变。比例因子 >1 时将放大对象，比例因子为 0 ~ 1 时将缩小对象。另外，还可以通过拖动光标使图形对象放大或缩小。

2. 命令调用

用户可采用以下操作方法之一调用该命令。

- 在菜单栏选择"修改"→"缩放"命令。
- 在功能区单击"默认"选项卡→"修改"面板→"缩放"按钮 🔲。
- 在命令行输入"Scale"，按〈Enter〉键执行。

3. 命令操作

执行该命令，命令行提示如下。

> 命令:_scale（执行"缩放"命令）
> 选择对象:指定对角点:找到 1 个（选择要缩放的图形对象）
> 选择对象:（按 < Enter > 键完成选择）
> 指定基点:（指定一点作为缩放基点）
> 指定比例因子或[复制(C)/参照(R)] <1.000 >:0.5（指定缩放比例）

按〈Enter〉键完成命令操作，结果如图 4-20 所示。

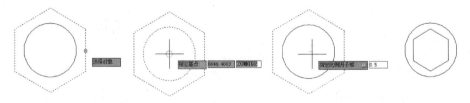

图 4-20　缩放对象

4.4　其他编辑命令

在绘制图形对象时，有时需要改变图形的长度，或者对直角对象进行圆角与倒角操作，或者对指定的线段进行延伸或拉长等操作，这时就可以使用 AutoCAD 2014 所提供的"修剪""拉伸""拉长""延伸""打断""合并""倒角"和"圆角"等命令。

4.4.1 修剪

1. 功能

使用"修剪"命令可以按照指定的对象边界裁剪对象，将多余的部分去除，使它们精确地终止于由其他对象定义的边界。"修剪"命令不仅可以修剪相交或不相交的二维对象，还可以修剪三维对象。

选择的剪切边或边界边无须与修剪对象相交。用户可以将对象修剪或延伸至投影边或延长线的交点，即对象延长后相交的地方。在执行修剪命令时，如果未指定边界并在"选择对象"提示下按〈Enter〉键，显示的所有对象都将成为可能边界。

2. 命令调用

用户可采用以下操作方法之一调用该命令。

- 在菜单栏选择"修改"→"修剪"命令。
- 在功能区单击"默认"选项卡→"修改"面板→"修剪"按钮。
- 在命令行输入"Trim"，按〈Enter〉键执行。

3. 命令操作

执行该命令，命令行提示如下。

> 命令:_trim (执行"修剪"命令)
> 当前设置:投影 = UCS,边 = 无
> 选择剪切边 ...
> 选择对象或 < 全部选择 >: 找到 1 个(按〈Enter〉键完成选择)
> 选择要修剪的对象,或按住 Shift 键选择要延伸的对象,或
> [栏选(F)/窗交(C)/投影(P)/边(E)/删除(R)/放弃(U)]:(分别拾取需修剪的部分)

按〈Enter〉键完成命令操作，结果如图 4-21 所示。

图 4-21 修剪对象

在绘图过程中，选择修剪对象和修剪边界默认窗口或交叉窗口方式，所选择的修剪对象既可以作为剪切边，也可以是被修剪的对象。修剪较为复杂的对象时，使用合适的对象选择方法有助于选择当前的剪切边和修剪对象。

4.4.2 延伸

1. 功能

使用"延伸"命令，可以延伸图形对象，使选择的图形对象能够精确地延伸至由其他

对象定义的边界处。与"修剪"命令相同，选择延伸对象和延伸边界默认窗口或交叉窗口方式。

2. 命令调用

用户可采用以下操作方法之一调用该命令。

- 在菜单栏选择"修改"→"延伸"命令。
- 在功能区单击"默认"选项卡→"修改"面板→"延伸"命令 ⊸/⋅。
- 在命令行输入"Extend"，按〈Enter〉键执行。

3. 命令操作

执行该命令，命令行提示如下。

> 命令:_extend(执行"延伸"命令)
>
> 当前设置:投影=UCS,边=无
>
> 选择边界的边...
>
> 选择对象或<全部选择>：指定对角点:找到1个(按〈Enter〉键,完成选择)
>
> 选择要延伸的对象,或按住Shift键选择要修剪的对象,或
>
> [栏选(F)/窗交(C)/投影(P)/边(E)/放弃(U)]:(选取所要延伸的对象)

按〈Enter〉键完成命令操作，结果如图 4-22 所示。

图 4-22 延伸对象

4.4.3 拉长

1. 功能

使用"拉长"命令，可以改变圆弧的夹角或改变非闭合对象的长度，包括直线、圆弧、椭圆弧、开放的多段线和样条曲线等。

2. 命令调用

用户可采用以下操作方法之一调用该命令。

- 在菜单栏选择"修改"→"拉长"命令。
- 在功能区单击"默认"选项卡→"修改"面板→"拉长"按钮 ⬚。
- 在命令行输入"Lengthen"，按〈Enter〉键执行。

3. 命令操作

执行该命令，命令行提示如下。

> 命令:_lengthen(执行"拉长"命令)
>
> 选择对象或[增量(DE)/百分数(P)/全部(T)/动态(DY)]:(选择要拉长的图形对象)

当前长度:1000

选择对象或[增量(DE)/百分数(P)/全部(T)/动态(DY)]:de（选择以"增量"方式拉长对象）

输入长度增量或[角度(A)] < 0.0000 >:800（输入增加的长度为800）

选择要修改的对象或[放弃(U)]:（单击图形对象需要拉长的一端,即可在该端处拉长对象）

按〈Enter〉键完成命令操作，结果如图4-23所示。

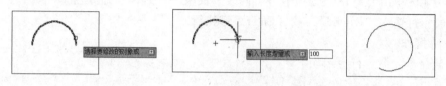

图4-23 拉长对象

用户可以动态拖动对象的端点进行拉长，可以按总长度或角度的百分比指定新长度或角度，可以指定从端点开始测量的增量长度或角度，还可以指定对象总的绝对长度或包含角进行编辑。AutoCAD 2014提供的4种拉长方式介绍如下。

- "增量"：以指定的增量修改对象的长度，该增量从距选择点最近的端点处开始测量。差值还以指定的增量修改弧线的角度，正值扩展对象，负值修剪对象。
- "百分数"：通过指定对象总长度的百分数设置对象长度。
- "全部"：通过指定从固定端点测量的总长度的绝对值来设置选定对象的长度。该选项也可以按照指定的总角度设置选定圆弧的包含角。
- "动态"：打开动态拖动模式。通过拖动选定对象的端点之一来改变其长度，其他端点保持不变。

4.4.4 拉伸

在AutoCAD中，拉伸和拉长工具都可以改变对象的大小，所不同的是拉长操作只改变对象的长度，且不受边界的限制，可用以拉长的对象包括直线、弧线和样条曲线等。而拉伸操作可以一次框选多个对象，拉伸不仅改变对象的大小，同时还可以改变对象的形状。

1. 功能

使用"拉伸"命令，可以将选择的图形对象按一定的方向和角度拉长或缩短，从而改变对象在X或Y轴方向上的比例。"拉伸"命令可以用于拉伸圆弧、椭圆弧、直线、多段线线段、射线和样条曲线等。

2. 命令调用

- 在菜单栏选择"修改"→"拉伸"命令。
- 在功能区单击"默认"选项卡→"修改"面板→"拉伸"按钮。
- 在命令行输入"Stretch"，按〈Enter〉键执行。

3. 命令操作

执行该命令，命令行提示如下。

命令:_stretch（执行"拉伸"命令）

以交叉窗口或交叉多边形选择要拉伸的对象…

> 选择对象:指定对角点:找到 1 个(以交叉窗口方式选择要拉伸的对象)
> 选择对象:(按〈Enter〉键完成选择)
> 指定基点或[位移(D)]<位移>:(指定要拉伸的起点)
> 指定第二个点或<使用第一个点作为位移>:(指定要拉伸到的终点)

按〈Enter〉键完成命令操作,结果如图 4-24 所示。

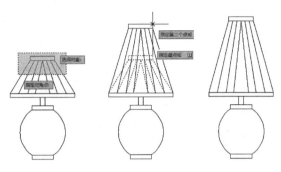

图 4-24　拉伸对象

4.4.5　打断

1. 功能

使用"打断"命令,可以将一个对象打断为两个对象,对象之间可以具有间隔,也可以没有间隔。要打断对象而不创建间隔,可以在相同的位置指定两个打断点,也可以在提示输入第二个打断点时输入"@0,0"。用户可以在大多数几何对象上创建打断,但不可以在块、标注、多线和面域等对象上创建打断。

2. 命令调用

用户可采用以下操作方法之一调用该命令。

● 在菜单栏选择"修改"→"打断"命令。

● 在功能区单击"默认"选项卡→"修改"面板→"打断"按钮 🖱。

● 在命令行输入"Break",按〈Enter〉键执行。

3. 命令操作

执行该命令,将会删除所选图形对象的两个指定点之间的部分。如果第二个点不在对象上,将自动选择对象上与该点最接近的点。如果打断对象是圆形,程序将按逆时针方向删除圆形上第一个打断点到第二个打断点之间的部分,从而将圆形转换成圆弧。

执行该命令,命令行提示如下。

> 命令:_break 选择对象:(执行"打断"命令)
> 指定第二个打断点 或[第一点(F)]:f(选择"第一点"选项)
> 指定第一个打断点: <对象捕捉 关>(单击第一个打断点2)
> 指定第二个打断点:(单击第二个打断点3)

按〈Enter〉键完成命令操作,结果如图 4-25 所示。

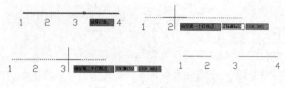

图 4-25 打断对象

4.4.6 合并

1. 功能

使用"合并"命令，可以将相似的对象合并为一个对象，也可以使用圆弧和椭圆弧创建完整的圆和椭圆。可以进行合并的图形对象有圆弧、椭圆弧、直线、多段线、样条曲线等，要合并的对象必须位于相同的平面上。若合并两条或多条圆弧（或椭圆弧）时，将从源对象开始沿逆时针方向合并圆弧（或椭圆弧）。

2. 命令调用

用户可采用以下操作方法之一调用该命令。

- 在菜单栏选择"修改"→"合并"命令。
- 在功能区单击"默认"选项卡→"修改"面板→"合并"按钮 ⊷。
- 在命令行输入"Join"，按〈Enter〉键执行。

3. 命令操作

执行该命令，命令行提示如下。

> 命令:_join 选择源对象:(执行"合并"命令,并选取要合并的源对象)
>
> 选择直线(圆弧),以合并到源或进行[闭合(L)]:(依次选取要合并的图形对象)
>
> 选择要合并到源的直线(圆弧): 找到 1 个(依次选取要合并的图形对象)
>
> 选择要合并到源的直线(圆弧):找到 1 个,共 2 个(依次选取要合并的图形对象)
>
> 已将 2 个直线(圆弧)合并到源

按〈Enter〉键完成命令操作，结果如图 4-26 所示。

图 4-26 合并对象

选择源对象：可以是直线、多段线、圆弧、椭圆弧、样条曲线或螺旋。

选择要合并到源的对象：可以是直线、多段线或圆弧、椭圆弧、样条曲线或螺旋。根据选定的源对象，要合并到源的对象有所不同。

"直线"可选择一条或多条直线合并到源，所选择直线对象必须共线，但是它们之间可以有间隙。

"多段线"对象可以是直线、多段线或圆弧，对象之间不能有间隙，并且必须位于与UCS 的 XY 平面平行的同一平面上。

"圆弧"是选择一个或多个圆弧，或输入"L"闭合，将源圆弧转换成圆。圆弧对象必须位于同一假想的圆上，但是它们之间可以有间隙。

"椭圆弧"是选择椭圆弧以合并到源，或输入"闭合"选项将源椭圆弧闭合成完整的椭

98

圆，椭圆弧必须位于同一椭圆上，但是它们之间可以有间隙。

"样条曲线"是选择要合并到源的样条曲线或螺旋，样条曲线和螺旋对象必须相接（端点对端点）。

"螺旋"是选择要合并到源的样条曲线或螺旋，螺旋对象必须相接（端点对端点）。

需要说明的是：

- 要合并的直线必须具有相同的倾斜角。
- 要合并的圆必须具有相同的圆心和半径。
- 要合并的椭圆必须具有相同的长、短半轴。
- 合并两条或多条圆弧时，将从源对象开始按逆时针方向合并圆弧。
- 合并两条或多条椭圆弧时，将从源对象开始按逆时针方向合并椭圆弧。
- 与拉长、延伸等命令实现对象的拉长不同，用合并命令拉长的对象是一个对象。

4.4.7 倒角

1. 功能

使用"倒角"命令，可以对两条非平行的直线或多段线创建有一定斜度的倒角，使它们以平角或倒角相接。通常默认于表示角点上的倒角边。用户可以应用倒角命令的对象有直线、多段线 、射线、构造线和三维实体等。

2. 命令调用

用户可采用以下操作方法之一调用该命令。

- 在菜单栏选择"修改"→"倒角"命令。
- 在功能区单击"默认"选项卡→"修改"面板→"倒角"按钮。
- 在命令行输入"Chamfer"，按〈Enter〉键执行。

3. 命令操作

用户可使用两种方法来创建倒角，一种是指定倒角两端的距离，另一种是指定一端的距离和倒角的角度。

（1）指定倒角距离进行倒角

通过指定两个倒角距离来为两个对象倒角。执行该命令，命令行提示如下。

```
命令：_chamfer（执行"倒角"命令）
（"修剪"模式）当前倒角距离 1 = 0.0000,距离 2 = 0.0000
选择第一条直线或[放弃(U)/多段线(P)/距离(D)/角度(A)/修剪(T)/方式(E)/多个(M)]:d
（选择指定倒角距离）
指定 第一个 倒角距离 < 0.0000 >:5（指定第一个倒角距离）
指定 第二个 倒角距离 < 6.0000 >:5（指定第二个倒角距离）
选择第一条直线或[放弃(U)/多段线(P)/距离(D)/角度(A)/修剪(T)/方式(E)/多个(M)]:
（单击要进行倒角的图形对象第一条边）
选择第二条直线,或按住 Shift 键选择要应用角点的直线:（单击要进行倒角的对象第二条边）
```

完成命令操作，结果如图 4-27 所示。

（2）指定角度进行倒角

通过指定第一个选定对象的倒角线起点及倒角线与该对象形成的角度来为两个对象倒

角。执行该命令，命令行提示如下。

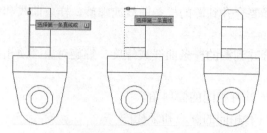

图 4-27　指定距离倒角

命令:_chamfer（执行"倒角"命令）
（"修剪"模式）当前倒角距离 1 = 0.0000,距离 2 = 0.0000
选择第一条直线或[放弃(U)/多段线(P)/距离(D)/角度(A)/修剪(T)/方式(E)/多个(M)]:a
（选择指定倒角角度）
指定第一条直线的倒角长度 <0.0000> :10（指定第一条直线的倒角距离）
指定第一条直线的倒角角度 <0> :30（指定第一条直线的倒角角度）
选择第一条直线或[放弃(U)/多段线(P)/距离(D)/角度(A)/修剪(T)/方式(E)/多个(M)]:
（用鼠标单击要进行倒角的图形对象第一条边）
选择第二条直线,或按住 Shift 键选择要应用角点的直线:（单击要进行倒角的对象第二条边）

完成命令操作，结果如图 4-28 所示。

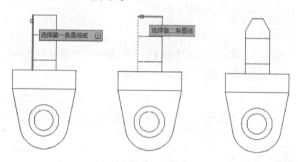

图 4-28　指定角度倒角

在执行倒角命令的过程中，默认选项的含义如下。

- "多段线"：使用该选项可以按当前设置的倒角大小对一条多段线上的多个顶点按设置的距离同时倒角。
- "距离"：该选项是设置倒角的精确距离。倒角距离是每个对象与倒角线相接或与其他对象相交而进行修剪或延伸的长度。如果两个倒角距离都为 0，则倒角操作将修剪或延伸这两个对象直至它们相交，但不创建倒角线。默认情况下，对象在倒角时被修剪。在进行倒角时，只对那些长度足够适合倒角距离的线段进行倒角。
- "角度"：该选项是以指定一个倒角角度和一个倒角距离的方法进行倒角。
- "修剪"：该选项可以定义添加倒角后，是否保留原倒角对象的拐角边。
- "方式"：该选项可以将原有的距离或角度设置为选项，指定本次倒角的创建类型。
- "多个"：选择该选项，可以依次选取多个对应的倒角边，为图形的多处拐角添加倒角。

需要说明的是：如果某个图形是由多段线绘制，则用"多段线（P）"方式一次可倒多个角。一定要注意看命令行提示给出的当前模式，可通过"距离（D）"或"修剪（T）"来修改当前模式。

4.4.8 圆角

1. 功能

使用"圆角"命令，可以使用与对象相切并且具有指定半径的圆弧连接两个对象。可以进行圆角处理的对象包括直线、多段线、样条曲线、射线、构造线、圆、椭圆、圆弧、椭圆弧和三维实体等。

2. 命令调用

用户可采用以下操作方法之一调用该命令。

● 在菜单栏选择"修改"→"圆角"命令。

● 在功能区单击"默认"选项卡→"修改"面板→"圆角"按钮 ▥ 。

● 在命令行输入"Fillet"，按〈Enter〉键执行。

3. 命令操作

圆角半径是连接被圆角对象的圆弧半径，更改圆角半径将影响后续的圆角操作。如果设定圆角半径为 0，则被圆角对象将被修剪或延伸直到它们相交，并不创建圆弧。默认情况下"圆角"为"修剪"模式。用户可以使用"修剪"选项指定是否修剪选定的对象、将对象延伸到创建的圆弧端点，或不做修改。执行该命令，命令行提示如下。

> 命令：_fillet（执行"圆角"命令）
> 当前设置：模式＝修剪，半径＝0.0000
> 选择第一个对象或[放弃(U)/多段线(P)/半径(R)/修剪(T)/多个(M)]:r（选择"半径"选项）
> 指定圆角半径<0.0000>:40（设置圆角半径）
> 选择第一个对象或[放弃(U)/多段线(P)/半径(R)/修剪(T)/多个(M)]:m（选择"多个"选项）
> 选择第一个对象或[放弃(U)/多段线(P)/半径(R)/修剪(T)/多个(M)]:（选择第一个圆角对象）
> 选择第二个对象，或按住 Shift 键选择要应用角点的对象:（选择第二个圆角对象）
> ……

依次单击需进行圆角处理的对象，完成命令操作，结果如图 4-29 所示。

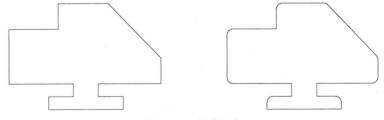

图 4-29　创建圆角

在执行"圆角"命令的过程中，对于多段线对象，也可以选择"多段线（P）"选项，此时程序将会自动为长度足够适合圆角半径的每条多段线线段的顶点处插入圆角弧。

在执行"圆角"命令的过程中，默认选项的含义如下。

- "多段线"：使用该选项可以按当前设置的圆角大小对一条多段线上的多个顶点按设置的圆角半径同时圆角。
- "半径"：圆角半径是连接被圆角对象的圆弧半径。若修改圆角半径，将会影响后续的圆角操作。如果设置圆角半径为 0，则被圆角的对象将被修剪或延伸直到它们相交，并不创建圆弧。
- "修剪"：该选项可以定义添加圆角后，是否保留原圆角对象的拐角边。
- "多个"：选择该选项，可依次选取多个对应的圆角边，为图形的多处拐角添加圆角。

4.4.9 分解

1. 功能

使用"分解"命令，可以将多段线、标注、图案填充或块参照等复合对象转换为单个的元素。在绘图过程中，如果需要编辑矩形、块和多段线等由多个对象编组而成的组合对象时，需要先将它们分解，然后对单个对象进行编辑。任何分解对象的颜色、线型和线宽都可能会改变，其他结果将根据分解的复合对象类型的不同而有所不同。

2. 命令调用

用户可采用以下操作方法之一调用该命令。

- 在菜单栏选择"修改"→"分解"命令。
- 在功能区单击"默认"选项卡→"修改"面板→"分解"按钮⿰。
- 在命令行输入"Explode"，按〈Enter〉键执行。

3. 命令操作

执行该命令，命令行提示如下。

> 命令：_explode（执行"分解"命令）
> 选择对象：找到 1 个（选择分解对象）
> 选择对象：（按〈Enter〉键，完成选择）

完成命令操作，结果如图 4-30 所示。

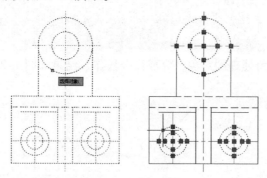

图 4-30　分解对象

4.4.10 删除

1. 功能

在绘制图形对象时，用户可以通过执行"删除"命令，对一些出现失误以及不需要的图形对象或辅助对象进行删除操作，让绘图区显现要求的图形对象。

2. 命令调用

用户可采用以下操作方法之一调用该命令。

- 在菜单栏选择"修改"→"删除"命令。
- 在功能区单击"默认"选项卡→"修改"面板→"删除"按钮 。
- 在命令行输入"Erase"，按〈Enter〉键执行。
- 选中要删除的对象后，按〈Delete〉键删除对象。

3. 命令操作

执行该命令，命令行提示如下。

> 命令:_erase (执行"删除"命令)
> 选择对象:找到 1 个(选择删除对象)
> 选择对象:(按〈Enter〉键,完成选择)

完成命令操作，结果如图 4-31 所示。

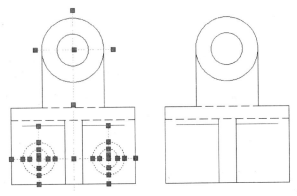

图 4-31　删除对象

需要说明的是：删除对象可以先执行"删除"命令，再选择要删除的对象，也可以先选择要删除的对象，再执行"删除"命令。

用"删除"命令删除对象后，这些对象只是临时性删除，只要不退出当前图形并进行存盘，还可以用"Oops"和"Undo"命令将删除的实体恢复。

4.5　实训

4.5.1　绘制餐桌

1. 实训要求

运用基本绘图命令及本章所学的阵列、偏移等编辑命令，绘制一个"餐桌"示意图。在绘制过程中，辅助运用对象捕捉追踪、极轴追踪、对象捕捉、动态输入等功能，以提高绘图的准确性和效率。

2. 实训指导

1）打开 AutoCAD 2014 中文版，新建一个图形文件，将工作空间选定为"草图与注释"。

2）在功能区单击"默认"选项卡→"绘图"面板→"圆"按钮 ◎·，绘制餐桌的桌面，半径为900。单击"修改"面板→"偏移"按钮 ⊜，偏移距离为50，如图4-32所示。

3）在功能区单击"默认"选项卡→"绘图"面板→"矩形"按钮 ▭，绘制餐椅，尺寸为450×450，并利用夹点功能调整餐椅样式。单击"修改"面板→"偏移"按钮 ⊜，偏移距离为40。绘制椅背并利用"剪切"命令调整样式，椅背厚20。

4）在功能区单击"默认"选项卡→"修改"面板→"圆角"按钮 ▱·，将餐椅进行圆角处理，椅面圆角半径为20，靠背圆角半径为10，如图4-33所示。

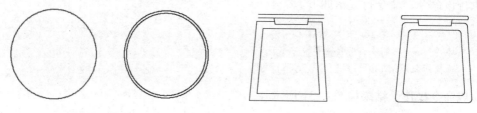

图4-32 绘制桌面 　　　　　　　　　图4-33 绘制餐椅

5）在功能区单击"默认"选项卡→"修改"面板→"阵列"按钮 ▦，对餐椅进行环形阵列，在"阵列"对话框中，将阵列中心设为餐桌圆心，阵列数量设为10个，填充角度设为360，单击"选择对象"按钮并选择餐椅进行阵列，如图4-34所示。

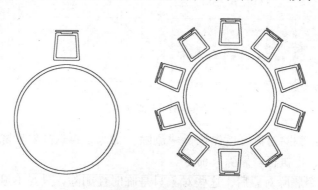

图4-34 阵列餐椅

6）完成图形绘制，将文件保存至"D：\AutoCAD 2014 第4章实训"文件夹中，文件名为"餐桌"。

4.5.2 绘制沙发

1. 实训要求

利用矩形、直线等基本绘图命令以及圆角、复制、延伸和修剪等编辑命令绘制一个"双人沙发"示意图。辅助运用对象捕捉追踪、极轴追踪、对象捕捉、动态输入等功能，以提高绘图的准确性和效率。

2. 实训指导

1）打开 AutoCAD 2014 中文版，新建图形文件，将工作空间选为"二维草图与注释"。

2）在功能区单击"常用"选项卡→"绘图"面板→"矩形"按钮 ▭ ，绘制6个矩形，尺寸分别是两个800×700、2个260×650、1个1600×120、1个1600×60，如图4-35所示。

3）在功能区单击"常用"选项卡→"修改"面板→"圆角"按钮 ▭ ，按照如图4-36所示将沙发扶手、靠背等位置做圆角处理，圆角半径设为80。

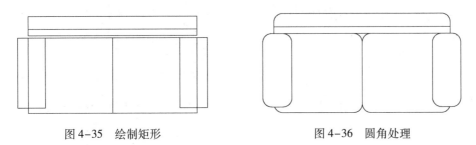

图4-35　绘制矩形　　　　　　　　　　　　　图4-36　圆角处理

4）在功能区单击"常用"选项卡→"绘图"面板→"圆"按钮 ⊙ ，在沙发坐垫中绘制一个 R30 的圆形。

5）在功能区单击"常用"选项卡→"修改"面板→"阵列"按钮 ⊞ ，对坐垫中的圆形进行矩形阵列操作，在"阵列"对话框中将阵列行数和列数均设为3，行列偏移均设为150，结果如图4-37所示。

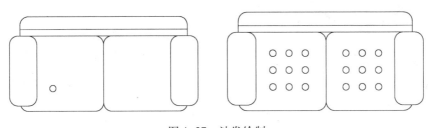

图4-37　沙发绘制

6）完成图形绘制，将文件保存至"D:\AutoCAD 2014 第4章实训"文件夹中，文件名为"双人沙发"。

4.6　思考与练习

1）利用本章所学的直线、圆、圆弧等基本绘图命令和修剪、阵列等编辑命令，绘制一个齿轮示意图并保存至指定位置，如图4-38所示。

2）利用直线、多段线、矩形等基本绘图命令和复制、夹点编辑、拉伸、镜像、偏移、圆角等编辑命令，绘制如图4-39所示的欧式立面窗示意图并保存至指定位置。

3）利用本章所学的直线、圆等基本绘图命令和偏移、阵列等编辑命令，绘制一个法兰盘示意图并保存至指定位置，如图4-40所示。

4）利用本章所学的直线、多段线、矩形等绘图命令和镜像、复制等编辑命令，绘制一个零件示意图并保存至指定位置，如图4-41所示。

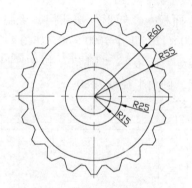

图 4-38　齿轮示意图

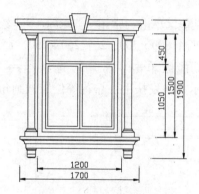

图 4-39　立面窗示意图

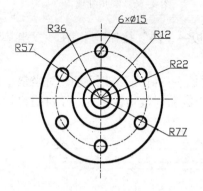

图 4-40　法兰盘示意图

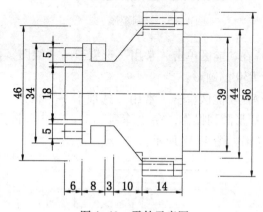

图 4-41　零件示意图

第5章 图形注释

图形注释是工程图绘制过程中一个很重要的组成部分，在绘图时，对图形对象进行适当的文字注释和尺寸注释能够更完美、直观地表达图形内容。另外，利用 AutoCAD 提供的表格功能可以更加方便、快捷地插入表格。通过表格的诠释，可使图纸的边框和表中的数据更加智能化。

本章主要介绍在 AutoCAD 2014 中应用文字注释、尺寸注释和表格功能的方法。通过学习，用户应能够熟练掌握文字样式的设置、文字的标注和编辑、尺寸样式设置与标注，以及创建和编辑表格的基本方法。

5.1　文字注释

AutoCAD 2014 提供了单行文字和多行文字两种文字标注工具。图形中的所有文字都具有与之相关联的文字样式，当前的文字样式将会决定所输入文字的字体、字号、倾斜角度、方向和其他文字特征。

一般情况下，在对图形添加文字之前，需要预先定义使用的文字样式，即定义其中文字的字体、字高、文字倾斜角度等参数，文本的外观是由文字样式所决定的。用户可以根据需要在创建文字之前对已有的文字样式进行设置，创建新的文字样式。在创建并设置好文字样式后就可以在绘图区域中创建文字了。在绘图过程中，用户还需要熟练掌握特殊格式的设置和特殊符号的输入方法。

使用 AutoCAD 进行文字标注时，系统一般将"Standard"样式置为当前。根据不同的绘图要求，在进行文字标注前，用户可以创建自己需要的文字样式，在标注时从这些文字样式中选择使用即可。

5.1.1　设置文字样式

1. 功能

在 AutoCAD 2014 中新建一个图形文件后，系统将自动建立一个默认的文字样式"标准（Standard）"，并且该样式会被默认引用。但在实际绘图过程中，仅有一个"标准（Standard）"样式是不够的，如果需要使用其他文字样式来创建文字，用户可以使用 AutoCAD 提供的"文字样式"命令来创建或修改其他文字样式并将文字样式置于当前。

2. 命令调用

用户可采用以下操作方法之一调用该命令。

- 在菜单栏选择"格式"→"文字样式"命令。
- 在功能区单击"默认"选项卡→"注释"面板→"文字样式"按钮 Ⓐ。
- 在命令行输入"Style"，按〈Enter〉键执行。

3. 命令操作

执行上述任意一种命令操作后，系统将会弹出"文字样式"对话框，如图 5-1 所示。

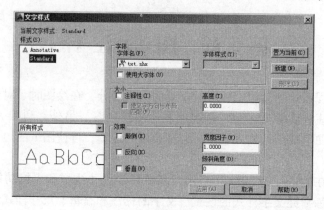

图 5-1 "文字样式"对话框

（1）设置文字字体

用户可以通过"字体"选项选择和设置字体类型，AutoCAD 的默认字体是"txt.shx"，它通常默认为系统字体的任何文字样式。该选项组中各选项的含义如下。

- "字体名"：在该下拉列表中列出了多种可供使用的字体，选择一种字体并通过该对话框中的"预览"窗口，可以对所选的字体效果进行预览。其中在该列表框中字体名称带有"@"符号的表示字体竖向排列，不带"@"符号的表示文字横向排列。
- "使用大字体"：指定亚洲语言的大字体文件，该复选框在"字体名"列表框中选择".shx"字体时才处于激活状态。
- "字体样式"：该选项为所选字体提供不同的字体样式，可根据需要选择"常规""粗体"或"斜体"等多种字体样式。

如果图形中使用的某种字体在当前的系统中不可识别，则该字体将自动被另一种字体替换。程序通过替换字体来处理当前系统上未提供的字体。

（2）设置文字大小

用户可以在该选项中选择注释性和设置字体高度。用户可以通过在"高度"文本框中输入数值设置文字的高度。根据输入的数值确定文字高度，输入大于 0 的高度时将自动为此样式设置文字高度。如果输入 0，则文字高度将默认为上次使用的文字高度，或使用存储在图形样板文件中的字高数值。

如果将固定高度指定为文字样式的一部分，则在创建单行文字时将不提示输入"高度"。如果文字样式中的高度设置为 0，每次创建单行文字时都会提示输入文字高度。

（3）设置文字效果

该选项中可以编辑字体的特殊效果。用户可以选择启用或禁用"颠倒""反向"和"垂直"复选框，"垂直"只有在选定字体支持双向时才可用。在"宽度因子"和"倾斜角度"文本框中可以对字体的宽度以及文字放置的倾斜角度进行设置。

AutoCAD 提供的某些样式设置对多行文字和单行文字对象的影响不同。例如，修改"颠倒"和"反向"选项对多行文字对象无影响，修改"宽度比例"和"倾斜角度"对单行文字无影响。

108

需要注意的是：

- "删除"按钮无法删除已经使用的文字样式和默认的"Standmnt"样式。
- 根据国家标准，应当在工程图中使用长仿宋体，简体中文字。系统提供的字库中，一个是按照国家标准创建的长仿宋字体中的文字库（gbcbig. shx），还有两个西文字库（gbenor. shx 和 gbeitc. shx），这样写出的文字比较符合国家标准，如果使用"TTF"字体，除了字型不符合国标外，还有可能在符号上出错。

5.1.2　创建单行文字

1. 功能

使用"单行文字"命令可以创建一行或多行文字，在命令执行过程中，通过按〈Enter〉键结束每一行文字。此时创建的每行文字都是独立的对象，可对其进行重定位、调整格式或编辑修改。

创建单行文字时，首先要指定文字样式并设置对齐方式，用于单行文字的文字样式与用于多行文字的文字样式相同。创建文字时，通过在"输入样式名"提示下输入样式名来指定现有样式。对齐则是决定字符的哪一部分与插入点对齐。需要输入的文字内容较少时，可以用创建单行文字的方法输入。

2. 命令调用

用户可采用以下操作方法之一调用该命令。

- 在菜单栏选择"绘图"→"文字"→"单行文字"命令。
- 在功能区单击"默认"选项卡→"注释"面板→"单行文字"按钮A单行文字。
- 在命令行输入"Text"或"Dtext"，按〈Enter〉键执行。

3. 命令操作

执行"单行文字"命令，先要指定第一个字符的插入点，完成首行文字的输入，并按〈Enter〉键，程序将紧接着最后创建的文字对象定位新的文字。如果在此命令执行过程中指定了另一个点，光标将移到该点上，继续输入文字。每次按〈Enter〉键或用鼠标指定点时，都会创建新的文字对象。

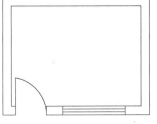

图5-2　单行文字输入

利用"单行文字"工具，标注如图5-2所示的文字内容。在输入文字的过程中，程序将以适当的大小在水平方向显示文字，使用户可以轻松阅读和编辑文字。执行该命令，命令行提示如下。

> 命令：_dtext（执行"单行文字"命令）
> 当前文字样式："文字标注"　文字高度：2.5000　注释性：否
> 指定文字的起点或[对正(J)/样式(S)]:J（更改文字对正方式，也可输入"S"更改文字样式）
> 输入选项[对齐(A)/布满(F)/居中(C)/中间(M)/右对齐(R)/左上(TL)/中上(TC)/右上(TR)/左中(ML)/正中(MC)/右中(MR)/左下(BL)/中下(BC)/右下(BR)]:ml（选择"左中"对齐方式）
> 指定文字的左中点:（单击文字标注的起点）

指定高度 < 2.5000 > : 300（可根据需要指定字高）
指定文字的旋转角度 < 0 > :（可根据需要指定文字的旋转角度）

在修改文字的"对正"方式时，除了在命令提示行有对正样式的提示以外，AutoCAD 2014 还提供了如图 5-3 所示的"对正样式"快捷菜单，可以在功能区"注释"选项卡→"文字"面板中选择使用，以更好地提高工作效率。

各选项的功能与含义如下。

- 对齐（A）：拾取文字基线的起点和终点后，系统会根据起点和终点的距离自动计算字高。
- 布满（F）：拾取文字基线的起点与终点，系统会以两点之间的距离来自动调整宽度，但不改变其字高。
- 居中（C）：拾取文字的中心点，即文字基线的中心，再以基线的中点来对齐文字。
- 右对齐（R）：拾取一点作为文字基线的右端点，并以该点来对齐文字。
- 左上（TL）：拾取文字的左上点（文字顶线的左端点），即以顶线的左端点对齐文字。

图 5-3 "对正样式"
快捷菜单

- 中上（TC）：拾取文字的中上点（文字顶点的中点），即以顶点的中心对齐文字。
- 右上（TR）：拾取文字的右上点（文字顶线的右端点），即以顶线右端点对齐文字。
- 左中（ML）：拾取文字的左中点（文字中线的左端点），即以中线的左端点对齐文字。
- 正中（MC）：拾取文字的中间点（文字中线的中点），即以中线的中点对齐文字。
- 右中（MR）：拾取文字的右中点（文字中线的右端点），即以中线的右端点对齐文字。
- 左下（BL）：拾取文字的左下点（文字底线的左端点），即以底线的左端点对齐文字。
- 中下（BC）：拾取文字的中下点（文字底线的中点），即以底线的中点对齐文字。
- 右下（BR）：拾取文字的右下点（文字底线的右端点），即以底线的右端点对文字。

完成以上设置后，按〈Enter〉键进入文字输入状态，输入所需标注的文字内容。此时，用户还可以在绘图窗口的其他位置单击，以继续文字的标注，直至完成所有的标注内容后，再按〈Enter〉键完成标注工作。

5.1.3 创建多行文字

1. 功能

多行文本是一种易于管理和操作的文字对象，可以用来创建两行或两行以上的文字，且每行文字都是独立的、可单独编辑的整体。用户可以利用"多行文字"工具，通过输入或导入文字来创建多行文字对象，创建内容较长、较为复杂的文字注释。

在 AutoCAD 2014 中，提供了"在位文字编辑器"，可以在此集中地完成文字输入和编辑的全部功能。输入文字之前，应指定文字边框的对角点。文字边框用于定义多行文字对象中段落的宽度。多行文字是由任意数目的文字行或段落组成的，文字内容将会自动布满指定的宽度，还可以沿垂直方向无限延伸。多行文字对象的长度取决于文字量，而不是边框的长度。多行文字对象和输入的文本文件最大为 256 KB。

2. 命令调用

用户可采用以下操作方法之一调用该命令。

- 在菜单栏选择"绘图"→"文字"→"多行文字"命令。
- 在功能区单击"默认"选项卡→"注释"面板→"多行文字"按钮 **A** 多行文字。
- 在命令行输入"Mtext",按〈Enter〉键执行。

3. 命令操作

执行该命令,根据提示单击要创建的文本框的两个对角点,系统将会在功能区弹出"在位文字编辑器",其中包含有文字格式工具栏、段落对话框、工具栏菜单和编辑器设置等内容。另外,在绘图区域也会出现一个文字编辑窗口,如图 5-4 所示。

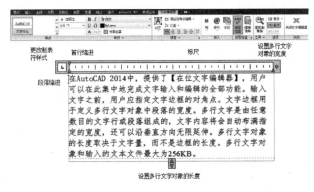

图 5-4　在位文字编辑器

在"在位文字编辑器"窗口将显示顶部带有标尺的边界框。如果功能区未处于活动状态,则还将显示"文字格式"工具栏。用户可以利用文字窗口提供的"首行缩进""段落缩进"工具来调整文字段落格式。例如要对每个段落均采取首行缩进,可以拖动标尺上的第一行缩进滑块;要对每个段落的其他行缩进,则可以拖动段落缩进滑块。

如果需要使用其他文字样式而不是默认值,则可以在"文字编辑器"的"样式"面板中,根据需要选择不同的"文字样式"。另外,在多行文字对象中,还可以通过将多种格式应用到单个字符来替代当前的文字样式,如下画线、上画线、粗体、倾斜、宽度因子和不同的字体。

5.1.4　特殊符号注释

在使用单行文字或多行文字的时候,常需要在文字中加入一些特殊符号,如百分号、直径符号和角度符号等,每个符号都有专门的代码,这些代码由一些字母、符号或数字组成,默认的特殊符号有以下几种。

- "％％O":打开或关闭文字上画线。
- "％％U":打开或关闭文字下画线。
- "％％D":标注度数符号(°)。
- "％％P":标注正负公差符号(±)。
- "％％C":标注直径符号(Φ)。

在单行文字说明中插入特殊符号时，可以通过输入该特殊符号的代码形式来插入符号；多行文字插入特殊符号除了输入代码外，还有以下方法。

1）单击"文字编辑器"中的"插入"面板→"符号"按钮，程序将会弹出如图5-5所示的"插入符号"菜单，直接单击所需使用的符号即可。

2）在多行文字输入框中右击，在弹出的快捷菜单中选择"符号"命令，在弹出的子菜单中选择需要的符号即可，如图5-6所示。

图5-5 "插入符号"下拉菜单　　　图5-6 "插入符号"快捷菜单

在"符号"子菜单中找不到的符号，可以在"符号"子菜单中选择"其他"命令，在弹出的"字符映射表"对话框中选择其他符号，如图5-7所示。

3）若有 A_2^3、$\dfrac{2}{5}$ 等标注，则先选择要编辑的文本，然后单击文字格式编辑器中的"堆叠"按钮 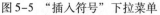。该按钮将使所选定的文本以"/"或"^"为界，分成上下两部分。"/"和"^"的区别：用"/"分割的文本中间有横线，用"^"分割的文本中间没有横线，如输入"A3^2"后，选择"3^2"，单击"堆叠"按钮，则原来的标注显示为"A_2^3"；若输入"2/5"后，选择"2/5"，单击"堆叠"按钮，则原来的标注显示为"$\dfrac{2}{5}$"。

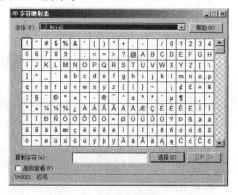

图5-7 "字符映射表"对话框

5.2　文本编辑

当"单行文字"或"多行文字"命令执行完成后，用户仍可以对输入的文字进行修改编辑，以满足精确绘图的需要。

1. 功能

文字标注编辑包括修改文字内容、文字格式和特性。无论是利用"单行文字"还是"多行文字"创建的文字对象，都可以像其他对象一样进行编辑。用户可以对文字对象使用移动、旋转、删除和复制等功能，也可以修改文字对象的内容、文字样式、位置、方向、大小、对正和其他特性。

2. 命令调用

用户可采用以下操作方法之一调用该命令。

- 选择菜单栏的"修改"→"对象"→"文字"→"编辑"命令。
- 直接在文字对象上双击，调用该命令。
- 选择文字对象后，右击，在弹出的快捷菜单选择"特性"选项进行修改。
- 选择文字对象，在弹出的"快捷特性"选项板中进行修改。
- 在命令行输入"Ddedit"，按〈Enter〉键执行。

3. 命令操作

用户可以使用"特性"选项板、"在位文字编辑器"和夹点功能来修改多行文字对象的位置和内容。另外，还可以使用夹点功能移动多行文字或调整列高和列宽。

(1) 使用"特性"选项板编辑文字

选择文字对象后，右击，在弹出的快捷菜单中选择"特性"命令，程序将会弹出"特性"选项板。当选中的文字对象是单行文字时，可供编辑的项目有内容、样式、注释性、对正、高度、旋转、宽度因子、倾斜和文字对齐坐标等；若选中的是多行文字时，可供编辑的项目与单行文字不同的有方向、行距比例、行间距、行距样式、背景遮罩、定义的宽度、定义高度和分栏。

(2) 使用"在位文字编辑器"编辑文字

使用"在位文字编辑器"可以修改多行文字对象中的单个格式，例如粗体、颜色和下画线等，还可以更改多行文字对象的段落样式。

双击多行文字对象即可激活"在位文字编辑器"。要编辑段落文字，首先应选中要编辑的文字内容，在"格式"面板中单击"下画线"按钮 **U** 和"斜体"按钮 **I**，结果如图5-8所示。

图5-8　多行文字在位编辑

(3) 使用夹点功能编辑文字

使用夹点功能编辑文字，先要选中进行编辑的文字对象，以激活夹点模式。对于单行文字只具有一个夹点，利用该夹点只能够移动单行文字对象。而多行文字具有3个夹点，分别是多行文字位置、列宽和列高，可对文字对象进行相应的编辑，如图5-9所示。

在位文字编辑器

单行文字夹点   多行文字夹点

图 5-9　文字夹点编辑

5.3　引线注释

在绘制工程图时，如果需要标注倒角尺寸、添加文字注释、装配图的零件编号等，则需要用到引线标注。AutoCAD 2014 提供的"引线"功能，可以方便地创建或修改引线对象以及向引线对象添加内容，可以为多重引线对象添加或删除引线，也可以对多个引线进行对齐和合并操作，大大提高了绘图工作效率。

5.3.1　设置多重引线样式

1. 功能

在 AutoCAD 中新建一个图形文件，系统将自动建立一个默认的多重引线样式"Standard"，也可以根据需要创建新的多重引线样式。使用多重引线样式可以控制引线的外观，如指定基线、引线、箭头和内容的格式。

2. 命令调用

用户可采用以下操作方法之一调用该命令。

● 在菜单栏选择"格式"→"多重引线样式"命令。

● 在功能区单击"默认"选项卡→"注释"面板→"多重引线样式"按钮 。

● 在命令行输入"Mleaderstyle"，按〈Enter〉键执行。

3. 命令操作

执行该命令，程序将会弹出"多重引线样式管理器"对话框，可以在此选择不同的引线样式或新建样式，如图 5-10 所示。若在此单击"新建"按钮，将会弹出如图 5-11 所示的"创建新多重引线样式"对话框。

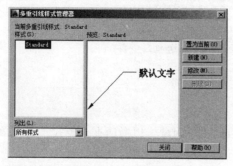

图 5-10　"多重引线样式管理器"对话框

图 5-11　"创建新多重引线样式"对话框

单击"继续"按钮将弹出"修改多重引线样式"对话框。用户可以在"引线格式""引线结构"和"内容"3个选项卡中进行相应的修改。

在"引线格式"选项卡中，用户可以对引线标注的常规样式、箭头、引线打断进行设置，如图5-12所示。在"引线结构"选项卡中，用户可以对引线标注的约束、基线设置和比例3个方面进行设置，如图5-13所示。在"内容"选项卡中，用户可以对引线标注的多重引线类型、文字选项和引线连接3方面的内容进行设置，如图5-14所示。

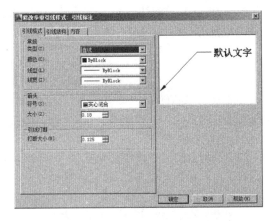

图5-12 "引线格式"选项卡

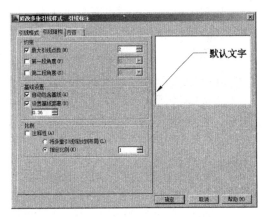

图5-13 "引线结构"选项卡

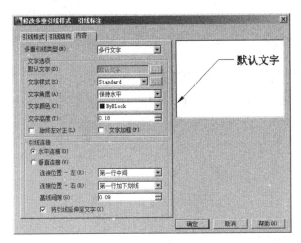

图5-14 "内容"选项卡

5.3.2 创建多重引线

1. 功能

引线对象通常包含箭头、可选的水平基线、引线或曲线和多行文字对象或块。用户可以从图形的任意点或部件创建引线并在绘制时控制其外观。多重引线对象可以包含多条引线，每条引线可以包含一条或多条线段，因此，一条说明可以指向图形中的多个对象。

2. 命令调用

用户可采用以下操作方法之一调用该命令。

● 在菜单栏选择"标注"→"多重引线"命令。

- 在功能区单击"默认"选项卡→"注释"面板→"多重引线"按钮 $\nearrow$ 。
- 在命令行输入"Mleader"，按〈Enter〉键执行。

3. 命令操作

引线对象可以是一条直线或样条曲线，其中一端带有箭头，另一端带有多行文字对象或块。在某些情况下，有一条短水平线（又称为基线）将文字或块和特征控制框连接到引线上。基线和引线与多行文字对象或块进行关联，因此当重新定位基线时，内容和引线将随其移动。用户可以选择先创建箭头或基线，也可以选择先创建引线标注内容。对于已经创建的引线标注，用户可以利用引线的夹点或"特性"选项板对其进行编辑。

执行该命令，命令行提示如下。

> 命令：_mleader（执行"多重引线"命令）
> 指定引线箭头的位置或〔引线基线优先（L）/内容优先（C）/选项（O）〕＜选项＞：o（设置选项）
> 输入选项〔引线类型（L）/引线基线（A）/内容类型（C）/最大节点数（M）/第一个角度（F）/第二个角度（S）/退出选项（X）〕＜退出选项＞：c（选择"内容类型"选项）
> 选择内容类型〔块（B）/多行文字（M）/无（N）〕＜块＞：m（选择"多行文字"选项）
> 输入选项〔引线类型（L）/引线基线（A）/内容类型（C）/最大节点数（M）/第一个角度（F）/第二个角度（S）/退出选项（X）〕＜内容类型＞：l（选择"引线类型"选项）
> 选择引线类型〔直线（S）/样条曲线（P）/无（N）〕＜样条曲线＞：s（引线类型设为直线）
> 输入选项〔引线类型（L）/引线基线（A）/内容类型（C）/最大节点数（M）/第一个角度（F）/第二个角度（S）/退出选项（X）〕＜引线类型＞：X（选择"退出选项"。）
> 指定引线箭头的位置或〔引线基线优先（L）/内容优先（C）/选项（O）〕＜选项＞：（指定引线箭头位置）
> 指定引线基线的位置：（指定引线基线位置并输入标注内容）

完成命令操作，结果如图5-15所示。

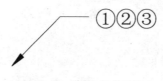

图5-15 创建多重引线

5.3.3 添加或删除引线

1. 功能

通常情况下，多重引线对象包含一条引线和一条说明。若遇到利用一条说明指向图形中的多个对象进行标注，就不能够完全满足使用要求。使用"添加引线"和"删除引线"命令，用户可以向已建立的多重引线对象添加引线，或从已建立的多重引线对象中删除引线。

2. 命令调用

用户可采用以下操作方法之一调用该命令。

- 在菜单栏选择"修改"→"对象"→"多重引线"→"添加引线"命令或"删除引线"命令。
- 在功能区单击"默认"选项卡→"注释"面板→"添加引线"按钮或"删除引线"

按钮。

- 选择要编辑的引线对象，右击，在弹出的快捷菜单中选择"添加引线"或"删除引线"命令。
- 在命令行输入"Mleaderedit"，按〈Enter〉键执行。

3. 命令操作

执行"添加引线"命令，可以为当前的引线对象添加新的引线箭头，根据光标的位置，新引线将添加到选定的多重引线的左侧或右侧。执行"删除引线"命令，可以从选定的多重引线对象中删除多余的引线，如图 5-16 所示。

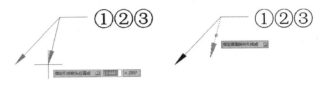

图 5-16　添加或删除引线

5.3.4　对齐或合并引线

1. 功能

对于图形中标注的多个多重引线对象，用户可以利用"对齐"功能重新进行排列，使其构图更加合理，还可以将多个内容类型为块的多重引线对象合并附着到一条基线。

2. 命令调用

用户可采用以下操作方法之一调用该命令。

- 在菜单栏选择"修改"→"对象"→"多重引线"→"对齐"命令或"合并"命令。
- 在功能区单击"默认"选项卡→"注释"面板→"对齐"按钮"合并"按钮。
- 在命令行输入"Mleaderalign"（对齐）或"Mleadercollect"（合并），按〈Enter〉键执行。

3. 命令操作

（1）对齐引线

执行"对齐引线"命令可以将选定的多重引线对象以引出线的尾部为基准对齐并间隔排列。命令行提示如下。

命令：_mleaderalign（执行"对齐"命令）
选择多重引线：指定对角点：找到 4 个
选择多重引线：
当前模式：分布
指定第一点或 [选项(O)]：o（设置选项）
输入选项 [分布(D)/使引线线段平行(P)/指定间距(S)/使用当前间距(U)] <分布>：p（选择"使引线平行"选项）
选择要对齐到的多重引线或 [选项(O)]：（选择要对齐到的基准引线）
指定方向：（箭头位置不动，调整对齐方向）

按〈Enter〉键完成命令操作，结果如图5-17所示。

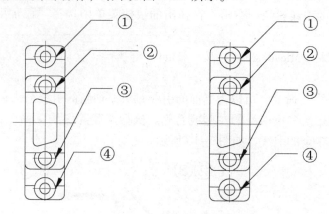

图5-17　对齐引线

（2）合并引线

执行"合并引线"命令可以将选定的包含块的多重引线整理到行或列中，并通过单引线显示结果。命令行提示如下。

命令：_mleadercollect（执行"合并"命令）
选择多重引线：找到2个（选择要合并的引线）
选择多重引线：（按〈Enter〉键完成对象选择）
指定收集的多重引线位置或［垂直(V)/水 平(H)/缠绕(W)］＜水平＞：（指定合并后的引线位置）

完成命令操作，结果如图5-18所示。

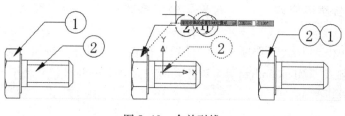

图5-18　合并引线

5.4　表格注释

表格是在行和列中包含数据的对象。在工程图中经常需要大量的使用表格，用来表示与图形相关的标准、数据信息、材料信息等。例如，在建筑工程图中经常需要绘制图样目录、构造做法表、门窗表、构件统计表等。在AutoCAD 2014中提供了强大的表格功能，用户能够在工程图绘制过程中快速、方便地创建和编辑表格。

5.4.1　设置表格样式

1. 功能

表格是在行和列中包含数据的对象。表格样式与文本样式一样，具有很多性质参数，如字体、颜色、文本等，系统提供"Standard"为其默认样式。用户可以根据绘图环境的需要重新定义新的表格样式。表格的外观是由表格样式控制，用户可以使用"表格样式"功能创建新的表格样式，并指定当前表格样式，以确定新创建表格的外观。表格样式包括背景颜色、页边距、边界、文字和其他表格特征的设置。表格样式可以在每个类型的行中指定不同的单元样式，可以为文字和网格线显示不同的对齐方式和外观。

2. 命令调用

用户可采用以下操作方法之一调用该命令。

● 在菜单栏选择"格式"→"表格样式"命令。

● 在功能区单击"默认"选项卡→"注释"面板→"表格样式"按钮 。

● 在命令行输入"Tablestyle"，按〈Enter〉键执行。

3. 命令操作

执行"表格样式"命令，程序将会弹出"表格样式"对话框，用户可以在此选择已有的表格样式，并单击"置为当前"按钮将其应用到工程图中。如图5-19所示。

用户还可以根据需要"修改"表格样式，或单击"新建"按钮创建新的表格样式。单击"新建"按钮将会弹出"创建新的表格样式"对话框。用户可以在此输入新样式名，还可以选择一个基础样式作为样板，如图5-20所示。

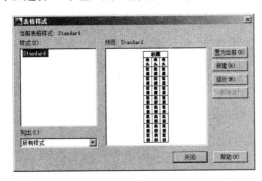

图5-19 "表格样式"对话框

图5-20 "创建新的表格样式"对话框

在"创建新的表格样式"对话框中输入新的样式名并选择一种"基础样式"后，单击"继续"按钮，将弹出如图5-21所示的"新建表格样式：（表格名）"对话框，在此对话框

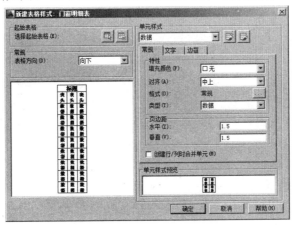

图5-21 "新建表格样式"对话框

中进行"标题、数据、表头"等单元样式的"常规、文字、边框"特性的修改设置。例如，在"门窗明细表"表格样式中，第一行是标题行，由文字居中的合并单元行组成。第二行是列标题行，其他行都是数据行。

"新建表格样式"对话框中，各选项的功能与含义如下。

- "选择起始表格"按钮🔲：单击该按钮，可在绘图区选择一个表格作为将要新建的表格样式的起始表格。
- "表格方向"下拉列表框：设置表格的方向。选择"向上"，将创建由下而上读取的表格；选择"向下"，将创建由上而下读取的表格。
- "单元样式"下拉列表框：有"标题""表头"和"数据"3种选项。3种选项的表格设置内容基本相似，都要对其"常规""文字"和"边框"3个选项卡进行设置。
- "填充颜色"下拉列表框：可以设置表格的背景颜色。
- "对齐"下拉列表框：可以设置表格单元格中文字的对齐方式。
- "格式"按钮▦：单击该按钮，打开"表格单元格式"对话框，如图5-22所示，用户可在该对话框中设置单元格的数据格式。
- "类型"下拉列表框：可将类型设置为"数据"或"标签"类型。
- "页边距"选项组：可在"水平"和"垂直"文本框中分别设置表格单元内容距边线的水平和垂直距离。
- "创建行/列时合并单元"复选框：勾选该复选框，则在创建表格时，选择"文字"选项卡，如图5-23所示，用户可以设置与文字相关的参数。其中"文字样式"下拉列表框可以选择已定义的文字样式，也可以单击其后的按钮，打开"文字样式"对话框设置样式；"文字高度"文本框可以设置单元格中内容的文字高度；"文字颜色"下拉列表框可以设置文字的颜色；"文字角度"文本框可以设置单元格中文字的倾斜角度。
- 选择"边框"选项卡，如图5-24所示，可以设置与边框相关的参数，其中："线宽"下拉列表框可以选择线宽的样式；"线型"下拉列表框可以选择线型；"颜色"下拉列表框可以选择线的颜色；"双线"复选框可在"间距(P)"文本框中设置偏移的距离。

图5-22 "表格单元格式"对话框

图5-23 "文字"选项卡

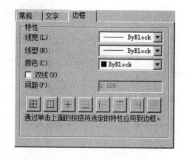

图5-24 "边框"选项卡

5.4.2 创建表格

1. 功能

设置表格样式后，用户就可以从空表格或表格样式创建表格对象。表格创建完成后，可以单击该表格上的任意网格线以选中该表格，然后可以利用"特性"选项板或夹点功能来修改表格。

2. 命令调用

用户可采用以下操作方法之一调用该命令。

- 在菜单栏选择"绘图"→"表格"命令。
- 在功能区单击"默认"选项卡→"注释"面板→"表格"按钮 ▦ 表格 。
- 在命令行输入"Table"，按〈Enter〉键执行。

3. 命令操作

利用表格功能创建一个"门窗明细表"，具体的操作步骤如下。

1）在功能区单击"默认"选项卡→"注释"面板→"表格"按钮 ▦ 表格 ，在弹出的"插入表格"对话框中设置表格参数，如图 5-25 所示。该对话框中的各主要选项功能介绍如下。

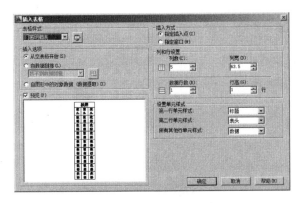

图 5-25 "插入表格"对话框

- "表格样式"：可以在"表格样式"的下拉列标中选择表格样式，也可以单击"启用"表格样式"对话框"按钮 ，重新创建一个新表格样式用于当前对话框。
- "插入选项"：该选项组包含 3 个单项按钮。"从空表格开始"单选按钮，可以创建一个空表格；"自数据链接"单选按钮，可以从外部导入数据来创建表格；"自图形中的对象数据（数据提取）"单选按钮，可以用于从可输出到表格或外部文件的图形中提取数据来创建表格。
- "插入方式"：该选项组包括两个单选按钮。"指定插入点"单选按钮，可以在绘图窗口中的某点插入固定大小的表格；"指定窗口"单选按钮，可以在绘图窗口中通过指定表格两对角点来创建任意大小的表格。
- "列和行设置"：该选项组中可以通过改变"列数""列宽""数据行数"和"行高"文本框中的数值来调整表格的外观大小。
- "设置单元样式"：该选项组中可以设置单元样式，系统均以"从空表格开始"插入表格，分别设置好列数和列宽、行数和行宽后，单击"确定"按钮。然后在绘图区指定插入点后，即可在当前位置插入一个表格，并在该表格中添加内容即可完成表格的创建。

2）完成设置后，单击"确定"按钮，程序将返回绘图区域，单击为表格指定插入位置即可。

3）为表格指定插入位置后，在绘图区域将会显示该表格，并将表头单元格亮显，同时在功能区将会显示"文字编辑器"选项卡。用户可以在该单元格中输入表头文字"门窗表"，如图 5-26 所示。

图 5-26　创建表格

4）如果表格的行高或列宽不合适，用户可以利用表格的夹点功能，根据表格内容调整单元格的大小，如图 5-27 所示。

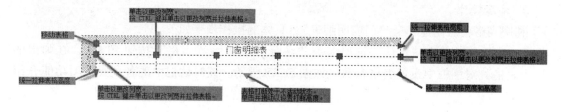

图 5-27　表格夹点功能

5）单击表格单元，该单元格的边框将会显示夹点。拖动表格单元上的夹点可以对单元格的列宽或行高进行调整，如图 5-28 所示。

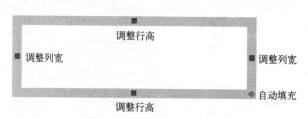

图 5-28　单元格夹点功能

6）依次单击表格中的其他单元格，完成所有单元格的内容输入。当选中某一单元格时，其行高会自动加大以适应输入文字的行数。用户可以使用〈Tab〉键将光标移动到下一个单元格中，或使用键盘上的方向键进行移动，结果如图 5-29 所示。

	A	B	C	D	E	F
1	门窗表					
2	门窗编号	宽×高	第一层	第二层	第三层	合计
3	C-1	1500×1800	6	6	6	18
4	C-2	1800×1800	4	4	4	12
5	C-3	2400×1800	5	5	2	12
6	M-1	1500×2400	3	1	1	5
7	M-2	900×2400	8	8	8	24

图 5-29　门窗明细表

绘制的表格是一张空白表格，如要向表格添加数据，可双击某一个单元格，则该单元格被激活且弹出"文字格式"对话框，在该对话框中可输入相应的内容并进行文字格式的设置。

若在"插入表格"对话框中选择"自数据链接"单选按钮，将会根据外部电子表格中的数据创建表格。单击"数据链接"按钮田，弹出"选择数据链接"对话框，通过该对话框进行数据链接设置。

5.4.3　编辑表格

1. 功能

用户可以在已创建的表格对象上单击选中该表格。通过使用"特性"选项板或表格夹点功能可以对该表格进行编辑，也可利用功能区的"表格单元"选项卡中的功能面板来编辑表格。

2. 命令调用

用户可采用以下操作方法之一调用该命令。

- 选中表格激活夹点模式，利用表格夹点功能进行编辑。
- 选中表格对象并右击，在弹出的快捷菜单中选择"特性"命令，即可在弹出的"特性"选项板中对表格进行编辑。
- 选中表格单元，在功能区弹出的"表格单元"面板中进行编辑。

3. 命令操作

（1）利用夹点功能编辑表格

单击表格的网格线以选中表格，此时在表格的四周、标题行上将显示许多夹点，用户可以通过拖动这些夹点来更改表格的高度或宽度。

在单元格内单击可以选中一个单元，按下〈Shift〉键的同时在另一个单元格内单击，则可以同时选中这两个单元格以及它们之间的所有单元格，在选定的单元格内单击并拖动到要选择的单元，然后释放鼠标则可以同时选中多个单元。

用户还可以使用"自动填充"夹点，在表格内的相邻单元中自动增加数据。如果选定并拖动一个单元格，则将以"1"为增量自动填充数字；如果表格内容为字符则将自动复制填充该内容，如图 5-30 所示。如果选定并拖动多个单元，则将自动填充等差数列；如果单元内容为日期，则将以"1"为增量自动填充日期。

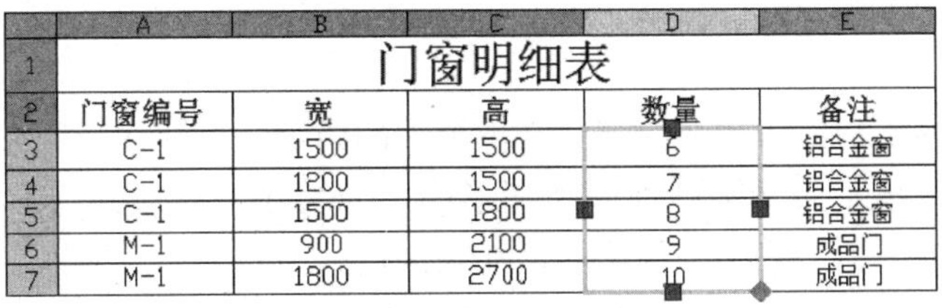

	A	B	C	D	E
1			门窗明细表		
2	门窗编号	宽	高	数量	备注
3	C-1	1500	1500	6	铝合金窗
4	C-1	1200	1500	7	铝合金窗
5	C-1	1500	1800	8	铝合金窗
6	M-1	900	2100	9	成品门
7	M-1	1800	2700	10	成品门

图 5-30　夹点自动填充

（2）利用"表格单元"选项卡编辑表格

选中表格单元后，在功能区将会显示"表格单元"选项卡，AutoCAD 2014 在此提供了强大的功能面板。用户可以在此执行以下操作：编辑行和列；合并和取消合并单元；改变单元边框的外观；编辑数据格式和对齐；单元锁定和解锁；插入块、字段和公式；创建和编辑单元样式；将表格链接至外部数据，如图 5-31 所示。

图 5-31 "表格单元"选项卡

（3）利用"特性"选项板编辑表格

单击表格的网格线以选中表格，程序将会弹出"特性"选项板，在此列出了表格对象的"表格"特性和"表格单元"特性。若要编辑表格的单元特性，首先需选中表格单元，在弹出的"特性"选项板中将会列出其"单元"特性和"内容"特性，可以在此选定某项特性值进行修改，如图 5-32 所示。

表格特性   表格单元特性

图 5-32 表格对象的"特性"选项板

另外，也可以在选择表格单元后右击，然后在弹出的快捷菜单中选择相应的命令来插入或删除列和行、合并相邻单元或进行其他修改。

5.5 创建尺寸注释

对于一张完整的工程图，尺寸注释是必不可缺的内容。尺寸注释用来确定工程图样的形体大小，可以让工程技术人员清楚地知道图形的尺寸大小，方便进行加工、制造和检查工作，施工人员也需要依据工程图中的图样尺寸来进行施工和生产。所以，在绘图过程中必须准确、完整地标注尺寸。AutoCAD 2014 提供了一套完整的尺寸注释的命令和实用程序，可以使用户方便地进行图形尺寸的注释。

图形只能反映产品的形状和结构，其真实大小和位置关系必须通过尺寸注释来完成。设计图样上的尺寸是施工的重要依据，尺寸的细微错误可能造成很大的风险和损失。要熟练掌握尺寸注释，首先要了解尺寸注释的规范、组成元素、标注的类型等基本知识。

5.5.1 尺寸注释的规范要求

1. 尺寸注释应遵循的规则

使用 AutoCAD 2014 绘制工程图，在对绘制的图形进行尺寸注释时应遵循以下规则。

1）物体的实际大小应以图样中标注的尺寸值为依据，与图形大小及绘图的准确度无关。

2）工程图中的尺寸一般以 mm 为单位，不需要标注计量单位的名称。如果采用其他的单位，则必须注明相应计量单位的名称，如 cm、m 等。

3）工程图中的每一个尺寸均应标注在最能清晰地反映该构件特征的部位，并且图形对象的每一个尺寸只能标注一次，不可重复。

4）尺寸注释应做到清晰、齐全且没有遗漏。

2. 标注样式的创建和设置方法

工程图中的尺寸包括尺寸界线、尺寸线、尺寸起止符号、尺寸数字 4 个组成要素。在 AutoCAD 2014 中进行尺寸注释时，必须先了解尺寸注释的组成，标注样式的创建和设置方法。如图 5-33 所示。

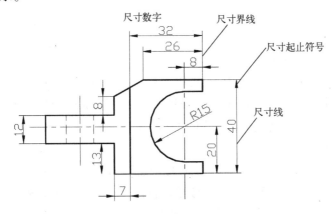

图 5-33　尺寸注释组成

1）尺寸界线应采用细实线绘制，也称为投影线或证示线，从部件延伸到尺寸线。一般应与被标注长度垂直，其一端应离开图形轮廓线不小于 2 mm，另一端宜超出尺寸线 2～3 mm，必要时，图形轮廓线也可作为尺寸界线。

2）尺寸线应采用细实线绘制，应与被标注长度平行，用于指示标注的方向和范围。对于角度标注，尺寸线是一段圆弧。需注意的是，图形本身的任何图线均不得用作尺寸线。

3）尺寸数字应写在尺寸线的中部，水平方向尺寸应从左向右标在尺寸线的上方，垂直方向的尺寸应从下向上标在尺寸线的左方，字头朝向应逆时针转 90°角。

4）图形中的尺寸以尺寸数字为准，不得从图中直接量取。图样上的尺寸单位，除标高及总平面图以米为单位外，其他必须以毫米为单位，图上尺寸数字不再注写单位。

5）相互平行的尺寸线，较小的尺寸在内，较大的尺寸在外，两道平行排列的尺寸线之间的距离宜为 7～10 mm，并应保持一致。

5.5.2 新建标注样式

1. 功能

用户可以根据需要创建一个新的标注样式。在 AutoCAD 2014 中，用户可以使用"标注样式管理器"对话框来创建和设置标注样式，如图 5-34 所示。

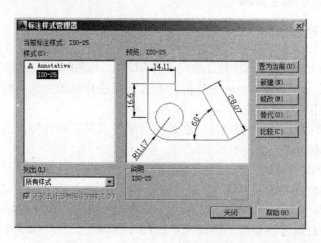

图 5-34 "标注样式管理器"对话框

2. 命令调用

用户可采用以下操作方法之一调用该命令。

- 在菜单栏选择"标注"→"标注样式"或"格式"→"标注样式"命令。
- 在功能区单击"默认"选项卡→"注释"面板→"标注样式"按钮 。
- 在命令行输入"Dimstyle"，按〈Enter〉键执行。

3. 命令操作

执行该命令，程序将会弹出"标注样式管理器"对话框。用户可以在此单击"新建"按钮，程序将会弹出如图 5-35 所示的"创建新标注样式"对话框，可以在此输入要创建的样式名，在"基础样式"中选择要参照的标注样式，在"用于"下拉列表中选择该样式的应用范围。设置完成后单击"继续"按钮，将会弹出如图 5-36 所示的"新建标注样式"对话框，用户可以在此根据所需样式进行详细的参数设置。

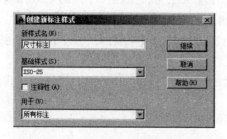

图 5-35 "创建新标注样式"对话框

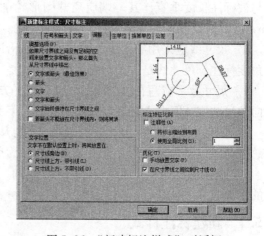

图 5-36 "新建标注样式"对话框

5.5.3 设置标注样式

1. 功能

在 AutoCAD 中，用户可以使用"标注样式管理器"对话框来设置标注样式。设置标注样式可以控制尺寸注释的 4 个要素的形式与大小，如箭头样式、文字位置和尺寸公差等。标注样式是标注设置的命名集合，为了便于使用、维护标注标准，可以将这些设置存储在标注样式中。

2. 命令调用

用户可采用以下操作方法之一调用该命令。

- 在菜单栏选择"标注"→"标注样式"或"格式"→"标注样式"命令。
- 在功能区单击"默认"选项卡→"注释"面板→"标注样式"按钮 。
- 在命令行输入"Dimstyle"，按〈Enter〉键执行。

3. 命令操作

执行该命令，程序将会打开"标注样式管理器"对话框，在此可以根据需要对尺寸注释的要素进行设置，以满足不同的需求。在该对话框中，各区域及按钮的功能介绍如下。

- "当前标注样式"：显示当前标注样式的名称。
- "样式"：列出图形中已创建的标注样式，当前样式将被亮显。
- "列出"：在"样式"列表中控制样式显示。
- "预览"和"说明"：显示选定的尺寸注释样式的预览图及说明内容。
- "置为当前"：单击该按钮，可将选定的标注样式设置为当前标注样式。
- "新建"：单击该按钮，程序将会弹出"创建新标注样式"对话框，可以在此定义新的标注样式。
- "修改"：单击该按钮，将会弹出"修改标注样式"对话框，可以对选定的标注样式进行修改，如图 5-37 所示。
- "替代"：单击该按钮，将会弹出"替代当前样式"对话框，可以从中设置标注样式的临时替代，如图 5-38 所示。

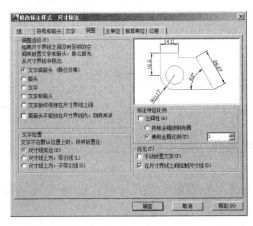

图 5-37 "修改标注样式"对话框

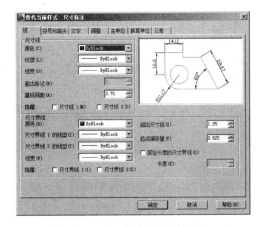

图 5-38 "替代当前样式"对话框

● "比较"：单击该按钮，将会弹出"比较标注样式"对话框，可以比较两个标注样式或列出一个标注样式的所有特性，如图 5-39 所示。

（1）"线"选项卡

用户可以在"线"选项卡中进行"尺寸线"和"尺寸界线"的设置，以控制其线型、线宽、颜色、间距和偏移等参数，如图 5-40 所示。

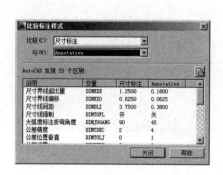

图 5-39　"比较标注样式"对话框

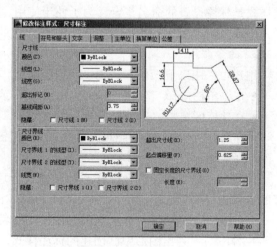

图 5-40　"线"选项卡

1）在"尺寸线"选项组可以设置尺寸线的各项特性，如颜色、线型、线宽、超出标记、基线间距等。各选项的功能介绍如下。

"超出标记"：当已指定箭头样式使用倾斜、建筑标记、积分和无标记时，尺寸线的"超出标记"被激活，这时可以设置超出距离，如图 5-41 所示。

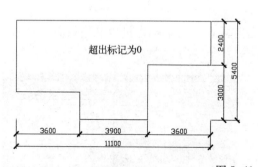

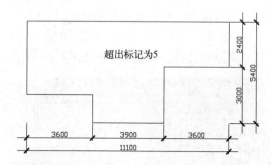

图 5-41　超出标记

"基线间距"：此功能用来控制在使用"基线标注"时连续尺寸线之间的间距，如图 5-42 所示。

"隐藏"：此功能将隐藏尺寸线，选择"尺寸线 1"隐藏第一条尺寸线，选择"尺寸线 2"隐藏第二条尺寸线，效果如图 5-43 所示。

2）在"尺寸界线"选项组可以控制尺寸界线的外观，包括颜色、尺寸界线的线型、线宽、隐藏、超出尺寸线、起点偏移量等。各选项功能介绍如下。

"隐藏"：该选项包括"尺寸界线 1"和"尺寸界线 2"两个复选框，其作用是分别消隐

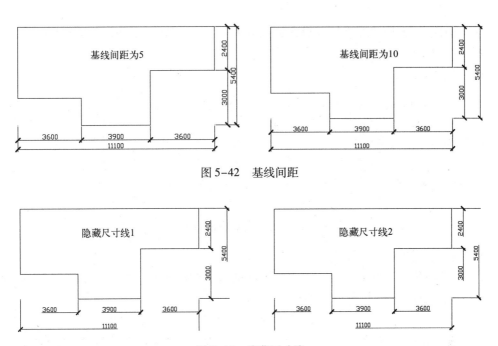

图 5-42　基线间距

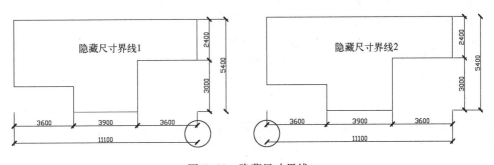

图 5-43　隐藏尺寸线

"尺寸界线 1"和"尺寸界线 2"。当在图形内部标注尺寸时，可选择隐藏尺寸界线，效果如图 5-44 所示。

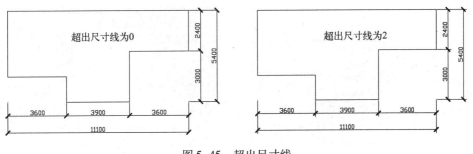

图 5-44　隐藏尺寸界线

"超出尺寸线"：用于指定尺寸界线超出尺寸线的长度，制图标准规定该值为 2 ~ 3 mm，如图 5-45 所示。

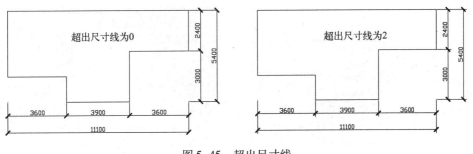

图 5-45　超出尺寸线

"起点偏移量"：用于控制尺寸界线原点的偏移长度，即尺寸界线原点和尺寸界线起点之间的距离，如图 5-46 所示。

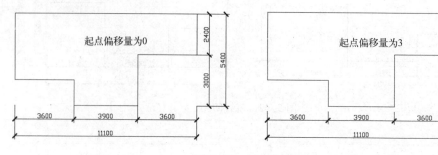

图 5-46　起点偏移量

（2）"符号和箭头"选项卡

在"符号和箭头"选项卡中，用户可设置箭头、圆心标记、弧长符号、半径折弯标注和线性折弯标注的格式与位置，如图 5-47 所示。

"箭头"：此选项组可控制标注箭头的样式。当改变第一个箭头的类型时，第二个箭头将自动更改为同第一个箭头相匹配的类型。若要另外指定自定义的箭头图块，则可以选择"箭头"选项。"引线"下拉列表框列出了执行引线标注方式时，引线端点起止符号的样式，可以从中选取所需形式。"箭头大小"文字编辑框用于确定尺寸起止符号的大小。例如，箭头的长度、45°斜线的长度、圆点的大小等，按照制图标准一般应设为 3~4 mm。

"圆心标记"：用于控制直径、半径标注的圆心标记和中心线的样式。

"弧长符号"：用于控制弧长标注中圆弧符号的显示。

"半径折弯标注"：此选项用于控制半径折弯（Z 字型）标注的显示。半径折弯标注通常在中心点位于页面外部时创建。折弯角度即是用于连接半径标注的尺寸界线和尺寸线的横向直线的角度。

（3）"文字"选项卡

在"文字"选项卡中，用户可以控制标注文字的外观，标注文字、箭头和引线相对于尺寸线和尺寸界线的位置以及文字对齐的方式，如图 5-48 所示。

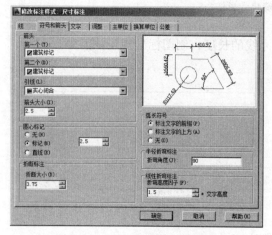

图 5-47　"符号和箭头"选项卡

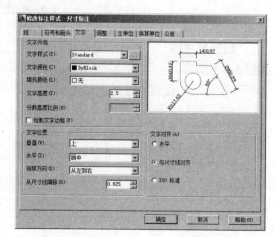

图 5-48　"文字"选项卡

1）在"文字外观"选项组，用户可以进行文字样式、文字颜色、填充颜色、文字高度等项的设置。各选项功能介绍如下。

"文字样式"：可以从列表中选择当前标注文字的样式。若要创建或修改标注文字样式，请选择列表旁边的"浏览"按钮，显示"文字样式"对话框，可定义或修改文字样式。

"文字颜色"：可以设置标注文字的颜色。如果选择下拉列表中的"选择颜色"（在"颜色"列表的底部），将显示"选择颜色"对话框。也可以输入颜色名或颜色号。

"填充颜色"：可以设置标注中的文字背景颜色。如果选择下拉列表中的"选择颜色"，将显示"选择颜色"对话框，可以选择索引颜色、真彩色、配色系统3种方式指定颜色。

"文字高度"：设置当前标注文字的高度。在文本框中输入数值，如果在"文字样式"中将文字高度设置为固定值（即文字样式高度大于0），则该高度将替代此处设置的文字高度。如果要使用在"文字"选项卡上设置的高度，需确保"文字样式"中文字高度设置为0。在建筑制图中，习惯上将标注文字高度设为 2～5 mm，如图 5-49 所示。

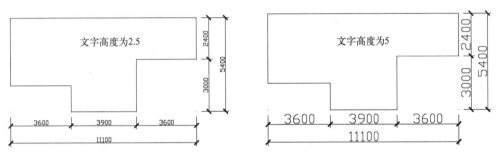

图 5-49　文字高度

2）在"文字位置"选项组，用户可以进行垂直、水平、观察方向、从尺寸线偏移等项的设置，用以控制标注文字相对尺寸线的垂直和水平位置以及距离。各选项功能介绍如下。

"垂直"：控制标注文字相对尺寸线的垂直位置，选项有居中、上方、下方、外部、JIS。

"水平"：控制标注文字在尺寸线上相对于尺寸界线的水平位置，选项有居中、第一条尺寸界线、第二条尺寸界线、第一条尺寸界线上方和第二条尺寸界线之上。各选项效果示例如图 5-50 所示。

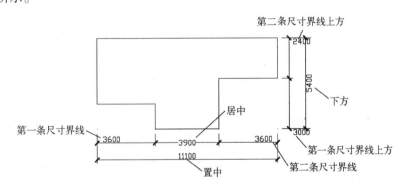

图 5-50　文字位置

"从尺寸线偏移"：用来确定尺寸文字放在尺寸线上方时，尺寸数字底部与尺寸线之间的间隙，如图 5-51 所示。

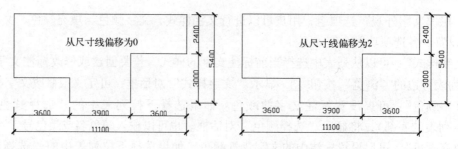

图 5-51 从尺寸线偏移

"观察方向"：用来控制尺寸数字的观察方向，可以选择从左到右或从右到左两种方式。一般情况下，选择使用从左到右的方式。如图 5-52 所示为从右到左的方式。

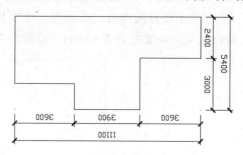

图 5-52 观察方向

3）在"文字对齐"选项组，用户可以选择文字与尺寸线是否对齐或保持水平状态。默认对齐方式是水平标注文字。另外还提供了 ISO 标准，当文字在尺寸界线内时，文字与尺寸线对齐；当文字在尺寸界线外时，文字水平排列，如图 5-53 所示。

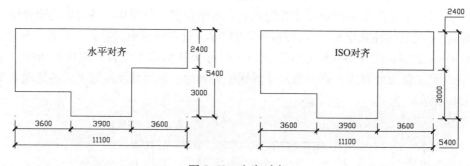

图 5-53 文字对齐

（4）"调整"选项卡

在"调整"选项卡中，用户可以控制标注文字、箭头、引线和尺寸线的位置关系，以及设置标注特征比例等，如图 5-54 所示。

"调整选项"：用来控制基于延伸线之间可用空间的文字和箭头的相对位置关系。如果有足够大的空间，文字和箭头都将放在延伸线内。否则，将按照"调整"选项放置文字和箭头。

"文字位置"：设置标注文字从默认位置（是指由标注样式定义的位置）移动时，标注文字的位置。若选中"尺寸线旁边"单选按钮，则当移动标注文字时尺寸线就会随之移动；若选中"尺寸线上方，带引线"单选按钮，则移动文字时尺寸线将不会移动，如果将文字

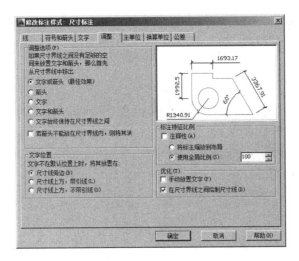

图 5-54 "调整"选项卡

从尺寸线上移开,将创建一条连接文字和尺寸线的引线,当文字非常靠近尺寸线时,将省略引线;若选中"尺寸线上方,不带引线"单选按钮,移动文字时尺寸线不会移动,且远离尺寸线的文字不与带引线的尺寸线相连。

"标注特征比例":用于设置全局标注比例值或图纸空间比例。用户可以根据当前模型空间视口和图纸空间之间的比例确定比例因子,也可以为所有标注样式设置一个比例,这些设置指定了标注样式的大小、距离或间距,包括文字和箭头大小,该缩放比例并不更改标注的测量值。如图 5-55 所示分别为将全局比例设为 50 和 150 的情况。

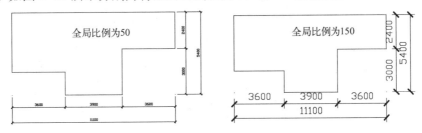

图 5-55 使用全局比例

(5)"主单位"选项卡

"主单位"选项卡可以用来设置主单位的格式与精度,以及给标注文字添加前缀和后缀,其选项设置如图 5-56 所示。

"线性标注":该选项组用来设置线性标注的格式与精度。使用该选项组可以进行单位格式、精度、分数格式、小数分隔符、舍入、前缀、后缀等方面的设置。

"角度标注":该选项组用来设置角度标注的单位、精度以及是否消零等。

(6)"换算单位"选项卡

使用"换算单位"选项卡可以指定标注测量值中换算单位的显示并设置其格式和精度,如图 5-57 所示。

"换算单位":使用该选项组可以控制显示和设置除角度之外的所有标注类型的当前换算单位格式以及标注文字中换算单位的位置。

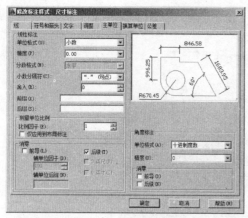
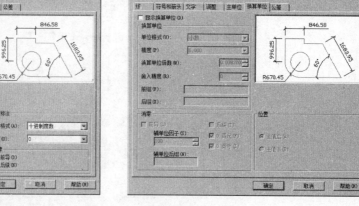

图 5-56　"主单位"选项卡　　　　　　　　　　图 5-57　"换算单位"选项卡

（7）"公差"选项卡

使用"公差"选项卡可以控制标注文字中公差的格式及显示，如图 5-58 所示。

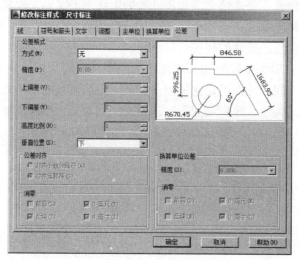

图 5-58　"公差"选项卡

"公差格式"：用户可以在该选项组中设置公差的格式。"方式"下拉列表中有无、对称、极限偏差、极限尺寸、基本尺寸 5 个选项，效果如图 5-59 所示。另外，用户还可设置公差的对齐方式、消零和精度等。其作用介绍如下。

- 选择"无"时将不添加公差。
- 选择"对称"选项时将会添加公差的正/负表达式，其中一个偏差量的值应用于标注测量值，标注后面将显示加号或减号，此时应在"上偏差"中输入公差值。
- 选择"极限偏差"时将会添加正/负公差表达式，不同的正公差和负公差值将应用于标注测量值，此时在"上偏差"中输入的公差值前面显示正号（＋），在"下偏差"中输入的公差值前面显示负号（－）。
- 选择"极限尺寸"选项将会创建极限标注，在此类标注中，将显示一个最大值和一个最小值，一个在上，另一个在下，其中最大值等于标注值加上在"上偏差"中输

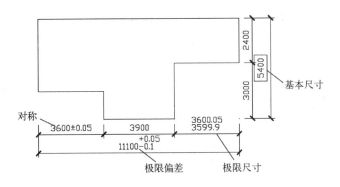

图 5-59　公差方式

入的值，最小值等于标注值减去在"下偏差"中输入的值。

- 选择"基本尺寸"选项将会创建基本标注，这将在整个标注范围周围显示一个框。

5.6　尺寸注释样式

AutoCAD 2014 提供了多种尺寸注释样式，如线性标注、半径标注、角度标注、坐标标注、弧长标注、对齐标注、连续标注、基线标注和引线标注等。用户可以根据需要在功能区"默认"选项卡的"注释"面板中选择"线型"工具 线性 的下拉按钮，在弹出的下拉列表中列出了多种默认的标注工具。另外，用户也可以在"标注"菜单或"标注"工具栏中选择相应的标注工具。如图 5-60 所示分别为"标注"菜单、"注释"面板以及"标注"工

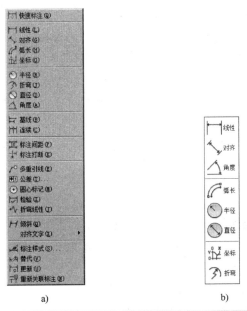

图 5-60　尺寸注释工具

a)"标注"菜单　b)"注释"面板中的标注工具　c)"标注"工具栏

具栏中的标注工具。利用这些标注工具可以为各种图形对象沿各个方向创建尺寸注释。进行尺寸注释时，一般应辅助应用对象捕捉、极轴追踪功能，以便快速、准确地标注尺寸。

5.6.1 线性标注

1. 功能

使用"线性标注"命令测量并标记两点之间的连线在指定方向上的投影距离。线性标注可以水平、垂直或对齐放置。使用对齐标注时，尺寸线将平行于两尺寸界延伸线原点之间的直线。基线标注和连续标注是一系列基于线性标注的连续标注方法。

2. 命令调用

用户可采用以下操作方法之一调用该命令。

- 在菜单栏选择→"标注"→"线性"命令。
- 在功能区单击"默认"选项卡→"注释"面板→"线性"按钮。
- 在命令行输入"Dimlinear"，按〈Enter〉键执行。

3. 命令操作

利用"线性标注"工具为图形标注尺寸，命令行提示如下。

> 命令：_dimlinear（执行"线性标注"命令）
>
> 指定第一条延伸线原点或 <选择对象>：（单击尺寸注释起点）
>
> 指定第二条延伸线原点：（单击尺寸注释终点）
>
> 指定尺寸线位置或[多行文字(M)/文字(T)/角度(A)/水平(H)/垂直(V)/旋转(R)]：（鼠标拖拽尺寸注释到合适的位置后，单击）
>
> 标注文字 =3600
>
> 命令：
>
> DIMLINEAR（按〈Enter〉键以重复命令）
>
> 指定第一条延伸线原点或 <选择对象>：
>
> 指定第二条延伸线原点：
>
> 指定尺寸线位置或[多行文字(M)/文字(T)/角度(A)/水平(H)/垂直(V)/旋转(R)]：
>
> 标注文字 =3900

命令执行完毕，结果如图 5-61 所示。

5.6.2 半径标注

1. 功能

使用"半径标注"命令选取可选的中心线或中心标记测量圆弧和圆的半径。半径标注生成的尺寸注释文字以 R 引导，以表示半径尺寸。圆形或圆弧的圆心标记可自动绘出。创建直径标注的方法与半径标注基本相同，生成的标注文字以 φ 引导，以表示直径尺寸。

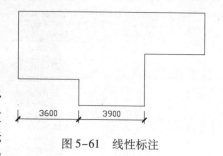

图 5-61　线性标注

2. 命令调用

用户可采用以下操作方法之一调用该命令。

- 在菜单栏选择"标注"→"半径"命令。

- 在功能区单击"默认"选项卡→"注释"面板→"半径"按钮。
- 在命令行输入"Dimradius",按〈Enter〉键执行。

3. 命令操作

利用"半径标注"工具为图形标注尺寸,命令行提示如下。

> 命令:_dimradius (执行"半径标注"命令)
>
> 选择圆弧或圆:(单击所要标注半径的圆弧)
>
> 标注文字 =2000
>
> 指定尺寸线位置或 [多行文字(M)/文字(T)/角度(A)]:(指定半径标注的位置)

命令执行完毕,结果如图 5-62 所示。

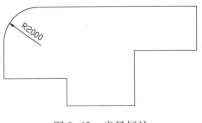

图 5-62　半径标注

5.6.3　角度标注

1. 功能

使用"角度标注"命令标注测量两条直线或 3 个点之间的角度。要测量圆的两条半径之间的角度,可以选择此圆,然后指定角度端点。对于其他对象,需要选择对象然后指定标注位置。用户还可以通过指定角度顶点和端点标注角度。创建标注时,可以在指定尺寸线位置之前修改文字内容和对齐方式。

2. 命令调用

用户可采用以下操作方法之一调用该命令。

- 在菜单栏选择"标注"→"角度"命令。
- 在功能区单击"默认"选项卡的"注释"面板上"角度"按钮。
- 在命令行输入"Dimangular",按〈Enter〉键执行。

3. 命令操作

利用"角度标注"工具为图形标注角度,命令行提示如下。

> 命令:_dimangular (执行"角度标注"命令)
>
> 选择圆弧、圆、直线或 <指定顶点>:(选定组成角度的第一条直线)
>
> 选择第二条直线:(再选定组成角度的另一条直线)
>
> 指定标注弧线位置或 [多行文字(M)/文字(T)/角度(A)/象限点(Q)]:(拖拽鼠标,指定标注位置)
>
> 标注文字 =90.00

命令执行完毕,结果如图 5-63 所示。

说明:如果选择两条非平行直线,则测量并标记直线之间的角度;如果选择圆弧,则测量并标记圆弧所包含的圆心角;如果选择圆,则以圆心作为角的顶点,测量并标记所选的第一个点和第二个点之间包含的圆心角;选择"指定顶点"选项,则需分别指定角点、第一端点和第二端点来测量并标记该角度值。

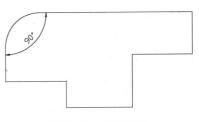

图 5-63　角度标注

5.6.4 弧长标注

1. 功能

使用"弧长标注"命令测量圆弧或多段线弧线段上的距离。为区别是线性标注还是角度标注，默认情况下，弧长标注将显示一个圆弧符号在标注文字的上方或前方。用户可以使用"标注样式管理器"指定位置样式。

2. 命令调用

用户可采用以下操作方法之一调用该命令。
- 在菜单栏选择"标注"→"弧长"命令。
- 在功能区单击"默认"选项卡→"注释"→"弧长"按钮。
- 在命令行输入"Dimarc"，按〈Enter〉键执行。

3. 命令操作

利用"弧长标注"工具为图形标注尺寸，命令行提示如下。

命令：_dimarc（执行"弧长标注"命令）
选择弧线段或多段线圆弧段：（选中要标注的弧线）
指定弧长标注位置或［多行文字(M)/文字(T)/角度(A)/部分(P)/引线(L)］：（拖曳鼠标，并按〈Enter〉键完成）
标注文字 = 3142

命令执行完毕，结果如图 5-64 所示。

5.6.5 基线标注

1. 功能

使用"基线标注"命令是以前一个标注的尺寸界线为基准，自同一基线处测量的多个线性标注。在创建基线标注之前，必须创建线性、对齐或角度标注。该功能可自当前任务最近创建的标

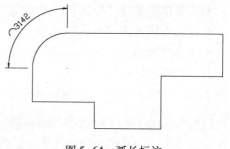

图 5-64 弧长标注

注中以增量方式创建基线标注。每个新尺寸线会自动偏移一个距离以避免重叠。

2. 命令调用

用户可采用以下操作方法之一调用该命令。
- 在菜单栏选择"标注"→"基线"命令。
- 在工具栏单击"标注"→"基线"按钮。
- 在命令行输入"Dimbaseline"，按〈Enter〉键执行。

3. 命令操作

利用"基线标注"工具为零件图标注细部尺寸，命令行提示如下。

命令：_dimlinear（先用线性标注标出第一道尺寸）
指定第一条尺寸界线原点或 ＜选择对象＞：（指定第一个标注点）

指定第二条尺寸界线原点:(指定第二个标注点)

指定尺寸线位置或[多行文字(M)/文字(T)/角度(A)/水平(H)/垂直(V)/旋转(R)]:(拖拽鼠标,指定标注位置)

标注文字 = 3600

命令:_dimbaseline (使用"基线标注"命令,依次完成其他标注内容)

指定第二条尺寸界线原点或[放弃(U)/选择(S)] <选择>:(指定下一个标注点)

标注文字 = 7500

指定第二条尺寸界线原点或[放弃(U)/选择(S)] <选择>:(指定下一个标注点)

标注文字 = 11100

指定第二条尺寸界线原点或[放弃(U)/选择(S)] <选择>:✓(按〈Enter〉键完成基线标注)

命令执行完毕,结果如图 5-65 所示。

5.6.6 连续标注

1. 功能

与基线标注相同,连续标注以前一个标注的尺寸界线为基准,连续标注多个线性尺寸。但连续标注是首尾相连的多个标注。

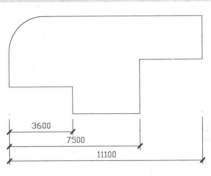

图 5-65　基线标注

2. 命令调用

用户可采用以下操作方法之一调用该命令。

- 在菜单栏选择"标注"→"连续"命令。
- 在工具栏单击"标注"→"连续"按钮。
- 在命令行输入"Dimcontinue",按〈Enter〉键执行。

3. 命令操作

利用"连续标注"工具为零件图标注尺寸,命令行提示如下。

命令:_dimlinear (先用"线性标注"标出第一道尺寸)

指定第一条尺寸界线原点或 <选择对象>:(指定第一个标注点)

指定第二条尺寸界线原点:(指定第二个标注点)

指定尺寸线位置或[多行文字(M)/文字(T)/角度(A)/水平(H)/垂直(V)/旋转(R)]:(拖拽鼠标,指定标注位置)

标注文字 = 3600

命令:_dimcontinue (执行"连续标注"命令)

选择连续标注:(选择要连续标注的起始标注对象)

指定第二条尺寸界线原点或[放弃(U)/选择(S)] <选择>:(指定下一个标注点)

标注文字 = 3900

指定第二条尺寸界线原点或[放弃(U)/选择(S)] <选择>:(指定下一个标注点)

标注文字 = 3600

指定第二条尺寸界线原点或[放弃(U)/选择(S)] <选择>:(按〈Enter〉键完成连续标注)

命令执行完毕,结果如图 5-66 所示。

5.6.7　对齐标注

1. 功能

使用"对齐标注"可以创建与指定位置或对象平行的标注。在对齐标注中，尺寸线平行于尺寸延伸线原点连成的直线。

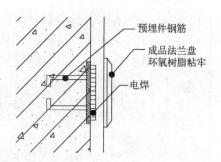

图 5-66　连续标注

2. 命令调用

用户可采用以下操作方法之一调用该命令。

- 在菜单栏选择"标注"→"对齐"命令。
- 在功能区单击"默认"选项卡→"注释"面板→"对齐"按钮。
- 在命令行输入"Dimaligned"，按〈Enter〉键执行。

3. 命令操作

利用"对齐标注"工具为图形标注尺寸，命令行提示如下。

```
命令:_dimaligned (执行"对齐标注"命令)
指定第一条延伸线原点或 <选择对象>:(单击尺寸注释起点)
指定第二条延伸线原点:(单击尺寸注释终点)
指定尺寸线位置或[多行文字(M)/文字(T)/角度(A)]:(拖拽尺寸注释到合适的位置)
标注文字=2500
```

命令执行完毕，结果如图 5-67 所示。

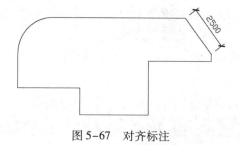

图 5-67　对齐标注

5.7　编辑尺寸注释

标注完成后，对少数不符合要求的尺寸，用户可以通过修改图形对象来修改标注，也可以用尺寸编辑命令进行修改，以符合国家标准的规定。在 AutoCAD 2014 中提供了多种编辑尺寸注释的方式，用户可以根据需要修改现有标注文字的位置和方向，或者替换为新文字。

5.7.1　编辑标注

1. 功能

使用"编辑标注"命令可编辑已有标注的文字内容和放置位置。

2. 命令调用

用户可采用以下操作方法之一调用该命令。

- 在工具栏单击"标注"→"编辑标注"按钮 ◢ 。
- 在命令行输入"Dimedit",按〈Enter〉键执行。

3. 操作示例

执行该命令,命令行提示如下。

> 命令:_dimedit(执行"编辑标注"命令)
>
> 输入标注编辑类型[默认(H)/新建(N)/旋转(R)/倾斜(O)] <默认>:

各选项含义如下。

- 默认(H):选择该选项并选择尺寸对象,可以按默认位置和方向放置尺寸文字。
- 新建(N):选择该选项可以修改尺寸文字,此时系统将显示"文字格式"工具栏和文字输入窗口,修改或输入尺寸文字后,选择需要修改的对象即可,如图5-68所示。

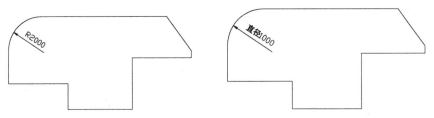

图5-68　新建标注对象

- 旋转(R):选择该选项可以将尺寸文字旋转一定的角度。同样是先设置角度值,然后选择尺寸对象,如图5-69所示。

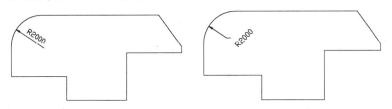

图5-69　旋转标注对象

- 倾斜(O):选择该选项可以使非角度标注的尺寸界线倾斜一个角度,这时需要先选择尺寸对象,然后设置倾斜角度值,如图5-70所示。

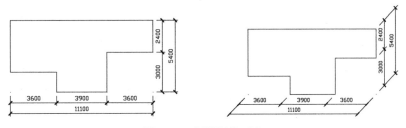

图5-70　倾斜标注对象

5.7.2 旋转标注文字

1. 功能

使用"文字角度"命令可以移动和旋转标注文字并重新定位尺寸线。

2. 命令调用

用户可采用以下操作方法之一调用该命令。

- 在菜单栏选择"标注"→"对齐文字"→"角度"命令。
- 在功能区单击"注释"选项卡→"标注"面板→"文字角度"按钮。
- 在命令行输入"Dimtedit",按〈Enter〉键执行。

3. 操作示例

执行该命令,命令行提示如下。

> 命令:_dimtedit (执行"文字角度"命令)
> 选择标注:(选择要进行旋转的标注对象)
> 为标注文字指定新位置或 [左对齐(L)/右对齐(R)/居中(C)/默认(H)/角度(A)]:a (选择"角度"选项)
> 指定标注文字的角度:45 (输入要旋转的角度数值)

按〈Enter〉键完成命令操作,结果如图5-71所示。

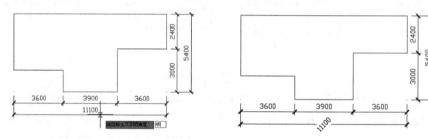

图5-71 旋转标注文字

5.7.3 移动标注文字

1. 功能

使用该命令,用户可以调整标注文字在尺寸延伸线界内沿尺寸线的相对位置,可以根据需要选择使用"左对正""右对正"或"居中对正",将标注文字移动到尺寸线的相应位置。

2. 命令调用

用户可采用以下操作方法之一调用该命令。

- 在菜单栏选择"标注"→"对齐文字"→"左""居中"或"右"命令。
- 在功能区单击"注释"选项卡→"标注"面板→"左对正""居中对正"或"右对正"按钮。
- 在命令行输入"Dimtedit",按〈Enter〉键执行。

3. 操作示例

执行该命令,命令行提示如下。

> 命令:_dimtedit (执行编辑标注文字命令)
> 选择标注:(选择要进行移动的尺寸对象)
> 为标注文字指定新位置或 [左对齐(L)/右对齐(R)/居中(C)/默认(H)/角度(A)]:L (选择"左对齐"选项)

按〈Enter〉键完成命令操作，结果如图5-72所示。

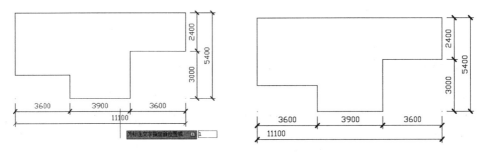

图5-72 移动标注文字

5.7.4 替换标注文字

1. 功能

在工程图的绘制过程中，可能会遇到实测尺寸与实际尺寸不一致的情况，用户可利用 AutoCAD 2014提供的"快捷特性"选项板替换标注对象的文字，也可以通过"特性"选项板替换标注对象的文字。

2. 命令调用

选中要编辑的标注对象并右击，在弹出的快捷菜单中选择"快捷特性"或"特性"命令，程序将会弹出"快捷特性"或"特性"面板，在"文字替代"栏中输入要替换的标注文字内容即可。

3. 操作示例

执行该命令，首先要选中现有的标注对象，通过鼠标右键快捷菜单或状态栏的切换按钮调出"快捷特性"面板，在"文字替代"栏中输入新的标注文字即可，结果如图5-73所示。

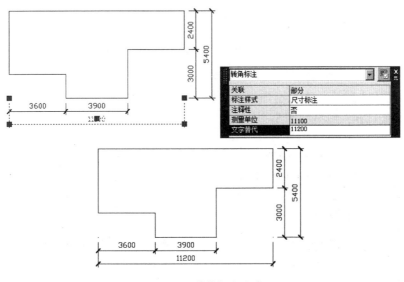

图5-73 替换标注文字

5.8 实训

5.8.1 引线注释应用

1. 实训要求

运用本章所学的引线标注功能为"预埋件详图"添加引线标注。具体的操作步骤如下。

2. 实训指导

1）打开 AutoCAD 2014 中文版,新建一个图形文件,将工作空间选为"草图与注释"。

2）利用基本绘图命令和编辑命令,绘制"预埋件详图",如图 5-74 所示。

3）在功能区"默认"选项卡内选择"注释"面板中的"多重引线样式"命令按钮 ,在弹出的"多重引线样式管理器"对话框中新建一个名为"引线标注"的标注样式,样式置为当前。如图 5-75 所示。

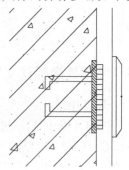

图 5-74 绘制预埋件详图

图 5-75 设置引线样式

4）在功能区"默认"选项卡内的"注释"面板中选择"多重引线"命令按钮 多重引线 ,为"塔桅基础配筋图"标注钢筋,如图 5-76 所示。

5）在功能区"默认"选项卡内选择"注释"面板中的"对齐"按钮 对齐 ,将添加的多重引线对象对齐,结果如图 5-77 所示。

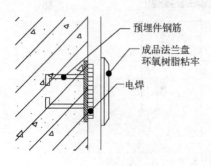 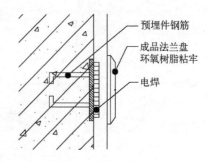

图 5-76 添加引线标注   图 5-77 引线对齐

6）完成以上操作，将文件保存至"D:\AutoCAD 2014项目5实训"文件夹中，文件名为"引线标注应用"。

5.8.2　表格应用

1. 实训要求

运用本章所学的表格功能创建一个"地脚螺栓材料一览表"，具体的操作步骤如下。

2. 实训指导

1）打开 AutoCAD 2014 中文版，新建一个图形文件，将工作空间选定为"草图与注释"。

2）在功能区单击"默认"选项卡→"注释"面板→"表格样式"按钮，新建一个名为"材料表"的表格样式，在"新建表格样式"对话框的"常规"选项卡中，将"对齐"选项设为"正中"，在"文字"选项卡中单击"文字样式"选项后的按钮，并在弹出的"文字样式"对话框中将"字体"设为"仿宋"。单击"确定"按钮，完成表格样式的设置并将其置为当前。

3）在功能区单击"默认"选项卡→"注释"面板→"表格"按钮，在弹出的"插入表格"对话框中进行相应设置，创建一个7列9行的表格，如图5-78所示。

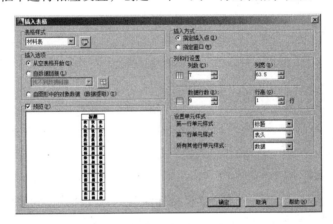

图 5-78　创建表格

4）完成表格参数设置后，单击"确定"按钮，在绘图区域的适当位置单击插入表格，如图5-79所示。

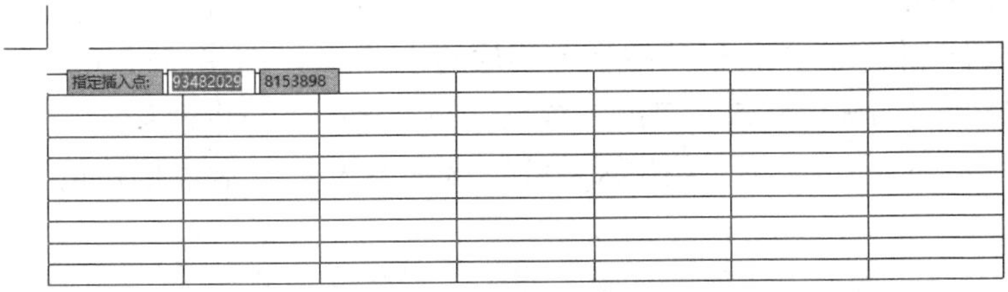

图 5-79　插入表格

5）依次选中表格中相应的单元格，输入"地脚螺栓材料一览表"的内容。在内容输入过程中，用户可灵活利用表格夹点功能来提高工作效率，如"编号"一列可利用"自动填充”夹点自动填充数据，如图 5-80 所示。

地脚螺栓材料一览表						
编号	名称	规格	构件数量	质量(kg)		备注
				单件	小计	
Y01	地脚锚栓	M48X2000	24	28.41	681.84	45#,顶部450热镀锌
Y02	定位板	-10X1527	2	59.22	118.44	Q235B
Y03	垫片	-20X110	48	1.90	91.20	Q345B
Y04	螺母1	M48	48		35.73	5级
Y05	螺母2	M48	96		50.15	4级
总计(kg)		977.36				

图 5-80　填写表格内容

6）利用“特性”选项板和表格的夹点功能将“地脚螺栓材料一览表”各单元格的高度和宽度进行适当的调整。结果如图 5-81 所示。

地脚螺栓材料一览表						
编号	名称	规格	构件数量	质量(kg)		备注
				单件	小计	
Y01	地脚锚栓	M48X2000	24	28.41	681.84	45,顶部450热镀锌
Y02	定位板	-10X1527	2	59.22	118.44	Q235B
Y03	垫片	-20X110	48	1.90	91.20	Q345B
Y04	螺母1	M48	48		35.73	5级
Y05	螺母2	M48	96		50.15	4级
总计(kg)		977.36				

图 5-81　地脚螺栓材料一览表

7）完成以上操作，将文件保存至“D:\AutoCAD 2014 第 5 章实训”文件夹中，文件名为“表格应用”。

5.8.3　零件图尺寸注释

1. 实训要求

运用本章所学内容，创建一个名为“机械标注”的标注样式，为零件图进行尺寸标注。在标注过程中，应灵活运用多种标注方式以及尺寸标注对象的夹点功能来提高标注效率。用户还应打开对象捕捉和极轴追踪功能辅助绘图工作。具体的操作步骤如下。

2. 实训指导

1）打开 AutoCAD 2014 中文版，新建一个图形文件，将工作空间选为“草图与注释”。

2）在功能区单击“常用”选项卡→“注释”面板→“标注样式”按钮，在弹出的“标注样式管理器”中单击“新建”按钮，程序将会弹出“创建新标注样式”对话框，创建名为“机械标注”的标注样式，单击“继续”按钮进行下一步设置。

3）选择“线”选项卡，将“超出尺寸线”选项设为 2，“起点偏移量”设为 3，“基线间距”设为 8。

4）选择“符号和箭头”选项卡，将“箭头”设置为实心闭合，“箭头大小”设为 3，其余采用默认值即可。

5）选择“文字”选项卡，将“文字高度”设为 5，“文字位置”设为“上方”和“居中”，“从尺寸线偏移”设为 1，其余为默认值即可。

6）利用基本绘图命令和编辑命令，绘制零件图，如图 5-82 所示。

7）在功能区单击"常用"选项卡→"图层"面板→"图层特性"按钮 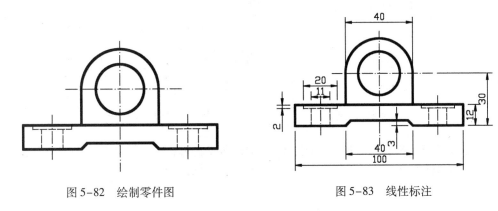，新建一个名为"尺寸标注"的图层，将图层颜色设为"绿色"。将该图层置为当前。

8）将前面新建的名为"机械标注"的标注样式设为当前的标注样式。在功能区单击"常用"选项卡→"注释"面板→"线性"按钮 线性，标注线性尺寸，如图5-83所示。

图 5-82   绘制零件图

图 5-83   线性标注

9）在功能区单击"常用"选项卡→"注释"面板→"半径"按钮 半径，为图形标注半径，如图5-84所示。

10）单击要编辑的标注，在弹出的"快捷特性"选项板中依次更改标注文字的内容，结果如图5-85所示。

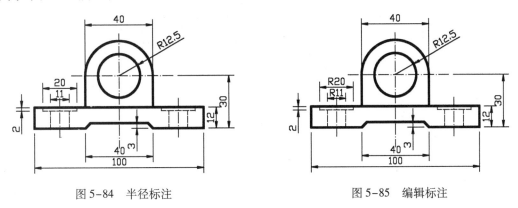

图 5-84   半径标注

图 5-85   编辑标注

11）完成上述操作，将文件保存至"D:\AutoCAD 2014 第 5 章实训"文件夹中，文件名为"零件图尺寸注释"。

5.9   思考与练习

1）叙述单行文字和多行文字命令的作用和区别，并举例说明单行文字和多行文字对象的夹点功能。

2）利用用上步设置好的文字样式，标注一段多行文字，并创建堆叠文字。

3）举例说明如何设置多重引线对象，它包含哪些组成部分。

4）在 AutoCAD 2014 中，如何创建表格？举例说明表格对象的夹点功能。

5）利用本章所学内容，绘制如图 5-86 所示的构造详图并利用多重引线工具进行标注。

6）利用本章所学内容，创建一个表格样式，并绘制如图 5-87 所示的"62 系列轴承规格表"。

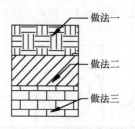

图 5-86　引线标注练习

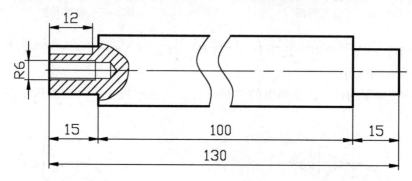

图 5-87　表格绘制练习

	62系列轴承规格表							
	轴承型号	内径	外径	厚度	轴承型号	内径	外径	厚度
3	6207	35	72	17	6211	55	100	21
4	6208	40	80	18	6212	60	110	22
5	6209	45	85	19	6213	65	120	23
6	6210	50	90	20	6214	70	125	24

7）绘制如图 5-88 所示零件示意图，利用本章所学内容创建一个名为"标注 1"的标注样式，并运用线性标注、连续标注、对齐标注等工具为其添加尺寸标注。

图 5-88　尺寸标注练习

第6章 图块应用

绘制工程图时,经常会遇到有一些复杂的图形元素需要大量重复使用,例如建筑工程图样中的门窗、沙发、衣柜、卫生器具等,机械工程图样中的螺杆、螺母等。如果每次都重新绘制这些图形势必会浪费大量的时间,为提高绘图效率,用户可以利用 AutoCAD 提供的图块功能,将这些图形定义为图块,在需要时按一定的比例和角度插入到工程图中的指定位置即可。而且,使用图块的数据量要比直接绘图小很多,从而节省了计算机的存储空间,也提高了工作效率。

当一个设计团队进行一个项目的协同设计时,设计成员之间需要了解其他成员的进度,调整自己的工作内容,以便于实现并行交叉设计。利用 AutoCAD 提供的外部参照和设计中心,可以实现设计成果的实时共享,为协同设计创造了便利条件。另外,利用设计中心还可以有效地管理图块、外部参数以及来自其他源文件或应用程序的内容,从而有效利用和共享本地计算机、局域网或因特网上的图块、图层和外部参数,以及自定义的图形资源,提高图形的管理和设计效率。

6.1 图块

图块是由一个或多个图形对象组成的,组成图块的图形对象可以绘制在不同的图层当中,尽管图块总是在当前图层上,但块参照保存了有关包含在该图块中的对象的原图层、颜色和线型特性的信息。

另外,在 AutoCAD 2014 中,每个图形文件都具有一个称作块定义表的不可见的数据区域。块定义表中存储着全部的块定义,包括块的全部关联信息。在图形中插入块时,所参照的就是这些块定义。因此,如果修改块定义,所有的块参照也将自动更新。

6.1.1 创建图块

1. 功能

要创建一个图块,首先要绘制好组成图块的图形对象,然后再对其进行块定义。每个块定义都包括块名、一个或多个图形对象、用于插入块的基点坐标值和所有相关的属性数据。建议将基点指定在图块中对象的左下角位置。

2. 命令调用

用户可采用以下操作方法之一调用该命令。

● 在菜单栏选择"绘图"→"块"→"创建"命令。
● 在功能区单击"默认"选项卡→"块"面板→"创建图块"按钮 。
● 在命令行输入"Block",按〈Enter〉键执行。

3. 命令操作

下面通过一个简单的实例来介绍"创建图块"的应用。具体的操作步骤如下。

1）新建一个图形文件，利用基本绘图工具绘制"立面窗"示意图，如图 6-1 所示。

2）在命令行输入"Block"，按〈Enter〉键执行，程序将会弹出"块定义"对话框，在"名称"栏内输入"窗立面"；单击"拾取点"按钮 🔲 指定图块的插入基点；单击"选择对象"按钮 🔩，选择拟定义图块的图形对象。另外，还可以选择创建图块后，对原图形对象采取保留、转换为块、删除等操作，如图 6-2 所示。

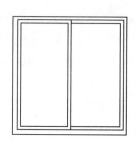

图 6-1　立面窗

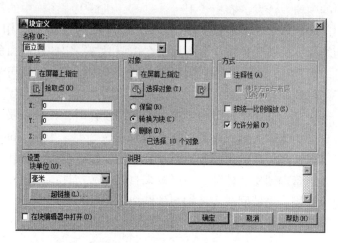

图 6-2　"块定义"对话框

"块定义"对话框中各选项的作用如下。

- "名称"：该下拉列表框用于对要创建的图块进行命名。
- "基点"：用于指定图块的基点。单击"拾取点"按钮，将会返回到绘图区域中指定基点，也可以直接在下面的 X、Y 和 Z 三个文本框中输入基点的坐标值。
- "对象"：单击"选择对象"按钮，将会返回到绘图区域中选择要创建为图块的对象。
- "块单位"：用于指定通过设计中心拖放图块到绘图区中时的缩放单位。
- "按统一比例缩放"：勾选该复选框，则缩放图块时将保持各个方向上的比例不变。
- "允许分解"：该复选框常默认为勾选状态，表示创建的图块允许被分解。
- "说明"：该文本框用于输入图块的说明文字。

6.1.2　创建用作块的图形文件

为弥补内部图块不能在其他文件中使用的不足，系统提供了"WBlock"命令，它可以定义图块并将其作为一个独立的图形文件存盘。

1. 功能

使用"WBlock"命令定义的图块保存在其所属的图形当中，该图块只能在该图形中插入。用户可以创建单独的图形文件，用于作为图块插入到其他图形中。作为块定义源，单个图形文件比较容易创建和管理，可以作为块插入到任何其他图形文件中。尤其对于那些在设计中需多次用到的行业标准图形，在调用图块时仅需改变其比例和旋转一定的角度即可。

2. 命令调用

用户可采用以下操作方法调用该命令。

在命令行中输入"Wblock"，按〈Enter〉键执行。

3. 命令操作

下面通过一个简单的实例来介绍如何"创建用作块的图形文件"，具体的操作步骤如下。

1）新建一个图形文件，利用基本绘图工具，绘制"螺栓"示意图，如图6-3所示。

2）在命令行中输入"Wblock"，执行"写块"命令，程序将会弹出"写块"对话框，在"源"选项组中选择"对象"选项。

3）单击"选择对象"按钮，将会返回到绘图区域中，可选择要创建为块的图形对象，按〈Enter〉键结束。

4）在"基点"选项组，可使用坐标输入或拾取点两种方法定义基点位置，即对象插入点的位置。

5）在"目标"选项组，可输入新图形的文件名称和路径，或单击"浏览"按钮▦，显示标准的文件选择对话框，将图形进行保存，如图6-4所示。

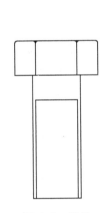

图6-3　螺栓

图6-4　"写块"对话框

"写块"对话框与"块定义"对话框有两处不同，一个是"源"选项组，它是指作为写块对象的图形来源可以是现有块，从列表中选取，可以是当前的整个图形，也可以是整个图形中的某一部分；另一个是"目标"选项组，用来指定文件的新名称和新位置以及插入块时所用的测量单位。

6.1.3　插入图块

1. 功能

完成图块的定义后，便可以在绘制工程图时根据需要多次插入已经创建的图块。在插入图块时，需指定位置、缩放比例和旋转角度。该命令由于参照了存储在当前图形中的块定义，将创建一个称作块参照的对象。

2. 命令调用

用户可采用以下操作方法之一调用该命令。

- 在菜单栏选择"插入"→"块"命令。
- 在功能区单击"插入"选项卡→"块"面板→"插入块"按钮 。
- 在命令行输入"Insert",按〈Enter〉键执行。

3. 命令操作

(1) 单独插入图块

下面通过一个简单的实例来介绍"插入图块"的应用。具体的操作步骤如下.

1) 在命令行输入"Insert",按〈Enter〉键执行。在弹出的"插入"对话框中选择已创建的名为"窗立面"的图块,如图6-5所示。

2) 单击"确定"按钮,在矩形中的适当位置单击鼠标左键以确定图块的插入位置,结果如图6-6所示。

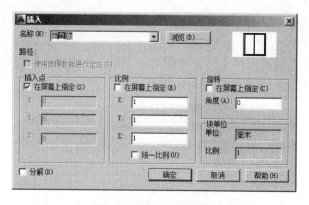

图6-5 "插入"对话框

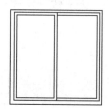

图6-6 插入图块

(2) 多重插入图块

该命令能实现按矩形阵列方式插入图块,其操作过程类似于阵列命令。多重插入的图块只能当作一个整体来处理,而不能用 Explode 命令分解。执行该命令,命令行提示如下。

```
命令:_Minsert（执行多重插入图块命令）
输入块名或［?］<窗立面>:↙（输入要插入的图块名称）
单位:毫米　转换:　1.0000
指定插入点或［基点(B)/比例(S)/X/Y/Z/旋转(R)］:（指定一点作为图块的插入点）
输入 X 比例因子,指定对角点,或［角点(C)/XYZ(XYZ)］<1>:↙（确定图块插入的比例系数）
输入 Y 比例因子或 <使用 X 比例因子>:↙（确定 Y 轴方向的比例系数）
指定旋转角度 <0>:0（确定图块插入时的旋转角度）
输入行数（---）<1>:3（输入矩形阵列行数）
输入列数（|||）<1>:3（输入矩形阵列列数）
输入行间距或指定单位单元（---）:1200（确定行间距）
指定列间距（|||）:1200（确定列间距）
```

按〈Enter〉键完成命令操作,结果如图6-7所示。

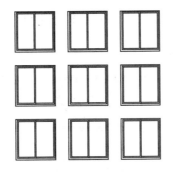

图 6-7　多重插入图块

6.1.4　图块的在位编辑

1. 功能

如果对已经创建的图块不满意，或要对原有图块中的图形对象进行编辑，可以使用 AutoCAD 2014 提供的"在位编辑"工具来实现。所谓在位编辑，就是在原有图形的位置上对包含在图块内的对象进行编辑，而不必将图块分解。

2. 命令调用

用户可采用以下操作方法之一调用该命令。

- 选择要编辑的图块，右击，在弹出的快捷菜单中选择"在位编辑块"命令。
- 在命令行输入"Refedit"，按〈Enter〉键执行。

3. 命令操作

下面通过一个简单的实例来介绍"图块在位编辑"的应用。具体的操作步骤如下。

1）利用如图 6-6 所示的插入"窗立面"的图形，右击立面窗，在弹出的快捷菜单中选择"在位编辑块"命令，程序将会弹出"参照编辑"对话框，如图 6-8 所示。

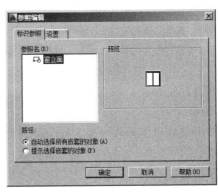

图 6-8　"参照编辑"对话框

2）在"参照编辑"对话框中选择要编辑的图块"窗立面"，单击"确定"按钮，程序将会返回到绘图窗口，并且只显示当前所选择的图块，如图 6-9 所示。

3）用户可以利用图形编辑命令，对该图形进行编辑，也可以在当前图块中添加新的图形对象。例如为"窗立面"添加窗台、玻璃示意线等。

4）在功能区单击"编辑参照"面板→"保存修改"按钮，完成图块的在位编辑。此时，在当前图形中与该图块名称一样的图块将自动更新为修改后的图形样式，结果如图 6-10 所示。

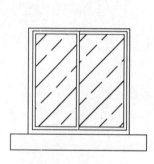

图 6-9　编辑窗立面

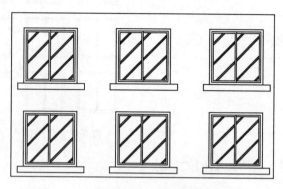

图 6-10　图块在位编辑

6.2　图块的属性

图块的属性是附属于图块的非图形信息，包含用户所需要的各种信息。属性中可能包含的数据包括编号、尺寸、价格、注释等。图块的属性为单行文字属性。用户也可以创建多行文字属性以存储数据，从图形中提取的属性信息可用于电子表格或数据库。附着属性的图块常用于形式相同，而文字内容需要变化的情况，如建筑工程图中的轴线符号、门窗编号、标高符号，机械工程图中的粗糙度符号等，用户可以将它们创建为带有属性的图块，使用时可根据需要指定文字内容。

6.2.1　定义属性

1. 功能

要创建属性，首先要创建包含属性特征的属性定义。特征包括标记（标识属性的名称）、插入块时显示的提示、值的信息、文字格式、块中的位置和所有可选模式（不可见、常数、验证、预设、锁定位置和多行）。如果计划提取属性信息在列表中使用，需要保留所创建的属性标记列表。

2. 命令调用

用户可采用以下操作方法之一调用该命令。

- 在菜单栏选择"绘图"→"块"→"定义属性"命令。
- 在功能区单击"默认"选项卡→"块"面板→"定义属性"按钮 。
- 在功能区单击"插入"选项卡→"属性"面板→"定义属性"按钮 。
- 在命令行输入"Attdef"，按〈Enter〉键执行。

3. 命令操作

下面通过一个简单的实例来介绍"定义属性"命令的应用。具体的操作步骤如下。

1）新建一个图形文件，利用绘图命令绘制一个"门平面"示意图，如图 6-11 所示。

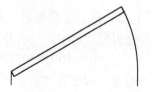

图 6-11　门平面

154

2）在功能区单击"默认"选项卡→"块"面板→"定义属性"按钮 ，打开"属性定义"对话框。在"标记"文本框中输入"门编号"，在"提示"文本框中输入"请输入门编号"，在"默认"文本框中输入"M-1"，将"对正"选为"居中"，"文字样式"选为新建的文字样式"文字标注"，"文字高度"设为"25"，如图6-12所示。完成后单击"确定"按钮退出，单击指定窗编号属性的放置位置，结果如图6-13所示。

图6-12　"属性定义"对话框

门编号

图6-13　定义图块属性

3）在功能区单击"默认"选项卡→"块"面板→"创建块"按钮，在弹出的"块定义"对话框中进行设置。在"名称"文本框中输入"门平面"，单击"拾取点"按钮，将平面窗图形的左下角点指定为基点，单击"选择对象"按钮，将平面窗图形与其属性全部选中，如图6-14所示。

4）完成块定义的设置，单击"确定"按钮，将会弹出"编辑属性"对话框，并列出所添加的属性内容，如图6-15所示，单击"确定"按钮完成图块属性的定义。

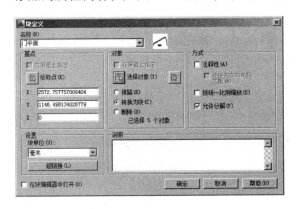

图6-14　创建属性块

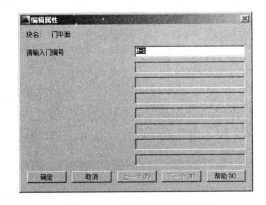

图6-15　"编辑属性"对话框

5）在功能区单击"默认"选项卡→"块"面板→"插入块"按钮，系统将会弹出"插入"对话框，选择名为"门平面"的图块，并单击"确定"按钮，在图形的适当位置单击以确定"门平面"的插入位置，此时，程序将会提示"请输入门编号"，输入需要标注的门平面编号即可将附着属性的图块插入到图形当中，结果如图6-16所示。

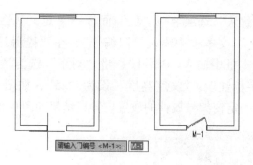

图 6-16　插入属性块

6.2.2　编辑属性

1. 功能

当块定义中包含属性定义时，属性将会作为一种特殊的文本对象一起插入到图形中。用户可以利用 AutoCAD 2014 提供的"增强属性编辑器"对附着到图块的属性进行编辑。

2. 命令调用

用户可采用以下操作方法之一调用该命令。

● 在功能区单击"默认"选项卡→"块"面板→"编辑属性"按钮。

● 在功能区单击"插入"选项卡→"属性"面板→"编辑属性"按钮。

● 在绘图区域直接双击附着有属性的图块对象。

● 在命令行输入"Eattedit"，按〈Enter〉键执行。

3. 命令操作

执行该命令，程序将会弹出"增强属性编辑器"对话框，如图 6-17 所示。其中列出了所选定图块中的属性并显示每个属性的特性，用户可以方便地对其属性特性和属性值进行编辑。更改现有块参照的属性特性不会影响指定给这些图块的值。

在"增强属性编辑器"中包含有"属性""文字选项"和"特性" 3 个选项卡，其作用介绍如下。

"属性"选项卡：显示了指定给每个属性的标记、提示和值，用户可以根据需要更改选定图块的属性值，如图 6-17 所示。

"文字选项"选项卡：在该选项卡中，用户可以设置用于定义属性文字在图形中的显示方式的特性，如图 6-18 所示。

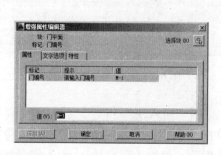

图 6-17　"增强属性编辑器"对话框

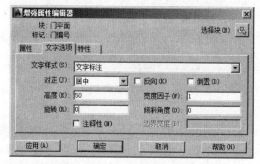

图 6-18　"文字选项"选项卡

"特性"选项卡：在该选项卡中，用户可以定义属性所在的图层以及属性文字的线宽、线型和颜色。如果图形使用打印样式，还可以使用"特性"选项卡为属性指定打印样式，如图 6-19 所示。

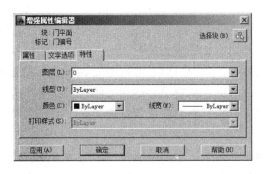

图 6-19　"特性"选项卡

6.2.3　管理图块属性

1. 功能

使用该功能，可以编辑已经附着到块和插入图形的全部属性的值及其他特性。在定义附着多个属性的图块时，选择属性的顺序决定了在插入图块时提示属性信息的顺序。用户可以使用属性管理器更改属性值的提示顺序，还可以从块定义和当前图形中现有的块参照中删除属性。需要注意的是，不能从块中删除所有属性，必须至少保留一个属性，否则需要重新定义块。使用对块定义所做的更改，可以在当前图形的所有块参照中更新属性。

2. 命令调用

用户可采用以下操作方法之一调用该命令。

- 在功能区单击"默认"选项卡→"块"面板→"管理属性"按钮 。
- 在功能区单击"插入"选项卡→"属性"面板→"管理属性"按钮。
- 在命令行输入"Battman"，按〈Enter〉键执行。

3. 命令操作

执行该命令，系统将会弹出"块属性管理器"对话框，如图 6-20 所示。用户可以在"块"列表中选择一个块，或者单击"选择块"按钮 ，并在绘图区域中选择一个属性块进行编辑。在属性列表中双击要编辑的属性，或者选择该属性并单击"编辑"按钮，将会弹出"增强属性编辑器"对话框，其中有"属性""文字选项"和"特性"3 个选项卡，如图 6-21 所示，用户可以在此对属性进行修改。

图 6-20　"块属性管理器"对话框

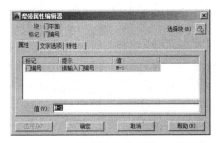

图 6-21　"增强属性编辑器"对话框

如果在"块属性管理器"对话框中选定的图块附着有多个属性，在其属性列表中将会依次列出。用户可以在属性列表中选中某个属性，更改该属性值的提示顺序。

6.3　动态图块

动态图块就是将一系列内容相同或相近的图形，通过块编辑器将图形创建为块，并为图块设置具有参数化的动态特性，用户可以通过自定义夹点或自定义特性来编辑动态块。动态块参照并非是图形的固定部分，它具有灵活性和智能性。在操作时可以轻松地更改图形中的动态块参照，这使得用户可以根据需要在位调整块参照，而不用搜索另一个块以插入或重定义现有的块。

要创建动态图块必须至少包含一个参数以及一个与该参数相关联的动作，可以通过给已创建的图块添加动态参数和动作来创建动态图块。例如，在绘制建筑平面图时，需要插入大量尺寸不同的单开门或双开门，此时，可以利用"动态块"功能创建一个单开门或双开门块参照并插入到图形当中。在编辑图形时即可根据需要更改单开门或双开门的大小，用户只需拖动动态块的自定义夹点或在"特性"选项板中指定不同的尺寸就可以方便地修改动态块的大小。

6.3.1　块编辑器

1. 功能

"块编辑器"是专门用于创建块定义并添加动态行为的编写区域。用户可以通过"块编辑器"快速访问块编写工具，"块编辑器"包含一个独立的绘图区域。在该区域中，用户可以利用常规命令来绘制和编辑几何图形。

2. 命令调用

用户可采用以下操作方法之一调用该命令。

● 在菜单栏选择"工具"→"块编辑器"命令。

● 在功能区"默认"单击选项卡→"块"面板→"编辑"按钮 编辑 。

● 在功能区"插入"单击选项卡→"块"面板→"块编辑器"按钮 。

● 在命令行输入"Bedit"，按〈Enter〉键执行。

3. 命令操作

执行该命令后，程序将会弹出"编辑块定义"对话框，如图 6-22 所示。

用户可以在"编辑块定义"对话框中选定要创建或编辑的图块，然后单击"确定"按钮，程序将会切换为"块编辑器"工作界面，在"块编辑器"工作界面中提供了添加约束、参数、动作、定义属性、关闭块编辑器、管理可见性状态、保存块定义等功能，如图 6-23 所示。

在"块编辑器"工作界面中，用户可以使用程序提供的"上下文选项卡"或"块编辑器"来编辑图块的动态行为，也可以将动态行为添加到当前图形现有的块定义中，还可以使用"块编辑器"创建新的块定义。AutoCAD 2014

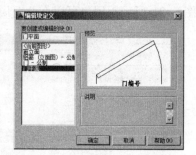

图 6-22　"编辑块定义"对话框

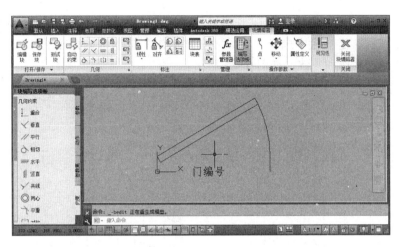

图 6-23 "块编辑器"工作界面

在功能区的上下文选项卡和工具栏中，提供了以下操作工具。

- "约束"：可以为对象添加几何约束和约束参数。几何约束确定二维几何对象之间或对象上的每个点之间的关系。约束参数会使几何对象之间或对象上的点之间保持指定的距离和角度。

- "参数"：约束参数包含参数信息，可以为块参照显示或编辑参数值，但只能在块编辑器中创建约束参数。

- "动作"：动作定义了在图形中操作动态块参照时，该块参照中的几何图形将如何移动或更改。通常情况下，向动态块定义中添加动作后，必须将该动作与参数、参数上的关键点以及几何图形相关联。

- "属性定义"：通过属性定义可以将数据附着到块上的标签或标记。动态块的属性定义与前面所讲的图块属性的使用是一样的。

- "关闭块编辑器"：使用该工具可以关闭快编辑器并返回到绘图界面。

- "可见性"：可以创建、设置或删除动态块中的可见性状态。

- "保存块"：用以保存对当前块定义所做的更改。

6.3.2 参数与动作

1. 功能

在"块编辑器"工作界面中，用户可以通过功能区或"块编写"选项板提供的工具，为图块添加参数和动作，来创建图块的动态行为。

2. 命令调用

用户可采用以下操作方法之一调用该命令。

- 在功能区单击"默认"选项卡→"块"面板→"编辑"按钮，在弹出的"编辑块定义"对话框中选择要创建或编辑的图块，程序将会切换至"块编辑器"界面。在功能区单击"块编辑器"选项卡→"操作参数"面板→"点"和"移动"下拉列表内列出的相应工具，即可为块定义添加动作和参数，如图6-24所示。

- 在功能区单击"默认"选项卡→"块"面板→"编辑"按钮 编辑，在弹出的"编辑块定义"对话框中选择要创建或编辑的图块，程序将会切换至"块编辑器"界面，在"块编写"选项板中选择"参数"和"动作"选项卡内列出的相应工具，即可为块定义添加动作和参数，如图 6-25 所示。

图 6-24 "点"和"移动"下拉列表

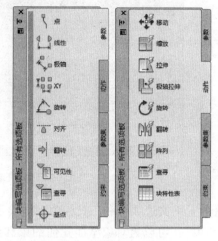

图 6-25 "块编写"选项板

在 AutoCAD 2014 的"块编写"选项板中提供的"参数"选项卡，是用于向块编辑器中的动态块定义对象添加参数的工具。参数用于指定几何图形在块参照中的位置、距离和角度等。在块编辑器中参数的外观类似于标注，动态块的相关动作完全是依据参数进行的，可以为同一个图块添加多个参数。将参数添加到动态块定义中时，该参数将定义块的一个或多个自定义特性。程序提供的动态块参数类型有点、线性、极轴、旋转、对齐、翻转等，详细介绍如下。

- "点"：该参数用于向动态块定义中添加点参数，并定义块参照的自定义 X 和 Y 特性。点参数定义图形中的 X 和 Y 位置。在块编辑器中，点参数类似于一个坐标标注。
- "线性"：该参数用于向动态块定义中添加线性参数，并定义块参照的自定义距离特性。线性参数显示两个目标点之间的距离。线性参数限制沿预设角度进行的夹点移动。在块编辑器中，线性参数类似于对齐标注。
- "极轴"：该参数用于向动态块定义中添加极轴参数，并定义块参照的自定义距离和角度特性。极轴参数显示两个目标点之间的距离和角度值。用户可以使用夹点和"特性"选项板来共同更改距离值和角度值。在块编辑器中，极轴参数类似于对齐标注。
- "XY"：该参数用于向动态块定义中添加 XY 参数，并定义块参照的自定义水平距离和垂直距离特性。XY 参数显示距参数基点的 X 距离和 Y 距离。在块编辑器中，XY 参数显示为一对标注（水平标注和垂直标注）。这一对标注共享一个公共基点。
- "旋转"：该参数用于向动态块定义中添加旋转参数，并定义块参照的自定义角度特性。旋转参数用于定义角度。在块编辑器中，旋转参数显示为一个圆。
- "对齐"：该参数用于向动态块定义中添加对齐参数，对齐参数定义 X、Y 位置和角度。对齐参数总是应用于整个块，并且无须与任何动作相关联。对齐参数允许块参照自动围绕一个点旋转，以便与图形中的其他对象对齐。对齐参数影响块参照的角度特性。在块编辑器中，对齐参数类似于对齐线。

- "翻转"：该参数用于向动态块定义中添加翻转参数，并定义块参照的自定义翻转特性。翻转参数用于翻转对象。在块编辑器中，翻转参数显示为投影线，可以围绕这条投影线翻转对象。翻转参数将显示一个值，该值显示块参照是否已被翻转。

在 AutoCAD 2014 的"块编写"选项板中提供的动态块的"动作"选项卡提供用于向块编辑器中的动态块定义添加动作的工具。动作定义了在图形中操作块参照的自定义特性时，动态块参照的几何图形如何移动或变化。向动态块添加动作前，必须先添加与该动作相对应的参数，该动作与参数上的关键点和图形对象相关联。程序提供的动态块动作类型主要有移动、缩放、拉伸、极轴拉伸、旋转、翻转、阵列等，详细介绍如下。

- "移动"：该动作类似于"Move"命令。在动态块参照中，移动动作将使对象按照指定的距离和角度进行移动。移动动作在与点参数、线性参数、极轴参数或 XY 参数相关联时，将该动作添加到动态块定义中。

- "缩放"：该动作类似于"Scale"命令。比例缩放动作在与线性参数、极轴参数或 XY 参数相关联时，将该动作添加到动态块定义中。在动态块参照中，当通过移动夹点或使用"特性"选项板编辑关联的参数时，比例缩放动作将对选择集进行缩放。

- "拉伸"：拉伸动作在与点参数、线性参数、极轴参数或 XY 参数相关联时，将该动作添加到动态块定义中。拉伸动作将使对象按照指定的距离进行拉伸。

- "极轴拉伸"：极轴拉伸动作在与极轴参数相关联时，将该动作添加到动态块定义中。当通过夹点或"特性"选项板更改关联的极轴参数上的关键点时，极轴拉伸动作将使对象旋转、移动和拉伸指定的角度和距离。

- "旋转"：该动作类似于"Rotate"命令。旋转动作在与旋转参数相关联时，将该动作添加到动态块定义中。在动态块参照中，当通过夹点或"特性"选项板编辑相关联的参数时，旋转动作将使其相关联的对象进行旋转。

- "翻转"：翻转动作在与翻转参数相关联时，将该动作添加到动态块定义中。使用翻转动作可以围绕指定的轴翻转动态块参照。

- "阵列"：阵列动作在与线性参数、极轴参数或 XY 参数相关联时，将该动作添加到动态块定义中。通过夹点或"特性"选项板编辑关联的参数时，阵列动作将复制关联的对象并按矩形的方式进行阵列。

3. 操作示例

在绘制建筑平面图时，需要绘制大量的门、窗，以及沙发、床、餐桌等家具配景，为了方便在添加门、窗和家具配景时能够根据需要更改其大小、方向等效果，用户可以利用块编辑器为其添加动作和参数。具体的操作步骤如下。

1）新建一个图形文件，利用绘图命令绘制一个的"门平面"示意图。

2）在功能区单击"默认"选项卡→"块"面板→"创建图块"按钮，在弹出的"块定义"对话框中，将所绘制的"门平面"示意图创建为图块，并命名为"门平面"。

3）在功能区单击"默认"选项卡→"块"面板→"编辑"按钮，在弹出的"编辑块定义"对话框中选择"门平面"图块，单击"确定"按钮，进入"块编辑器"工作界面。

4）在"块编写"选项板中单击"参数"选项卡→"翻转"按钮 ，然后根据提示依次选取"平面窗"图块的左下角点和右下角点，指定投影线的基点和端点，为图块添加翻转参数"翻转状态1"，如图6-26所示。

5）在"块编写"选项板中单击"动作"选项卡→"翻转"按钮 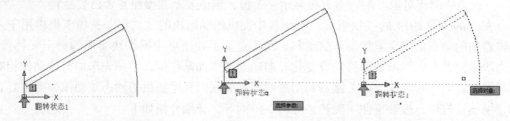，再单击"翻转状态 1"参数和选择要翻转的对象，操作过程如图 6-27 所示。

图 6-26 添加"翻转"参数   图 6-27 添加"翻转"动作

6）在功能区单击"打开/保存"面板→"保存块"按钮 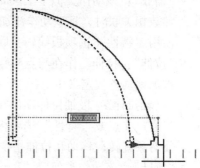，将前面所进行的设置保存，单击"关闭块编辑器"按钮，完成参数设置并退出到绘图界面。

7）在功能区单击"默认"选项卡→"块"面板→"插入块"按钮，在图形中插入名为"门平面"的图块，单击该图形对象以激活夹点状态，并选择右侧的夹点箭头，即可进行拉伸动作，结果如图 6-28 所示。

8）若要在水平墙段插入"门平面"动态块时，即可按照上述步骤进行操作，但在绘制建筑平面图时，不但有大量的水平墙段，还会有大量的竖直墙段及与水平墙段呈一定夹角的斜墙段。用户可以在"块编辑器"工作界面中，为"门平面"图块添加"旋转"参数 和"旋转"动作，如图 6-29 所示。

图 6-28 应用"翻转"动作

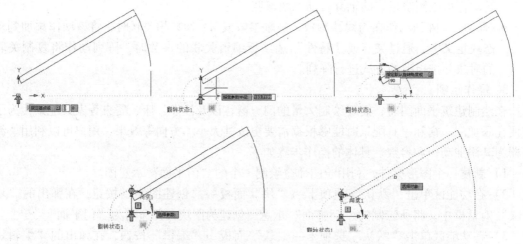

图 6-29 添加"旋转"参数和动作

9）执行"插入块"命令，在图形中插入名为"门平面"的图块，单击该图形对象以激活夹点状态，并选择旋转动作夹点，即可进行旋转动作，结果如图 6-30 所示。

162

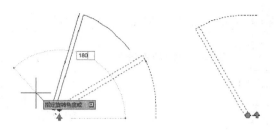

图 6-30 应用"旋转"动作

6.4 外部参照

使用外部参照功能，可以将整个图形文件作为参照图形附着到当前的图形中，通过外部参照，参照图形中所做的修改将反映在当前图形中。附着的外部参照链接至另一图形，并不是插入。因此，使用外部参照可以生成图形而不会显著增加图形文件的大小。

在实际的工程图设计与绘制过程中，使用参照图形的作用主要体现在以下几个方面。

1）通过在图形中参照其他的图形，可以与其他设计师所做的修改保持同步；也可以使用组成图形装配一个主图形，主图形将随工程的开发而被修改。

2）确保显示参照图形的最新版本。打开图形时，将自动重载每个参照图形，从而反映参照图形文件的最新状态。

3）不可以在图形中使用参照图形中已存在的图层名、标注样式、文字样式和其他命名元素。

4）当工程图完成并准备归档时，可以将附着的参照图形和当前图形永久绑定到一起。

6.4.1 附着外部参照

1. 功能

使用"附着外部参照"工具，可以将任意图形文件插入到当前图形中作为外部参照。将图形文件附着为外部参照时，可将该参照图形链接到当前图形。在打开或重新加载参照图形时，当前图形中将显示对该文件所做的所有更改。一个图形文件可以作为外部参照同时附着到多个图形中，反之，也可以将多个图形文件作为参照图形附着到单个图形。

2. 命令调用

用户可采用以下操作方法之一调用该命令。

● 在菜单栏选择"插入"→"DWG 参照"/"DWF 参照底图"/"DGN 参考底图"/"PDF 参考底图"/"光栅图像参照"命令，为图形添加相应参照。

● 在功能区单击"插入"选项卡→"参照"面板→"附着"按钮。

● 在工具栏单击"参照"→"附着外部参照"按钮。

● 在命令行输入"Xattach"，按〈Enter〉键执行。

3. 操作示例

执行该命令，程序将会弹出"选择参照文件"对话框。用户可以在该对话框中选择dwf、dgn、pdf、dwg 等不同格式的文件作为外部参照，如图 6-31 所示。

图 6-31　"选择参照文件"对话框

(1) 附着 DWG 参照

1) 通过"选择参照文件"对话框选择要附着的文件并单击"打开"按钮后,程序将会弹出"附着外部参照"对话框。用户可以在此为图形选择外部参照,还可以指定外部参照的类型是附着型还是覆盖型,以及参照图形的比例、插入点、路径类型、旋转角度、块单位等选项,如图 6-32 所示。

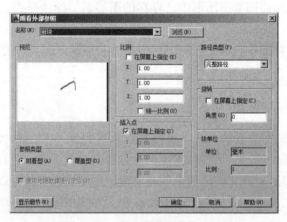

图 6-32　"附着外部参照"对话框

2) 完成以上设置,单击"确定"按钮即可完成"DWG 参照"的附着。此时,在功能区将会弹出"外部参照"选项卡,用户可以使用其中的"编辑""剪裁"和"选项"面板调整和剪裁外部参照对象,如图 6-33 所示。只有选中图形中的外部参照对象,才会显示"外部参照"选项卡。

图 6-33　"外部参照"选项卡

（2）附着 DWF 参照底图

DWF 格式的文件是一种从 DWG 文件创建的高度压缩的文件格式。该文件易于在 Web 上发布和查看，并支持实时平移和缩放，以及对图层显示和命名视图显示的控制。

（3）附着 DGN 参考底图

DGN 格式文件是 MicroStation 绘图软件生成的文件，该文件格式对精度、层数，以及文件和单元的大小并不限制，另外该文件中的数据都是经过快速优化、检验并压缩的，有利于节省网络带宽和存储空间。

（4）附着 PDF 参考底图

PDF 格式文件是一种通用的阅读格式，而且 PDF 文档的打印和普通的 Word 文档打印一样简单，所以图纸的存档和外发加工一般都使用 PDF 格式。

（5）附着光栅图像参照

使用光栅图像参照，可以将图像文件附着到当前的图形文件中，能够对当前图形进行辅助说明。

6.4.2 绑定外部参照

1. 功能

使用"绑定外部参照"工具，可以将指定的外部参照与原图形文件断开链接，并转换为块对象，成为当前图形的永久组成部分。将外部参照绑定到当前图形有绑定和插入两种方法，在插入外部参照时，绑定方式改变外部参照的定义表名称，而插入方式则不改变定义表名称。要绑定一个嵌套的外部参照，必须选择上一级外部参照。

2. 命令调用

用户可采用以下操作方法之一调用该命令。

● 在菜单栏选择"修改"→"对象"→"外部参照"→"绑定"命令。

● 在命令行输入"Xbind"，按〈Enter〉键执行。

3. 操作示例

执行该命令，程序将会弹出"外部参照绑定"对话框，用户可以在此添加或删除绑定对象，如图 6-34 所示。

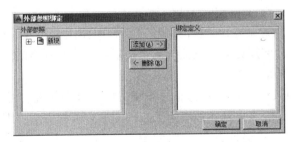

图 6-34 "外部参照绑定"对话框

6.4.3 管理外部参照

1. 功能

使用"外部参照"选项板，可以对图形中引用的外部参照进行组织、显示和管理。在该选项板中提供了打开、附着、卸载、重载、拆离、绑定等管理工具。

2. 命令调用

用户可采用以下操作方法之一调用该命令。

- 在菜单栏选择"插入"→"外部参照"命令。
- 选中外部参照对象，在功能区单击"外部参照"选项卡→"选项"面板→"外部参照"按钮。
- 在工具栏单击"参照"→"外部参照"→按钮。
- 在命令行输入"Externalreferences"，按〈Enter〉键执行。

3. 操作示例

执行该命令，程序将会弹出"外部参照"选项板，如图6-35所示。"外部参照"选项板包含若干按钮，分为两个窗格部分。上部的窗格称为"文件参照"窗格，以列表或树状结构的方式显示参照文件。下部的窗格称为"详细信息"窗格，显示了选定参照文件的详细信息，也可以选择显示预览效果。

图6-35 "外部参照"选项板

在"外部参照"选项板中，右击需要进行操作的外部参照，在弹出的快捷菜单中选择打开、附着、卸载、重载、拆离、绑定选项，即可对外部参照进行管理。

- "打开"：可在新建的窗口中打开选定的外部参照进行编辑。
- "附着"：可根据所选文件对象打开相应的对话框，在该对话框中选择需要插入到当前图形中的外部参照文件。
- "卸载"：可从当前图形中卸载外部参照，图形的打开速度将大大提高。卸载与拆离的作用不同，使用卸载命令并不删除外部参照的定义，而仅仅是取消外部参照的图形显示。
- "重载"：可以使用该选项随时更新外部参照的内容，以确保图形中显示最新版本。在打开图形时，所有的外部参照将会自动更新。在网络环境中，无论何时修改和保存外部参照图形，其他都可以通过在打开的图形中重载外部参照立即访问所做的修改。
- "拆离"：要从图形中彻底删除DWG参照（外部参照），需要拆离它们而不是删除。删除外部参照不会删除与其关联的图层定义，而使用"拆离"选项将删除外部参照和所有关联信息。使用该命令只能拆离直接附加或覆盖到当前图形中的外部参照，而不能拆离嵌套的外部参照。
- "绑定"：该选项只对具有绑定功能的参照文件有可操作性。可将外部参照文件转换为标准本地块定义。将外部参照绑定到当前图形有两种方法：绑定和插入。在插入外部参照时，绑定方式更改外部参照的定义表名称，而插入方式则不更改定义表名称。要绑定一个嵌套的外部参照，必须选择上一级外部参照。

图6-36 "绑定外部参照"对话框

执行该命令，程序将会弹出"绑定外部参照"对话框，如图6-36所示。

6.4.4 外部参照的编辑

1. 功能

用户可以直接打开参照图形对其进行编辑，或在当前图形中对外部参照进行在位编辑。编辑外部参照最简单、最直接的方法是在单独的窗口中打开参照的图形文件，这样可以访问该参照图形中的所有对象。

2. 命令调用

用户可采用以下操作方法之一调用该命令。

- 在"外部参照"选项板中的"文件参照"列表中选择一个或多个参照，并右击，在弹出的快捷菜单中选择"打开"命令。
- 选中要编辑的外部参照，在功能区单击"外部参照"选项板→"编辑"面板→"打开参照"按钮。
- 选中要编辑的外部参照，在功能区单击"外部参照"选项板→"编辑"面板→"在位编辑参照"按钮。
- 在功能区单击"插入"选项卡→"参照"面板→"编辑参照"按钮。
- 在命令行输入"Refedit"，按〈Enter〉键执行。

3. 操作示例

选中要编辑的外部参照，在功能区单击"外部参照"选项板→"编辑"面板→"在位编辑参照"按钮，程序将会弹出"参照编辑"对话框，用户可以在此选择要进行编辑的外部参照进行在位编辑，如图6-37所示。

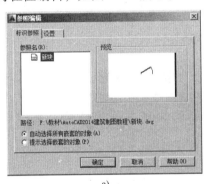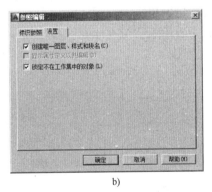

图6-37 "参照编辑"对话框

a) "标识参照"选项卡　b) "设置"选项卡

在"参照编辑"对话框中，可选择要进行编辑的参照，此时，如果另一个正在使用参照所在的图形文件，则不能进行在位编辑参照。如果选择的对象是一个或多个嵌套参照的一部分，则此嵌套参照将显示在对话框中。

6.5 设计中心

通过设计中心，用户可以组织对图形、图块、图案填充和其他图形内容的访问，可以将源图形中的任何内容拖动到当前图形中，也可以将图形、块和填充拖动到工具选项板上。源图形可以位于计算机、网络位置或网站上。另外，如果打开了多个图形，则可以通过设计中心在图形之间复制和粘贴其他内容（如图层定义、布局和文字样式）来简化绘图过程。

使用设计中心可以完成以下工作。

- 浏览计算机、网络驱动器和 Web 页上的图形内容。
- 在定义表中查看图形文件中命名对象（例如块和图层）的定义，然后将定义插入、附着、复制和粘贴到当前图形中。
- 更新（重定义）块定义。
- 创建指向默认图形、文件夹和 Internet 网址的快捷方式。
- 向图形中添加内容（例如外部参照、块和填充）。
- 在新窗口中打开图形文件。
- 将图形、块和填充拖动到工具选项板上以便于访问。

6.5.1 打开设计中心

1. 功能

该命令用于打开"设计中心"选项板。

2. 命令调用

用户可采用以下操作方法之一调用该命令。

- 在菜单栏选择"工具"→"选项板"→"设计中心"命令。
- 在功能区的单击"视图"选项卡→"选项板"面板→"设计中心"按钮。
- 在命令行输入"Adcenter"，按〈Enter〉键执行。

3. 操作示例

执行该命令，即可打开"设计中心"选项板，如图 6-38 所示。

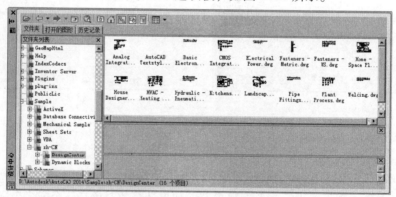

图 6-38 "设计中心"选项板

6.5.2 查看图形信息

1. 功能

在 AutoCAD 2014 的"设计中心"选项板中提供了一组工具按钮和选项卡，用户可以通过它们选择和观察设计中心的图形。

2. 操作示例

"设计中心"选项板的左边区域为树状文件列表，用于显示计算机和网络驱动器上的文件与文件夹的层次结构、所打开图形的列表、自定义内容以及上次访问过的位置的历史记录。设计中心窗口包含有"文件夹""打开的图形"和"历史记录"3个选项卡，各选项卡的用途及使用方法如下。

"文件夹"选项卡：用于显示设计中心的内容。用户可以将设计中心显示的内容设置为本地计算机的资源，也可以是网上邻居的内容。

"打开的图形"选项卡：用于显示当前打开的所有图形。单击某个图形文件的图标，就可以在右侧的窗口中查看图形的相关信息，如标注样式、表格样式、布局、多重引线样式、文字样式、块和图层等，如图6-39所示。

图6-39 "打开的图形"选项卡

"历史记录"选项卡：用于显示最近在设计中心打开的文件列表，其中包括文件的完整路径。如果要将文件从"历史记录"列表中删除，则在该文件上右击，在弹出的快捷菜单中选择"删除"命令即可，如图6-40所示。

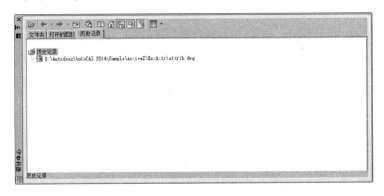

图6-40 "历史记录"选项卡

6.5.3 使用设计中心插入对象

1. 功能

使用AutoCAD 2014提供的设计中心，可以方便地使用拖曳的方法在当前图形中插入块、引用光栅图形以及外部参照，在图形之间复制块、图层、线型、文字样式、标注样式以及定义的内容等。

2. 操作示例

（1）插入块

1）在菜单栏选择"工具"→"选项板"→"设计中心"命令，打开"设计中心"选项板。

2）在"设计中心"选项板的"文件夹"选项卡中选择需要的图形文件，在"设计中心"选项板的内容区域选择需要插入的块，如图6-41所示。

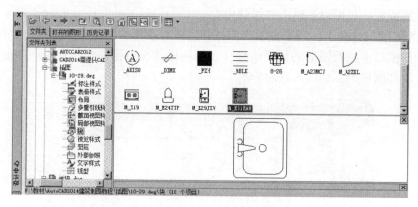

图6-41　选择块对象

3）双击需要插入的块，程序将会弹出"插入"对话框，如图6-42所示。

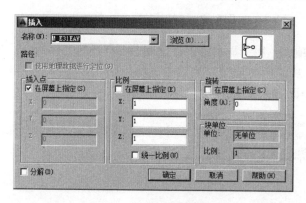

图6-42　"插入"对话框

（2）在图形中进行复制操作

用户可以使用"设计中心"选项板将图形文件中指定的图层、线型、文字样式、标注样式、布局和块等内容复制到当前图形文件中，这样既方便又快捷还可保持图形的一致性。

1）在菜单栏选择"工具"→"选项板"→"设计中心"命令，打开"设计中心"选项板。

2）在"设计中心"选项板的"文件夹"选项卡中，选择要进行复制操作的图形文件，此时将会显示该图形中的内容列表。例如，可以在内容列表中选择"图层"，在"设计中心"的内容区域将会显示出该图形文件中所有的图层信息，可以在此选择所要复制的图层，如图6-43所示。

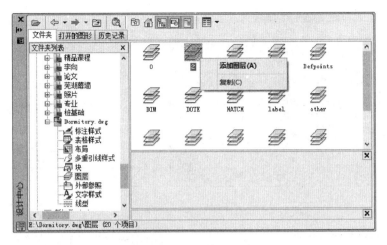

图 6-43 选择复制对象

3）右击所要复制的图层对象，在弹出的快捷菜单中选择"添加图层"或"复制"命令，也可以直接用鼠标拖曳，即可将源图形中的图层信息复制到当前图形文件中。若要从源图形文件中复制标注样式、表格样式、布局、多重引线样式、文字样式到当前图形文件中，其操作方法与复制图层内容相同。

6.6 实训

6.6.1 图块属性应用

1. 实训要求

运用本章所学内容，创建"标高"符号图块，并添加图块属性。

2. 实训指导

1）打开 AutoCAD 2014 中文版，新建图形文件，将工作空间设为"草图与注释"。

2）运用所学的基本绘图命令，绘制如图 6-44 所示的标高符号。

图 6-44 绘制"标高"符号

3）在功能区单击"默认"选项卡→"块"面板→"定义属性"按钮，打开"属性定义"对话框。在"标记"文本框中输入"标高值"，在"提示"文本框中输入"请输入标高值"，在"默认"文本框中输入"±0.000"，将"对正"选为"居中"，将"文字高度"设为150。完成后单击"确定"按钮，用光标指定标高属性的放置位置，结果如图 6-45 所示。

4）在功能区单击"默认"选项卡→"块"面板→"创建"按钮，在弹出的"块定义"对话框中，输入"标高符号"作为图块名称，拾取图形底部端点作为图块的基点，并在选择对象时，将标高符号与其属性全部选中，如图 6-46 所示。

5）块定义设置完成后，单击"确定"按钮，程序将会弹出"编辑属性"对话框，并显示前面所添加的属性内容，单击"确定"按钮完成图块属性的编辑，如图 6-47 所示。

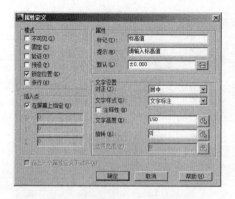
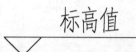

图 6-45 定义属性

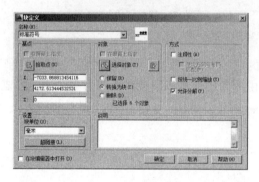

图 6-46 创建图块

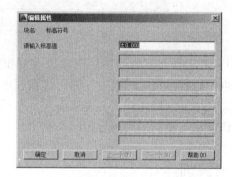

图 6-47 编辑属性

6）在功能区单击"默认"选项卡→"块"面板→"插入"按钮，在弹出的"插入"对话框中，选择已创建的"标高符号"图块，并单击"确定"按钮，在图形中插入该图块。在插入图块时，首先应确定其插入点，当在适当位置单击指定插入点后，将会出现动态提示"请输入标高值"，可以在动态提示窗口中输入相应的数值，以完成标高符号图块的插入。

7）若需要修改标高值或样式，用户可以双击标高符号，程序将会弹出"增强属性编辑器"对话框，可以对标高符号的数值和文字选项进行编辑，如图 6-48 所示。

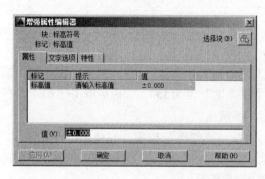
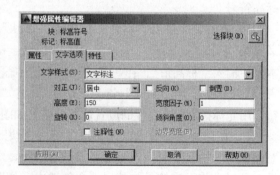

图 6-48 编辑图块属性

8）完成上述操作，将文件保存至"D:\AutoCAD 2014 第 6 章实训"文件夹中，文件名为"图块属性应用"。

6.6.2　动态块应用

1. 实训要求

运用本章所学内容，创建"子母门"图块，并为其添加动作，创建为动态图块。

2. 实训指导

1）打开 AutoCAD 2014 中文版，新建图形文件，将工作空间设为"草图与注释"。

2）利用直线、多段线、圆弧、矩形等工具，绘制"子母门"示意图，门的宽度为 800 + 400，如图 6-49 所示。

3）在功能区单击"默认"选项卡→"块"面板→"创建"按钮，在弹出的"块定义"对话框中，将图块名称命名为"子母门"，拾取图形左上角点作为图块的基点，如图 6-50 所示。

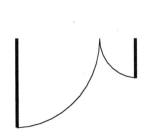

图 6-49　绘制"子母门"　　　　　　图 6-50　创建"子母门"图块

4）在功能区单击"默认"选项卡→"块"面板→"编辑"按钮，在弹出的"编辑块定义"对话框中选择"子母双开门"图块，并单击"确定"按钮，进入"块编辑器"工作界面，如图 6-51 所示。

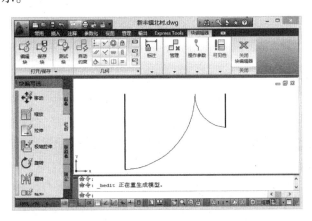

图 6-51　块编辑器

5）在"块编写"选项板中单击"参数"选项卡→"线性"参数按钮，然后选择"子母门"宽度的起点和端点，为图块添加线型参数"距离 1"。右击"距离 1"参数，在弹出的快捷菜单中将该参数的夹点设为 1 个，结果如图 6-52 所示。

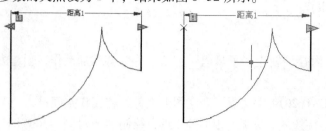

图 6-52　添加"线性"参数

6）选择"距离"参数，右击，在弹出的快捷菜单中选择"特性"命令，在弹出的"特性"选项卡中，将"值集"面板中的"距离类型"设为"增量"，"距离增量"设为"100"，"最小距离"设为"800"，"最大距离"设为"1200"，结果如图 6-53 所示。

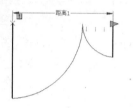

图 6-53　修改"线性"参数特性

7）在"块编写"选项板中单击"动作"选项卡→"缩放"按钮，将"距离"参数作为与动作关联的参数，并选择要进行缩放的图形对象，如图 6-54 所示。

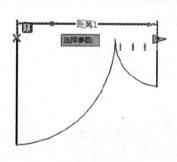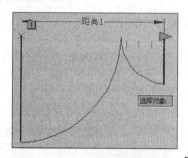

图 6-54　添加"缩放"动作

8）在"块编写"选项板中单击"参数"选项卡→"翻转"参数按钮 ⇨ 翻转，根据提示指定"子母门"的左上角和右上角作为翻转投影线的基点和端点，并指定参数标签的放置位置，如图 6-55 所示。

9）在"块编写"选项板中单击"动作"选项卡→"翻转"按钮，将"翻转"参数作为与动作关联的参数，并选择要进行翻转的图形对象，如图 6-56 所示。

10）在功能区单击"块编辑器"选项卡→"打开/保存"面板→"保存块"按钮，将前面的动态块设置进行保存，并单击"关闭块编辑器"按钮，完成设置并退到绘图界面。

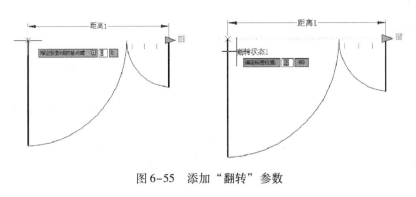

图 6-55　添加"翻转"参数

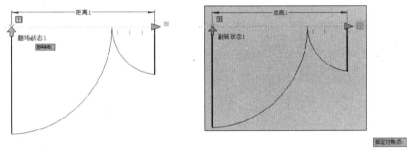

图 6-56　添加"翻转"动作

11）在功能区单击"默认"选项卡→"块"面板→"插入块"按钮，在图形中插入名为"子母门"的图块，并选择该图块以激活夹点状态，分别选择图形中的缩放、翻转动作夹点，即可进行相应的动态块操作，结果如图 6-57 所示。

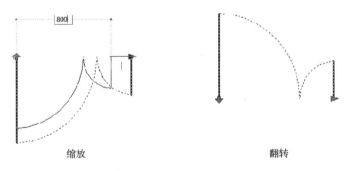

缩放　　　　　　　　　　　　翻转

图 6-57　插入动态块

12）完成上述操作，将文件保存至"D:\AutoCAD 2014 第 6 章实训"文件夹中，文件名为"动态块应用"。

6.7　思考与练习

1）在绘制工程图时，使用图块有什么作用？

2）如何定义图块的属性？举例说明图块属性的作用。

3）简述动态图块的作用。AutoCAD 2014 中提供了哪些动态参数和动作？如何为图块添加动作和参数？

4）AutoCAD 2014 提供的设计中心作用是什么？具备哪些功能？

5）根据本章所学内容，完成如图 6-58 所示的房间平面图绘制。为图中的门、窗、标高符号图块添加属性，并为图块"门"添加缩放、翻转参数和动作，为图块"窗"添加拉伸、旋转参数和动作。

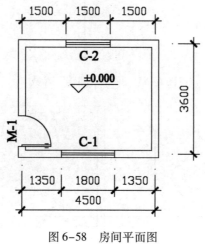

图 6-58　房间平面图

第 7 章 图 形 输 出

完成图形的绘制后，用户可以使用图形查询功能快速查看图形对象的数据信息。为便于查看、对比和参照，通常要对绘制好的图形进行布局设置、打印输出或网上发布。在 Auto-CAD 中有两种不同的工作环境，分别为模型空间和图纸空间。用户可以在模型空间进行图形绘制以及打印出图，也可以使用图纸空间进行打印出图，也可以通过页面设置为图形文档指定相关的输出设置和选项，并将命名的页面设置应用到图纸空间布局。

为快速有效地共享设计信息，AutoCAD 2014 强化了 Internet 功能，使其与互联网相关的操作更加方便、高效。在 AutoCAD 2014 中，用户不仅可以将绘制好的图形文档打印出图，还可以将其他应用程序中的数据传送给 AutoCAD，或者把 AutoCAD 的图形信息输出给其他应用程序。如可以使用 DWF、DWFx、DXF、PDF 和 Windows 图元文件等多种格式，将 AutoCAD 图形文档输出或打印出图。

7.1 模型空间和图纸空间

在 AutoCAD 中提供有两种工作空间，分别为模型空间和图纸空间。通常情况下，用户可以在模型空间以 1:1 的比例进行图形绘制，并可以在模型空间打印出图。用户可以根据设计需要创建多个布局来显示不同的视图，而且可以在布局中创建多个浮动视口，并对每个浮动视口中的视图设置不同的打印比例，也可以控制图层的可见性。图形的每个布局都代表一张单独的打印输出图纸。

7.1.1 模型空间与图纸空间的概念

模型空间是绘制图形和建模时所处的 AutoCAD 工作环境，是一个三维空间，设计者一般可以在模型空间完成其主要的设计构思，可以按照物体的实际尺寸绘制、编辑二维图形或三维图形，也可以进行三维实体建模。

图纸空间是设置和管理视图的 AutoCAD 工作环境，是一个二维空间。图纸空间的"图纸"与真实的图纸相对应。在模型空间完成图形的绘制后，进入图纸空间即可规划视图的位置、大小、生成图框和标题栏等。

布局与图纸空间相对应，一个布局就是一张图纸。在布局上可以创建和定位视口、对图形文档进行排版，在一个图形文件中可以创建多个布局，一个布局可以包含一个或多个视口，可以设置在每个视口中显示不同区域和不同比例的图形。

7.1.2 模型空间与图纸空间的切换

1. 功能

通过 AutoCAD 2014 提供的模型选项卡以及一个或多个布局选项卡，用户可以进行模型空间和布局的切换，也可以使用在状态栏上的"模型和图纸空间"按钮进行切换。

2. 命令操作

在绘图区域底部的"布局和模型"选项卡中，单击"模型"或"布局"按钮，即可切换不同的空间。

在"布局和模型"选项卡上右击，在弹出的快捷菜单中选择"隐藏布局和模型选项卡"命令，如图 7-1 所示，程序将会隐藏"布局和模型"选项卡。同时，在状态栏中出现"模型"和"布局"按钮，单击该按钮也可实现空间的切换。如果在该按钮上悬停鼠标并右击，在弹出的快捷菜单中选择"显示布局和模型选项卡"命令，即可调出"布局和模型"选项卡。

在 AutoCAD 2014 中还提供了"快速查看布局"和"快速查看图形"按钮，用户可以在程序界面下部的状态栏中右击，在弹出的快捷菜单中选择相应的命令使用。

在状态栏单击"快速查看布局"按钮，程序将会弹出"快速查看窗口"，在该窗口中可以快速查看当前打开的图形文档的模型空间和多个布局空间，并可通过单击进行空间的切换，如图 7-2 所示。

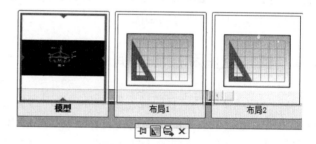

图 7-1 "布局和模型"选项卡快捷菜单　　　　　图 7-2　快速查看布局

在状态栏单击"快速查看图形"按钮，程序将会弹出"快速查看窗口"，该窗口中将会显示在 AutoCAD 2014 中当前打开的全部图形文档，用户可以快速查看打开文档的图纸空间，并可通过单击进行文档的切换，如图 7-3 所示。

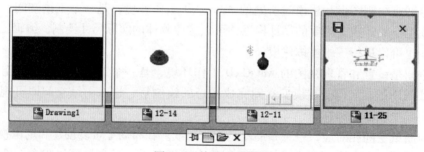

图 7-3　快速查看图形

7.2　创建布局

1. 功能

布局空间可以模拟图纸页面，提供直观的打印设置。用户可以在图形中创建多个布局以

178

显示不同的视图，每个布局可包含不同的打印比例和图纸尺寸等设置。在布局窗口显示的图形与图纸页面上打印出来的图形完全一致。

2. 命令调用

用户可采用以下操作方法之一调用该命令。通过"布局选项卡"创建一个新的布局。

- 在菜单栏选择"插入"→"布局"→"新建布局"命令。
- 在菜单栏选择"插入"→"布局"→"来自样板的布局"命令。
- 在菜单栏选择"插入"→"布局"→"创建布局向导"命令。
- 利用设计中心从已有的图形文件中或样板文件中把已建好的布局拖入到当前的图形文件中即可。

3. 命令操作

用户可以使用"创建布局向导"命令创建新的布局，具体的操作步骤如下。

1）在菜单栏选择"插入"→"布局"→"创建布局向导"命令，系统将弹出"创建布局 – 开始"对话框，用户可以为新布局命名。在窗口左侧列出了创建布局要进行的 8 个步骤，前面标有三角符号的是当前步骤，如图 7-3 所示。

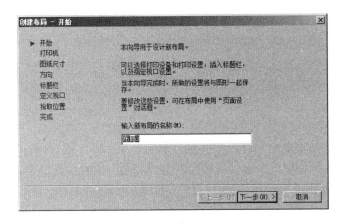

图 7-3 "创建布局 – 开始"对话框

2）单击"下一步"按钮，继续出现"创建布局 – 打印机"对话框。该对话框用于选择打印机，用户可以从列表中选择一种打印输出设备，如图 7-4 所示。

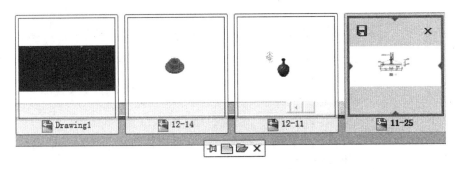

图 7-4 "创建布局 – 打印机"对话框

3）单击"下一步"按钮，将会出现"创建布局 – 图纸尺寸"对话框，用户可以在此选择打印图纸的大小并选择所用的单位。在下拉列表栏中列出了可用的各种格式的图纸，它是由选择的打印设备决定的，可以从中选择一种格式，也可以使用绘图仪配置编辑器添加自定义图纸尺寸。"图形单位"选项区用于控制图形单位，可以选择使用毫米、英寸或像素。如图 7-5 所示。

4）单击"下一步"按钮，出现"创建布局 – 方向"对话框，用户可以在此设置图形对象在图纸上的方向，如图 7-6 所示。

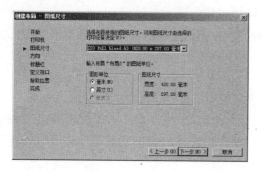

图 7-5　"创建布局 – 图纸尺寸"对话框　　　　图 7-6　"创建布局 – 方向"对话框

5）单击"下一步"按钮，将会出现"创建布局 – 标题栏"对话框，如图 7-7 所示。用户可以在此选择图纸的边框和标题栏的样式，在对话框右侧的预览框中可以显示所选样式的预览图像，在对话框下部的类型选项区中，还可以指定所选择的标题栏图形文件是作为块还是作为外部参照插入到当前图形中。

6）单击"下一步"按钮，出现"创建布局 – 定义视口"对话框，用户可以在此指定新创建的布局默认视口设置和比例等。当选择"阵列"选项时，则下面的 4 个文本框将会被激活，左边两个文本框分别用于输入视口的行数和列数，而右边两个文本框分别用于输入视口的行距和列距，如图 7-8 所示。

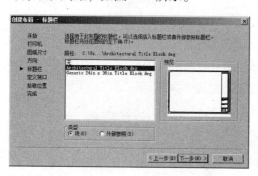

图 7-7　"创建布局 – 标题栏"对话框　　　　图 7-8　"创建布局 – 定义视口"对话框

7）单击"下一步"按钮，将会出现"创建布局 – 拾取位置"对话框，用户可以在此指定视口的大小和位置。单击"选择位置"按钮，系统将会暂时关闭该对话框返回到图形窗口，从中指定视口的大小和位置，如图 7-9 所示。

8）单击"下一步"按钮，程序将会弹出"创建布局 – 完成"对话框，如图 7 – 10 所示。

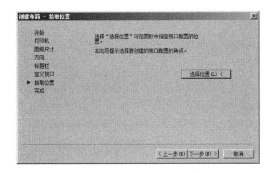
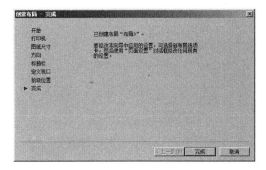

图7-9 "创建布局－拾取位置"对话框   图7-10 "创建布局－完成"对话框

7.3 页面设置

1. 功能

利用"页面设置"功能可以指定最终输出的格式和外观，可以修改这些设置并将其应用到其他布局中。在模型空间中完成图形绘制后，用户可以通过单击"布局"选项卡创建和切换布局。完成布局设置后就可以进行页面设置，包括打印设备设置和其他影响输出的外观和格式的设置。

在"页面设置"对话框中选择的打印机或绘图仪决定了布局的可打印区域，在布局空间中通过虚线来表示可打印区域。如果修改图纸尺寸或打印设备，将会改变图形页面的可打印区域。用户可以从标准列表中选择图纸尺寸，列表中提供的图纸尺寸由所选的打印设备确定，也可以根据需要使用绘图仪配置编辑器添加自定义图纸尺寸。在进行打印图形的布局时，用户可以指定布局的精确比例，也可以根据图纸尺寸调整图形。

2. 命令调用

用户可采用以下操作方法之一调用该命令。

● 在功能区单击"输出"选项卡→"打印"面板→"页面设置管理器"按钮。
● 在"模型"选项卡上右击，在弹出的快捷菜单上选择"页面设置管理器"命令。
● 选择"应用程序按钮"→"打印"→"页面设置管理器"命令。
● 在命令行输入"Pagesetup"，按〈Enter〉键执行。

3. 命令操作

执行该命令，程序将会弹出如图7-11所示的"页面设置管理器"对话框，用户可以单击"新建"按钮，打开"新建页面设置"对话框，可以为所做的设置进行命名，如图7-12所示。单击"确定"按钮，程序将会弹出"页面设置"对话框，用户可以在此指定布局设置和打印设备设置并可预览布局效果，如图7-13所示。

在"页面设置"对话框中的各选项功能和作用介绍如下。

"打印机"：可以在此指定打印机。选择的打印机或绘图仪决定了布局的可打印区域，可打印区域通过布局中的虚线表示。单击"特性"按钮，可在弹出的"绘图仪配置编辑器"对话框中查看或修改绘图仪的配置信息，如图7-14所示。

图 7-11 "页面设置管理器"对话框

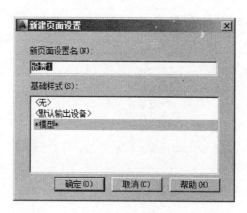
图 7-12 "新建页面设置"对话框

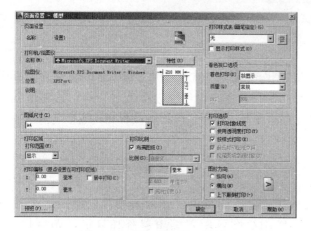
图 7-13 "页面设置"对话框

图 7-14 "绘图仪配置编辑器"对话框

"图纸尺寸"：可以从下拉列表中选择需要的图纸尺寸，也可以通过"绘图仪配置编辑器"对话框添加自定义图纸尺寸。

"打印区域"：可以对布局的打印区域进行设置。在"打印范围"列表中有 4 个选项，"显示"选项将打印图形中显示的所有对象；"范围"选项将打印图形中的所有可见对象；"视图"选项将打印保存的视图；"窗口"选项用于定义要打印的区域。

"打印偏移"：可以指定打印区域相对于可打印区域的左下角（原点）或图纸边界的偏移距离。

"打印比例"：可以指定布局的打印比例，也可以选择"布满图纸"复选框，根据图纸尺寸调整图像。

"图形方向"：可以使用"横向"和"纵向"两种选项，设置图形在图纸上的打印方向。使用"横向"选项设置时，图纸的长边是水平的；使用"纵向"选项设置时，图纸的短边是水平的。另外，还可以选择"上下颠倒打印"复选框，用以控制首先打印图形顶部还是图形底部。

在"页面设置"对话框中完成设置，单击"预览"按钮或切换到布局窗口中，均可以预览页面设置的效果，如图 7-15 所示。

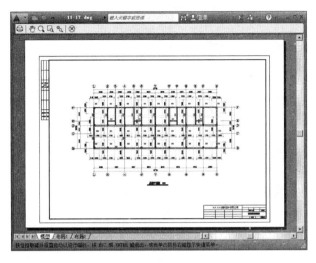

图 7-15　布局窗口预览

7.4　打印和输出图形

7.4.1　打印图形

1. 功能

在 AutoCAD 2014 中，用户可以选择从"模型空间"或"图纸空间"输出图形。

2. 命令调用

用户可采用以下操作方法之一调用该命令。

- 选择"应用程序"按钮中的"打印"命令。
- 在功能区单击"输出"选项卡→"打印"面板→"打印"按钮🖨。
- 在绘图区域下方的"模型"选项卡或"布局"选项卡上右击，在弹出的快捷菜单中选择"打印"命令。
- 在命令行输入"Plot"，按〈Enter〉键执行。

3. 命令操作

执行该命令，程序将会弹出"打印 – 模型"对话框。"打印 – 模型"对话框中的设置选项与"页面设置"对话框的基本相同，如图 7-16 所示。

用户可以在"名称"列表框中为打印作业指定预定义的设置，也可以添加新的设置。无论是应用了预定义的页面设置，还是重新进行设置，"打印 – 模型"对话框中指定的任何设置都可以保存到布局中，以供下次打印时使用。

完成前面所述的打印设置后，用户可以在"打印 – 模型"对话框左下角选择"预览"按钮，对图形进行打印预览。完成设置后，在预览窗口中右击，在弹出的快捷菜单中选择"打印"命令即可打印图形，也可以按〈Esc〉键退出预览窗口，在"打印 – 模型"对话框下部单击"确定"按钮打印图形，效果如图 7-17 所示。

图 7-16 "打印 – 模型"对话框

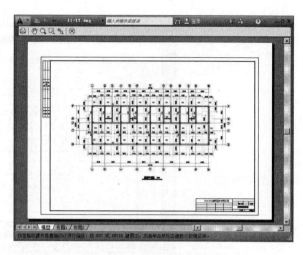

图 7-17 打印预览

7.4.2 输出图形

在 AutoCAD 2014 中，用户可以将绘制的图形文件输出为其他格式的文件，无论是以哪种格式输出图形，均需要在"打印"对话框的"打印机/绘图仪"区域的"名称"列表中选择相应的配置，如可以选择"DWG to PDF. pc3""PublishToWeb JPG. pc3"等。

1. 打印 DWF 文件

用户可以创建 DWF 文件，以便在 Web 上或通过 Intranet 发布图形。任何人都可以使用"Autodesk Design Review"打开、查看和打印 DWF 文件。通过 DWF 文件查看器，也可以在"Microsoft Internet Explorer"中查看 DWF 文件。DWF 文件支持实时平移和缩放，还可以控制图层和命名视图的显示。

2. 打印 DWFx 文件

用户可以创建 DWFx 文件（DWF 和 XPS）以在 Web 上或通过 Internet 发布图形。

3. 以 DXB 文件格式打印

使用 DXB 非系统文件驱动程序可以支持 DXB（二进制图形交换）文件格式，这通常用于将三维图形"展平"为二维图形。

4. 以光栅文件格式打印

程序可支持若干光栅文件格式，包括 Windows BMP、CALS、TIFF、PNG、TGA、PCX 和 JPEG。光栅驱动程序最常用于打印到文件以便进行桌面发布。

5. 打印 Adobe PDF 文件

使用"DWG to PDF"驱动程序，可以从图形创建 Adobe 便携文档格式（PDF）文件。与 DWF6 文件类似，PDF 文件将以基于矢量的格式生成，以保持精确性。Adobe 便携文档格式（PDF）是进行电子信息交换的标准。用户可以轻松分发 PDF 文件，以在"Adobe Reader"中查看和打印，还可以通过指定分辨率、矢量、渐变色、颜色等来自定义 PDF 输出。

6. 打印 Adobe PostScript 文件

使用"Adobe PostScript"驱动程序可以将 DWG 与许多页面布局程序和存档工具一起使

用。用户可以使用非系统"PostScript"驱动程序将图形打印到"PostScript"打印机和 PostScript 文件。PS 文件格式用于打印到打印机，而 EPS 文件格式用于打印到文件。

7. 创建打印文件

当选择"打印到文件"选项，用户可以使用任意绘图仪配置创建打印文件，并且该打印文件可以使用后台打印软件进行打印，也可以送到打印服务公司进行打印。使用此功能，必须为输出设备使用正确的绘图仪配置，才能生成有效的 PLT 文件。

7.5　信息查询

查询命令是进行计算机辅助设计的重要工具。在 AutoCAD 2014 中，用户可以使用"查询"工具，以获取由选定对象定义的距离、半径、角度、面积、体积、周长和质量特性（包括体积、面积、惯性矩、重心）等数据。可查询的对象主要有圆、椭圆、多段线、多边形、面域和 AutoCAD 三维实体等的相应特性数据，显示的信息取决于选定对象的类型。

7.5.1　查询距离

1. 功能

"查询距离"命令可以用于查询指定两点之间的距离以及对应的方位角，也可以查询多个点之间的距离之和。

2. 命令调用

用户可采用以下操作方法之一调用该命令。

- 在菜单栏选择"工具"→"查询"→"距离"命令。
- 在功能区单击"默认"选项卡→"实用工具"面板→"距离"按钮。
- 在命令行输入"Distance"，按〈Enter〉键执行。

3. 命令操作

执行该命令，命令行提示如下。

> 命令：_MEASUREGEOM（执行"查询"命令）
> 输入选项 [距离(D)/半径(R)/角度(A)/面积(AR)/体积(V)] <距离>：_distance（查询距离）
> 指定第一点：（单击查询距离对象第一点）
> 指定第二个点或 [多个点(M)]：（单击查询距离对象第二点）
> 距离 =300.8322,XY 平面中的倾角 =15，　与 XY 平面的夹角 =0
> X 增量 =290.0000，　Y 增量 =80.0000，　Z 增量 =0.0000
> 输入选项 [距离(D)/半径(R)/角度(A)/面积(AR)/体积(V)/退出(X)] <距离>：X（退出命令）

7.5.2　查询面积

1. 功能

"面积查询"命令可以计算多种对象的面积和周长。另外，该命令还可以使用加模式和减模式来计算组合的面积。

2. 命令调用

用户可采用以下操作方法之一调用该命令。

- 在菜单栏选择"工具"→"查询"→"面积"命令。
- 在功能区单击"默认"选项卡→"实用工具"面板→"面积"按钮。
- 在命令行输入"Area",按〈Enter〉键执行。

3. 命令操作

执行该命令,命令行提示如下。

命令:_MEASUREGEOM (执行"查询"命令)
输入选项 [距离(D)/半径(R)/角度(A)/面积(AR)/体积(V)] <距离>:_area (查询面积)
指定第一个角点或 [对象(O)/增加面积(A)/减少面积(S)/退出(X)] <对象(O)>:(单击查询对象角点)
指定下一个点或 [圆弧(A)/长度(L)/放弃(U)]:(单击查询对象角点)
指定下一个点或 [圆弧(A)/长度(L)/放弃(U)]::(单击查询对象角点)
指定下一个点或 [圆弧(A)/长度(L)/放弃(U)/总计(T)] <总计>::(单击查询对象角点)
指定下一个点或 [圆弧(A)/长度(L)/放弃(U)/总计(T)] <总计>::(按〈Enter〉键,确认角点)
面积=10000.0000,周长=400.0000
输入选项 [距离(D)/半径(R)/角度(A)/面积(AR)/体积(V)/退出(X)] <面积>:X (退出命令)

7.5.3 查询角度

1. 功能

"查询角度"命令可以测量指定圆弧、圆、直线或顶点的角度。

2. 命令调用

用户可采用以下操作方法之一调用该命令。

- 在菜单栏选择"工具"→"查询"→"角度"命令。
- 在功能区单击"默认"选项卡→"实用工具"面板→"角度"按钮。
- 在命令行输入"Angle",按〈Enter〉键执行。

3. 命令操作

执行该命令,命令行提示如下。

命令:_MEASUREGEOM (执行"查询"命令)
输入选项 [距离(D)/半径(R)/角度(A)/面积(AR)/体积(V)] <距离>:_angle (查询角度)
选择圆弧、圆、直线或 <指定顶点>:(单击弧线查询对象,或指定夹角第一条直线)
选择第二条直线:(指定夹角第二条直线)
角度=45°
输入选项 [距离(D)/半径(R)/角度(A)/面积(AR)/体积(V)/退出(X)] <角度>:X (退出命令)

7.5.4 查询体积

1. 功能

"查询体积"命令可以测量对象或定义区域的体积。用户可以选择三维实体或二维对象,如果选择二维对象,则必须指定该对象的高度。

2. 命令调用

用户可采用以下操作方法之一调用该命令。

- 在菜单栏选择"工具"→"查询"→"体积"命令。
- 在功能区单击"默认"选项卡→"实用工具"面板→"体积"按钮。
- 在命令行输入"Volume"，按〈Enter〉键执行。

3. 命令操作

执行该命令，命令行提示如下。

> 命令: _MEASUREGEOM (执行"查询"命令)
> 输入选项 [距离(D)/半径(R)/角度(A)/面积(AR)/体积(V)] <距离>: _volume (查询体积)
> 指定第一个角点或 [对象(O)/增加体积(A)/减去体积(S)/退出(X)] <对象(O)>: o (选择对象模式)
> 选择对象: (指定矩形二维图形为查询对象)
> 指定高度: 30 (指定矩形高度)
> 体积 = 90000.0000
> 输入选项 [距离(D)/半径(R)/角度(A)/面积(AR)/体积(V)/退出(X)] <体积>: X (退出命令)

7.5.5 查询面域/质量特性

1. 功能

"面域/质量特性"命令可以分析三维实体和二维面域的质量特性（包括体积、面积、惯性矩、重心等）。此外，可以将计算结果保存为文本文件。

2. 命令调用

用户可采用以下操作方法之一调用该命令。

- 在菜单栏选择"工具"→"查询"→"面域/质量特性"按钮。
- 在命令行输入"Massprop"命令并指定面域，按〈Enter〉键执行。

3. 命令操作

首先创建面域，执行"Massprop"命令，选择查询的面域对象，查询面域的质量特性。

使用该命令可以获取指定面域的质量特性，还可选择将质量特性数据写入文本文件。列出的特性主要有面积、周长、边界框、质心、惯性矩、惯性积、旋转半径、形心的主力矩与X、Y、Z方向等。执行该命令，程序将会弹出如图7-18所示的文本窗口。

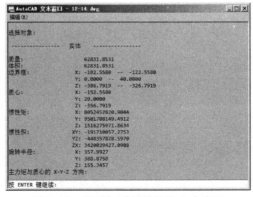

图7-18 "面域/质量特性"文本窗口

此时如果在文本窗口输入"y"，程序将提示输入文件名。文件的默认扩展名为"mpr"，该文件是可以用任何文本编辑器打开的文本文件。另外，在文本窗口中所显示的特性内容取决于选定的对象是面域还是实体。

7.5.6 查询点坐标

1. 功能

"查询点坐标"命令可以显示指定点在当前 UCS 坐标系下的 X、Y、Z 坐标。

2. 命令调用

用户可采用以下操作方法之一调用该命令。

- 在菜单栏选择"工具"→"查询"→"点坐标"命令。
- 在功能区单击"默认"选项卡→"实用工具"面板
  →"点坐标"按钮。
- 在命令行输入"Id"，按〈Enter〉键执行。

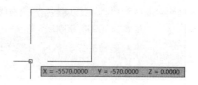

图 7-19　查询点坐标

3. 命令操作

执行该命令，在指定的查询坐标点附近将会显示该点的坐标，如图 7-19 所示。

7.5.7 显示对象的数据库信息

1. 功能

使用"查询列表"命令可以显示对象的类型、对象图层、相对于当前坐标系的 X、Y、Z 位置，以及对象是位于模型空间还是图纸空间等信息。

2. 命令调用

用户可采用以下操作方法之一调用该命令。

- 在菜单栏选择"工具"→"查询"→"列表"命令。
- 在命令行输入"List"，按〈Enter〉键执行。

3. 命令操作

执行该命令并根据提示要求指定查询对象后，程序将会在弹出的"文本窗口"中列出对象的信息，如图 7-20 所示。

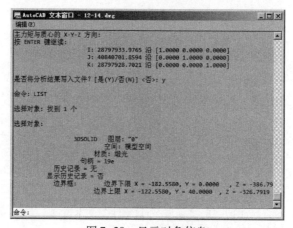

图 7-20　显示对象信息

7.6 实训

7.6.1 页面设置应用

1. 实训要求

打开在前面练习中所绘制的"引线标注"图形文档，根据本章所学内容对其进行页面设置。

2. 操作指导

1）打开 AutoCAD 2014，并打开在前面练习中所绘制的"引线标注"图形文档。

2）选择"应用程序按钮"→"打印"→"页面设置"命令，程序将会弹出"页面设置管理器"对话框，单击"新建"按钮，将会弹出"新建页面设置"对话框，在此将"新页面设置名"设为"我的页面设置"，单击"确定"按钮，程序将会返回"页面设置－模型"对话框，在此将"打印机名称"选择为"Microsoft XPS Document Writer"，"图纸尺寸"选择为"A3"，"打印范围"设为"显示"，"打印比例"设为"布满图纸"，"图形方向"设为"横向"，即可完成新图形文档的页面设置。

3）完成设置后，单击"页面设置－模型"对话框下方的"确定"按钮，程序界面返回到"页面设置管理器"对话框，单击"置为当前"按钮，即可将所创建的页面设置应用到当前图形文档中。

4）完成以上操作，将文件保存至"D:\AutoCAD 2014 第7章实训"文件夹中，文件名为"页面设置应用"。

7.6.2 图形输出

1. 实训要求

打开已完成的图形文档，根据本章所学内容将其输出为 Adobe PDF 文件。具体的操作步骤如下。

2. 操作指导

1）打开 AutoCAD 2014，并打开已完成的图形文档。

2）在功能区单击"输出"选项卡→"打印"面板上→"页面设置管理器"按钮，新建一个页面设置，命名为"图形输出"。

3）在"打印机/绘图仪"选项组的"名称"下拉列表中选择"DWG To PDF"选项，并在"页面设置"对话框中进行相应的设置，如图 7-21 所示。

4）在功能区单击"输出"选项卡→"打印"面板→"打印"按钮，在"页面设置"区域选择在上一步中创建的名为"图形输出"的选项，并单击"预览"按钮，即可在预览窗口查看输出效果，如图 7-22 所示。

5）完成以上设置，在"打印"对话框中单击"确定"按钮，程序将会弹出"另存 PDF 文件"对话框，用户可以在此指定输出的 PDF 文件的存放位置和文件名称，如将文件保存至"D:\AutoCAD 2014 第7章实训"文件夹中，文件名为"图形输出"，即可将图形文档输出为 PDF 格式的文件。用户可以方便地通过"Adobe Reader"程序对文件进行查阅和打印，如图 7-23 所示。

图 7-21　页面设置

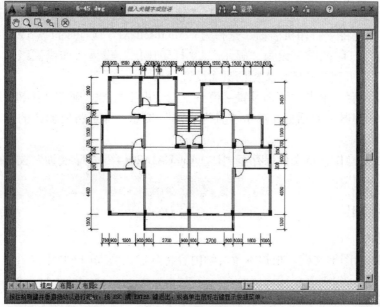

图 7-22　预览窗口

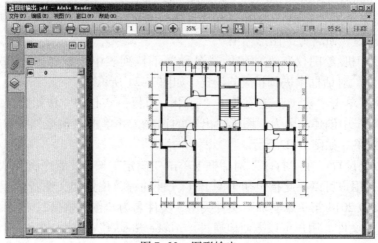

图 7-23　图形输出

7.7 思考与练习

1）通过 AutoCAD 2014 提供的信息查询功能可以查询哪些数据？

2）"模型空间"和"布局空间"有什么区别？如何进行切换？

3）在 AutoCAD 2014 中，如何为图形添加自定义图纸尺寸？

4）在 AutoCAD 2014 中，可以将图形文件输出为哪些格式？

5）利用前面所学知识，绘制一个零件图，并根据本章所学内容，通过图纸空间对图形文件进行页面设置，将其输出为 Adobe PDF 文件并保存至指定位置，如图 7-24 所示。

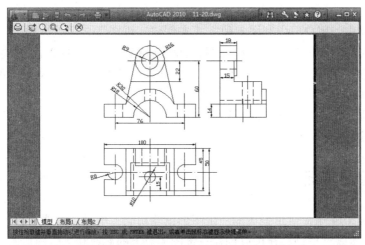

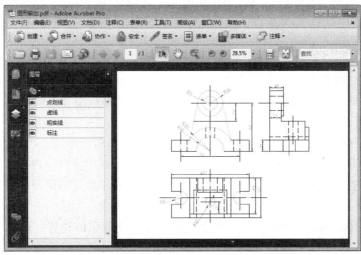

图 7-24 输出 PDF 文件

第8章 三维对象创建

利用计算机辅助设计软件，用户可以创建出与现实生活相似度很高的三维模型。在 AutoCAD 2014 中提供了强大的三维图形创建功能，用户可以直观地表达产品的设计效果，能够从不同的角度观察模型，还可以创建三维图形对象的截面和二维图形，以及对模型进行动态观察等。

在 AutoCAD 中，用户可以利用 3 种方式来创建三维图形，即线框模型方式、曲面模型方式和实体模型方式，每种模型都有其独特的优点。三维线框模型是由三维直线和曲线命令创建的轮廓模型，不具备面和体的特征；三维曲面模型是由曲面命令创建的没有厚度的表面模型，具有面的特征；三维实体模型是由实体命令创建的具备线、面、体特征的实体模型。AutoCAD 2014 提供了丰富的实体编辑和修改命令，各实体之间还可以运行布尔运算，以创建更为复杂的三维实体模型。

8.1 三维绘图基础

在 AutoCAD 2014 中提供了强大的三维图形创建功能，可以直观地表达产品的设计效果，能够从不同的角度观察模型，还可以创建三维图形对象的截面和二维图形，以及对模型进行动态观察等。

8.1.1 三维对象的分类

三维模型是二维投影图立体形状的间接表达。在 AutoCAD 2014 中，根据三维模型的创建方法及存储方式不同，三维模型可以分为线框模型、曲面模型和实体模型 3 种类型。

1. 线框模型

线框模型是三维对象的轮廓描述，由对象的点、直线和曲线组成。在 AutoCAD 2014 中可以通过在三维空间绘制点、线、曲线的方式得到线框模型。线框模型只具有边的特征，没有面和体的特征，无法对其进行面积、体积、重心等的计算，也不能进行消隐和渲染等操作。

2. 曲面模型

曲面模型是用来描述三维对象的，它不仅定义了三维对象的边界，还具有面的特征。曲面模型适合用于创建较为复杂的曲面，它一般使用多边形网格定义镶嵌面。对于由网格构成的曲面，多边形网格越密，曲面的光滑程度越高。由于曲面模型具有面的特征，可以对其进行面积的计算、消隐、着色和渲染等操作。

3. 实体模型

实体模型是三维模型的最高级方式。实体模型是包含信息最多，具有质量、体积、重心和惯性矩等特性。与传统的线框模型相比，复杂的实体形状更易于构造和编辑，用户还可以将实体分解为面域、体、曲面和线框对象。

8.1.2　三维坐标系

在二维绘图中已经讲过坐标系的基本概念和坐标输入法。相对二维模型，三维模型是建立在三维坐标系中的，与 XY 平面二维坐标系统相比，三维坐标系增加了一个 Z 轴，与二维坐标系中的 X 和 Y 轴一起构成了三维坐标系统。

1. 三维直角坐标

三维直角坐标由点的三维坐标（X、Y、Z）构成。

（1）绝对坐标

输入格式：X 坐标，Y 坐标，Z 坐标。

（2）相对坐标

如果空间点相对于前一点的坐标在坐标轴上的偏移量分别为 ΔX、ΔY、ΔZ，则其输入格式：@ΔX，ΔY，ΔZ。

例如，10，20，30 表示空间点 X、Y、Z 的值分别是 10、20、30 处的点。

2. 柱面坐标

柱面坐标是在极坐标的基础上增加一个 Z 坐标构成的。

（1）绝对坐标

输入格式：空间点在 XY 平面上的投影到原点的距离 <投影点与原点的连线和 X 轴的夹角，Z 坐标值。

（2）相对坐标

输入格式：@XY 平面距离 <与 X 轴的夹角，Z 坐标值。

例如，30 <45，15 表示空间点在 XY 平面上的投影到原点的距离为 30 个单位，该投影与原点的连线和 X 轴的夹角为 45°，Z 坐标值为 15 个单位处的点。

3. 球面坐标

球面坐标是由空间点到坐标原点的距离（X、Y、Z 距离）、空间点在 XY 平面上的投影与坐标原点的连线和 X 轴的夹角、空间点与坐标原点的连线和 XY 平面的夹角组成。

（1）绝对坐标

输入格式：XYZ 距离 <空间点在 XY 平面上的投影与坐标原点的连线和 X 轴的夹角 <空间点与坐标原点的连线和 XY 平面的夹角。

（2）相对坐标

输入格式：@XYZ 距离 <与 X 轴的夹角 <与 XY 平面的夹角。

例如，20 <45 <60 表示距坐标原点距离为 20 个单位，空间点在 XY 平面上的投影与坐标原点的连线和 X 轴的夹角为 45°，空间点与坐标原点的连线和 XY 平面的夹角为 60° 处的点。

8.1.3　坐标系

改变坐标原点和坐标轴的正向都会改变坐标系。建立坐标系的命令是 UCS。

1. 功能

使用一点、两点或三点定义一个新的坐标系。

2. 命令调用

用户可采用以下操作方法之一调用该命令。

- 在菜单栏选择"工具"→"新建 UCS"命令。
- 在功能区单击"常用"选项卡→"坐标"面板→"UCS"按钮。
- 在命令行输入"Ucs",按〈Enter〉键执行。

3. 命令操作

输入该命令后，命令行将出现如下提示，如图 8-1 所示。

图 8-1　输入 UCS 命令后命令行的提示

提示中各选项的含义如下。

1）指定 UCS 的原点：指定坐标系的原点来创建新的坐标系。新创建的坐标系以指定点为坐标原点，其 X、Y、Z 坐标轴的方向与原坐标系的坐标轴方向相同。用户也可以通过选择"工具"→"新建 UCS"→"原点"命令或单击"UCS"工具栏的"原点"按钮 来选择该项。

2）面（F）：通过三维实体的面来确定一个新的坐标系。新坐标系的原点为距拾取点最近线的端点，XOY 面与该实体面重合，X 轴与实体面中最近的边对齐。用户也可以通过选择"工具"→"新建 UCS"→"面"命令或单击"UCS"工具栏的"面"按钮 来选择该项。

3）命名（NA）：指按名称保存并恢复通常使用的 UCS 方向。用户可以通过恢复已保存的 UCS，使它成为当前 UCS、把当前 UCS 按指定名称保存、从已保存的坐标系列表中删除指定的 UCS 或者列出定义坐标系的名称，并列出每个保存的 UCS 相对于当前 UCS 的原点以及 X、Y 和 Z 轴。

4）对象（OB）：通过选择一个对象来确定新的坐标系，新坐标系的 Z 轴与所选对象的 Z 轴具有相同的正方向，新坐标系的原点及 X 轴的正方向则视不同的对象而定。

- 点：新坐标系的原点为该点，X 轴方向不定。
- 直线：新坐标系的原点为线上距拾取点最近的直线端点，X 轴的选择要使得所选线在新坐标系的 XZ 平面上，并且线上另一个端点在新坐标系中的 Y 坐标为 0。
- 圆：新坐标系的原点为圆心，X 轴通过拾取点。
- 二维多段线：新坐标系的原点为多段线的起始点，X 轴位于起点到下一个顶点的连线上。
- 三维面：新坐标系的原点为三维面上的第一点，初始两点确定 X 轴方向，第一点与第四点确定 Y 轴方向。
- 尺寸标注：新坐标系的原点为文字的中点，X 轴与标注该尺寸文字时的坐标系的 X 轴方向相同。

对于射线、构造线、多线、面域、样条曲线、椭圆及椭圆弧、三维实体、三维多段线、三维多边形网络、多行文字标注、引线标注等不能执行此选项。

用户也可以通过选择"工具"→"新建 UCS"→"对象"命令或单击"UCS"工具栏的"对象"按钮 来选择该项。

5）上一个（P）：选择此项后，将恢复前一个坐标系，重复使用直到恢复到想要的坐标系。也可以通过单击"UCS"工具栏中的"上一个"按钮 🔲 来选择该项。

6）视图（V）：通过视图来确定新的坐标系，新坐标系的原点与原坐标系的原点相同，当前视图平面为新坐标系的 XY 平面。也可以通过选择"工具"→"新建 UCS"→"视图"命令或单击"UCS"工具栏的"视图"按钮 🔲 来选择该项。

7）世界（W）：此选项为默认选项，指将当前的坐标系设为世界坐标系。也可以通过选择"工具"→"新建 UCS"→"世界"命令或单击"UCS"工具栏的"世界"按钮 🔲 来选择该项。

8）X/Y/Z：通过绕 X/Y/Z 轴旋转来确定新的坐标系。也可以通过选择"工具"→"新建 UCS"→"X""Y""Z"命令或单击"UCS"工具栏中的"X" 🔲、"Y" 🔲、"Z"按钮 🔲 来选择该项。

9）Z 轴（ZA）：通过选择一个坐标原点和 Z 轴正方向上的一点来确定新的坐标系。也可以通过选择"工具"→"新建 UCS"→"Z 轴矢量"命令或单击"UCS"工具栏的"Z"按钮 🔲 来选择该项。

8.2　观察三维对象

在三维空间创建三维模型时，经常需要变换不同的视觉角度来观察三维模型，这就需要用到三维视图观察工具。利用三维视图观察工具可以将目标定位在模型的指定方位，以便从不同的角度、高度和距离查看图形中的对象。

8.2.1　设置视点

1. 功能

在绘制二维图形时，所绘制的图形都是与 XY 平面相平行的。而在三维环境中为了能够观察模型的局部结构，则需要改变视点。使用"视点"命令来设置观察方向的方式更为直观，可以直接指定视点坐标，系统则会将观察者置于该视点位置上向原点（0，0，0）方向观察图形。

2. 命令调用

用户可采用以下操作方法之一调用该命令。

● 在菜单栏选择"视图"→"三维视图"→"视点"命令。

● 在命令行输入"Vpoint"，按〈Enter〉键执行。

3. 命令操作

用户可通过屏幕上显示的罗盘来定义视点，如图 8-2 所示。罗盘位于屏幕的右上角，它是一个平面显示的球体。罗盘上显示一个小十字光标，可以使用定点设备移动这个十字光标到球体的任意位置，当移动光标时，三轴架将会根据罗盘指示的观察方向旋转。如果要选择一个观察方向，可将定点设备移动到罗盘的适当位置然后单击，图形将根据视点位置变化同步更新。

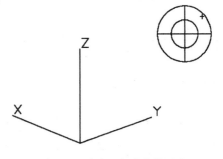

图 8-2　动态坐标和方位罗盘

如果在"定义视点"状态选择"旋转"选项，则需要分别指定观察视线在 XY 平面中与 X 轴的夹角，以及观察视线与 XY 平面的夹角。

8.2.2 设置视图

1. 功能

在编辑三维模型时，仅仅使用一个视图很难准确的观察对象，所以在创建三维模型前，通常先要对视图进行设置。用户可以切换至"三维建模"空间，利用"视图"选项卡上提供的选项进行设置。

2. 命令调用

用户可采用以下操作方法之一调用该命令。

- 在菜单栏选择"视图"→"三维视图"中所需的视图方式。
- 在功能区单击"视图"选项卡→"视图"面板上所需的视图方式。
- 在命令行输入"View"，按〈Enter〉键执行。

3. 命令操作

用户可在"视图"工具面板左侧的"视图"下拉列表中选择任意视图类型，也可以单击列表下侧的下拉按钮，以显示系统提供的全部视图类型，如图 8-3 所示。

图 8-3 "视图"下拉列表

8.2.3 视点预置

1. 功能

视点预置是指通过指定在 XY 平面中视点与 X 轴的夹角和视点与 XY 平面的夹角来设置三维观察方向。

2. 命令调用

用户可采用以下操作方法之一调用该命令。

- 在菜单栏选择"视图"→"三维视图"→"视点预设"按钮。
- 在命令行输入"Ddvpoint"，按〈Enter〉键执行。

3. 命令操作

执行"视点预置"命令，系统将会弹出"视点预置"对话框，在该对话框中，用户可以用定点设备控制图像或直接在文本框中输入视点的角度值，相对于当前坐标系或相对于世界坐标系指定角度后，视角将自动更新。单击"设置为平面视图"按钮，将观察角度设置为相对于选中的坐标系显示平面视图。在该对话框中，用户可以在"X 轴"文本框中设置观察角度，在 XY 平面中与 X 轴的夹角；在"XY 平面"文本框中设置观察角度与 XY 平面的夹角，以及通过这两个夹角就可以得到一个相对于当前坐标系的特定三维视图。

8.3 创建实体

在 AutoCAD 2014 中，可以创建的基本三维实体有：长方体、圆锥体、圆柱体、球体、楔体、棱锥体和圆环体等。将"AutoCAD 经典"空间转换到"三维建模"空间，可以方便地进行三维对象的绘制。由于实体能够更完整、更准确地表达模型的特征，所包含的模型信息也更多，所以实体模型是当前三维造型领域最为先进的造型方式。

8.3.1 长方体

1. 功能

使用"长方体"命令，可以创建实心长方体或实心立方体。在绘制长方体时，始终将其底面绘制为与当前 UCS 的 XY 平面平行的状态。

2. 命令调用

用户可采用以下操作方法之一调用该命令。

- 在功能区单击"常用"选项卡→"建模"面板→"长方体"按钮。
- 在功能区单击"实体"选项卡→"图元"面板→"长方体"按钮。
- 在命令行输入"Box"，按〈Enter〉键执行。

3. 命令操作

执行该命令，命令行提示如下。

> 命令:_box（执行"长方体"命令）
> 指定第一个角点或 [中心(C)]:(指定角点 1)
> 指定其他角点或 [立方体(C)/长度(L)]:l
> 指定长度 <0.0000>:50
> 指定宽度:50
> 指定高度或 [两点(2P)] <0.0000>:100

完成命令操作，结果如图 8-4 所示。

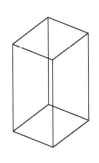

图 8-4　长方体

在要求指定立方体第一个角点时，用户可以用鼠标直接指定，也可以选择使用"中心"方式创建对象。在要求指定其他角点时，用户可以在动态窗口输入坐标值以确定角点，也可以选择使用"立方体"方式，此时只需要输入立方体的边长即可创建一个长、宽、高相等的立方体。

8.3.2 圆柱体

1. 功能

使用"圆柱体"命令，可以创建以圆或椭圆为底面的圆柱体。默认情况下，圆柱体的底面位于当前坐标系的 XY 平面上，圆柱体的高度与 Z 轴平行。

2. 命令调用

用户可采用以下操作方法之一调用该命令。

- 在功能区单击"常用"选项卡→"建模"面板→"圆柱体"按钮。
- 在功能区单击"实体"选项卡→"图元"面板→"圆柱体"按钮。
- 在命令行输入"Cylinder",并按〈Enter〉键执行。

3. 命令操作

执行该命令,命令行提示如下。

> 命令:_cylinder(执行"圆柱体"命令)
> 指定底面的中心点或 [三点(3P)/两点(2P)/相切、相切、半径(T)/椭圆(E)]:(指定底面中心点)
> 指定底面半径或 [直径(D)]:25(指定圆柱体底面半径)
> 指定高度或 [两点(2P)/轴端点(A)] <100.0000>:100(指定圆柱体高度)

完成命令操作,结果如图8-5所示。用户还可以利用圆柱体的夹点,调整其底面半径和高度。

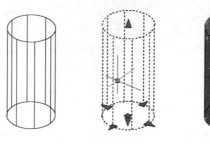

图8-5 圆柱体

8.3.3 圆锥体

1. 功能

使用"圆锥体"命令,可以创建底面为圆形或椭圆形的尖头圆锥体或圆台。默认情况下,圆锥体的底面位于当前UCS的XY平面上,圆锥体的高度与Z轴平行。

2. 命令调用

用户可采用以下操作方法之一调用该命令。

- 在功能区单击"常用"选项卡→"建模"面板→"圆锥体"按钮。
- 在功能区单击"实体"选项卡→"图元"面板→"圆锥体"按钮。
- 在命令行输入"Cone",按〈Enter〉键执行。

3. 命令操作

执行该命令,命令行提示如下。

> 命令:_cone(执行"圆锥体"命令)
> 指定底面的中心点或 [三点(3P)/两点(2P)/相切、相切、半径(T)/椭圆(E)]:(指定底面中心点)
> 指定底面半径或 [直径(D)] <25.0000>:25(指定圆锥体底面半径)
> 指定高度或 [两点(2P)/轴端点(A)/顶面半径(T)] <100>:100(输入圆锥体高度值)

完成命令操作,结果如图8-6所示。用户可以利用圆锥体的夹点调整其底面半径、顶面半径和高度。

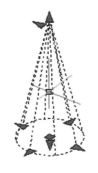

图 8-6　圆锥体

在执行"圆锥体"命令过程中，用户还可以通过指定圆锥体顶面半径来创建圆锥台。执行该命令，命令行提示如下。

命令：_cone（执行"圆锥体"命令）
指定底面的中心点或［三点（3P）/两点（2P）/相切、相切、半径（T）/椭圆（E）］：（指定底面中心点）
指定底面半径或［直径（D）］＜50＞:50（指定底面半径）
指定高度或［两点（2P）/轴端点（A）/顶面半径（T）］＜100＞:t（更改顶面半径来绘制圆台）
指定顶面半径＜50＞:25（指定顶面半径）
指定高度或［两点（2P）/轴端点（A）］＜100＞:100（输入高度值）

完成命令操作，结果如图 8-7 所示。

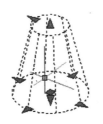

图 8-7　圆锥台

在绘制圆锥体时，用户可以选择使用"三点""两点""相切、相切、半径""椭圆"等多种方式绘制圆锥体的底面圆形，可通过指定底面圆形的半径或直径来绘制底面圆形。在要求指定圆锥体高度时，用户可以通过输入高度值或选择"两点"方式指定高度，圆锥体的高度为两个指定点之间的距离，也可选择"轴端点"方式指定高度，此时，可将轴端点指定为圆锥体的顶点或圆台顶面的中心点，轴端点可以位于三维空间的任意位置。

8.3.4　球体

1. 功能

使用"球体"命令，可以创建实体球体。如果从圆心开始创建，球体的中心轴将与当前坐标系（UCS）的 Z 轴平行。

2. 命令调用

用户可采用以下操作方法之一调用该命令。

- 在功能区单击"常用"选项卡→"建模"面板→"球体"按钮。
- 在功能区单击"实体"选项卡→"图元"面板→"球体"按钮。
- 在命令行输入"Sphere"，按〈Enter〉键执行。

3. 命令操作

执行该命令，命令行提示如下。

> 命令：_sphere (执行"球体"命令)
> 指定中心点或 [三点(3P)/两点(2P)/相切、相切、半径(T)]：(单击一点指定中心点)
> 指定半径或 [直径(D)] <0>:50 (指定球体半径)

完成命令操作，结果如图8-8所示。

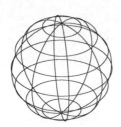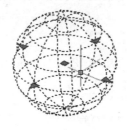

图8-8　球体

用户还可以选择使用"三点""两点""相切、相切、半径"等多种方式绘制球体，利用球体的夹点调整其半径。

8.3.5　棱锥体

1. 功能

使用"棱锥体"命令，可以创建最多具有32个侧面的实体棱锥体。使用该命令，不仅可以创建倾斜至一个点的棱锥体，还可以创建从底面倾斜至平面的棱台。

2. 命令调用

用户可采用以下操作方法之一调用该命令。

- 在功能区单击"常用"选项卡→"建模"面板→"棱锥体"按钮。
- 在功能区单击"实体"选项卡→"图元"面板→"棱锥体"按钮。
- 在命令行输入"Pyramid"，按〈Enter〉键执行。

3. 命令操作

执行该命令，命令行提示如下。

> 命令：_pyramid (执行"棱锥体"命令)
> 4 个侧面　外切
> 指定底面的中心点或 [边(E)/侧面(S)]：s (更改棱锥体侧面)
> 输入侧面数 <4>:5 (设定棱锥体侧面为5)
> 指定底面的中心点或 [边(E)/侧面(S)]：(单击一点指定底面中心点)

指定底面半径或［内接(I)］<0>:50(指定底面半径)

指定高度或［两点(2P)/轴端点(A)/顶面半径(T)］<100>:100(指定高度)

完成命令操作,结果如图8-9所示。用户还可以利用棱锥体的夹点调整其底面外切圆的半径和高度。

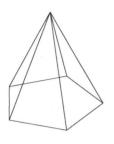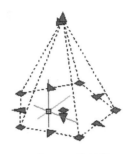

图8-9　棱锥体

在执行"棱锥体"命令过程中,用户还可以通过指定棱锥体顶面半径来创建棱台。执行该命令,命令行提示如下。

命令:_pyramid (执行"棱锥体"命令)

4 个侧面　外切

指定底面的中心点或［边(E)/侧面(S)］:s(更改棱锥体侧面)

输入侧面数 <4>:5(设定棱锥台侧面为5)

指定底面的中心点或［边(E)/侧面(S)］:(单击一点指定底面中心点)

指定底面半径或［内接(I)］<50>:50(指定底面半径)

指定高度或［两点(2P)/轴端点(A)/顶面半径(T)］<50>:t(选择更改顶面半径选项)

指定顶面半径 <50>:25(指定顶面半径)

指定高度或［两点(2P)/轴端点(A)］<100>:100(指定高度)

完成命令操作,结果如图8-10所示。

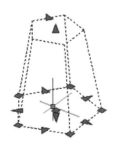

图8-10　棱锥台

8.3.6　楔体

1. 功能

使用"楔体"命令,可以创建楔形实体。绘制的楔体底面与当前 UCS 的 XY 平面平行,斜面正对第一个角点,楔体的高度与 Z 轴平行。

2. 命令调用

用户可采用以下操作方法之一调用该命令。

- 在功能区单击"常用"选项卡→"建模"面板→"楔体"按钮。
- 在功能区单击"实体"选项卡→"图元"面板→"楔体"按钮。
- 在命令行输入"Wedge",按〈Enter〉键执行。

3. 命令操作

执行该命令,命令行提示如下。

> 命令:_wedge(执行"楔体"命令)
> 指定第一个角点或[中心(C)]:(单击任意一点,指定第一个角点)
> 指定其他角点或[立方体(C)/长度(L)]:@50,100(输入角点坐标)
> 指定高度或[两点(2P)]<100>:100(输入楔体高度值)

完成命令操作,结果如图8-11所示。执行该命令时,各选项的作用与绘制长方体时相同,还可以利用图示楔体的夹点调整其底面尺寸和高度。

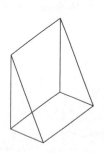 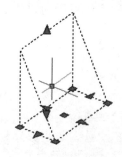 

图8-11　楔体

8.3.7　圆环体

1. 功能

使用"圆环体"命令,可以创建圆环体。圆环体具有两个半径值,一个值定义圆管,另一个值定义从圆环体的圆心到圆管的圆心之间的距离。如果输入的圆管半径大于圆环体半径,则圆环体可以自交,自交的圆环体没有中心孔。

2. 命令调用

用户可采用以下操作方法之一调用该命令。

- 在功能区单击"常用"选项卡→"建模"面板→"圆环体"按钮。
- 在功能区单击"实体"选项卡→"图元"面板→"圆环体"按钮。
- 在命令行输入"Torus",按〈Enter〉键执行。

3. 命令操作

执行该命令,命令行提示如下。

> 命令:_torus(执行"圆环体"命令)
> 指定中心点或[三点(3P)/两点(2P)/切点、切点、半径(T)]:(指定圆环中心点)
> 指定半径或[直径(D)]<100>:100(指定圆环体半径)
> 指定圆管半径或[两点(2P)/直径(D)]:18(将圆管半径设为18)

完成命令操作，结果如图8-12所示。用户还可以利用圆环体的夹点调整圆环半径及圆管半径。

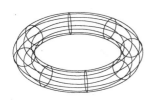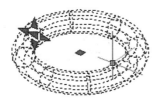

图 8-12　圆环体

8.3.8　多段体

1. 功能

使用"多段体"命令，可以指定路径创建矩形截面实体，常用来创建三维墙体。默认情况下，多段体始终带有一个矩形轮廓，用户可以指定轮廓的高度和宽度。

2. 命令调用

用户可采用以下操作方法之一调用该命令。

● 在功能区单击"实体"选项卡→"图元"面板→"多段体"按钮。

● 在命令行输入"Polysolid"，按〈Enter〉键执行。

3. 命令操作

执行该命令，命令行提示如下。

```
命令:_Polysolid 高度 =4.0000, 宽度 =0.2500, 对正 =居中(执行"多段体"命令)
指定起点或 [对象(O)/高度(H)/宽度(W)/对正(J)] <对象>:h(选择"高度"选项)
指定高度 <4.0000>:3000 (在动态输入窗口设置墙体高度)
指定起点或 [对象(O)/高度(H)/宽度(W)/对正(J)] <对象>:w(选择"宽度"选项)
指定宽度 <0.2500>:240 (在动态输入窗口设置墙体宽度)
指定起点或 [对象(O)/高度(H)/宽度(W)/对正(J)] <对象>:(单击一点作为墙体起点)
指定下一个点或 [圆弧(A)/放弃(U)]:3600 (输入墙体长度)
指定下一个点或 [圆弧(A)/放弃(U)]:2100 (输入墙体长度)
指定下一个点或 [圆弧(A)/放弃(U)]:3600 (输入墙体长度)
指定下一个点或 [圆弧(A)/闭合(C)/放弃(U)]:c (自动闭合,按〈Enter〉键完成绘制)
```

完成命令操作，结果如图8-13所示。用户可以利用多段体的夹点调整其墙体厚度、高度和墙体位置，方便地修改房间平面形状和尺寸。

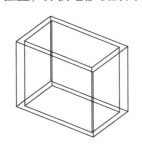

图 8-13　绘制多段体

用户还可以利用"多段体"功能，将绘制好的二维线条转换为多段体对象。要使用该命令，首先需要用多段线命令绘制表示墙线的平面轮廓，然后利用"多段体"功能进行转换。命令行提示如下。

命令：_Polysolid 高度 = 4.0000，宽度 = 0.2500，对正 = 居中(执行"多段体"命令)

指定起点或 [对象(O)/高度(H)/宽度(W)/对正(J)] <对象>：h (选择"高度"选项)

指定高度 <4.0000>：3000 (在动态输入窗口输入设置墙体高度)

指定起点或 [对象(O)/高度(H)/宽度(W)/对正(J)] <对象>：w (选择"宽度"选项)

指定宽度 <0.2500>：240 (在动态输入窗口输入墙体宽度为240)

高度 = 3000.0000，宽度 = 240.0000，对正 = 居中

指定起点或 [对象(O)/高度(H)/宽度(W)/对正(J)] <对象>：o (选择"对象"选项)

选择对象：(拾取已绘制的多段线对象，即可将该多段线对象转换为多段体)

完成命令操作，结果如图 8-14 所示。

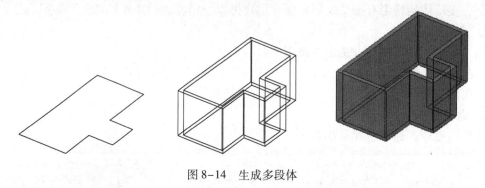

图 8-14　生成多段体

8.4　实体特征操作

在进行实体建模时，用户可以利用前面所述的基本三维实体绘制工具创建简单的实体模型，但是在绘制复杂的三维图形时，基本三维实体绘制工具难以满足使用要求。在 AutoCAD 2014 中，用户可以通过使用拉伸、旋转、放样、扫掠等方法来生成复杂的三维实体造型，也就是通过二维轮廓曲线沿指定的路径进行操作来创建三维实体。但二维图形在进行特征操作之前，应先对其进行面域操作。

8.4.1　拉伸实体

1. 功能

利用"拉伸"命令，可以将已选定的二维对象创建为实体和曲面。如果拉伸闭合对象，则生成的对象为实体。如果拉伸开放对象，则生成的对象为曲面。如果拉伸具有一定宽度的多段线，则将忽略宽度并从多段线路径的中心拉伸多段线。如果拉伸具有一定厚度的对象，则将忽略厚度。

2. 命令调用

用户可采用以下操作方法之一调用该命令。

● 在功能区单击"常用"选项卡→"建模"面板→"拉伸"按钮。

- 在功能区单击"实体"选项卡→"实体"面板→"拉伸"按钮。
- 在命令行输入"Extrude",按〈Enter〉键执行。

3. 命令操作

使用"拉伸"命令生成实体时,用户可以通过指定路径、倾斜角或方向来创建三维对象。

(1) 指定"拉伸方向"生成实体

在命令执行过程中,选择使用"方向"选项,可以指定两个点以设定拉伸的长度和方向。例如,根据绘制的二维图形,通过拉伸生成三维实体。命令行提示如下。

```
命令: _circle 指定圆的圆心或 [三点(3P)/两点(2P)/切点、切点、半径(T)]:(执行"圆"命令并指定圆心)
指定圆的半径或 [直径(D)] <0.0000>:100(指定圆形的半径)
命令:_region (执行"面域"命令)
选择对象:找到 1 个
已提取 1 个环。
已创建 1 个面域。
命令:_extrude (执行"拉伸"命令)
当前线框密度: ISOLINES=8,闭合轮廓创建模式=实体
选择要拉伸的对象或 [模式(MO)]:_MO 闭合轮廓创建模式 [实体(SO)/曲面(SU)] <实体>:_SO
选择要拉伸的对象或 [模式(MO)]:找到 1 个(选择拉伸对象)
选择要拉伸的对象或 [模式(MO)]:(按〈Enter〉键结束选择)
指定拉伸的高度或 [方向(D)/路径(P)/倾斜角(T)/表达式(E)] <0.0000>:200(指定拉伸方向进行拉伸)
```

完成命令操作,结果如图 8-15 所示。

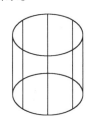

图 8-15 指定拉伸方向

(2) 指定"拉伸路径"生成实体

在命令执行过程中,选择使用"路径"选项,可以通过指定路径曲线,将轮廓曲线沿该路径曲线创建三维实体。其中路径曲线不能与轮廓线共面。执行该命令,命令行提示如下。

```
命令:_extrude (执行"拉伸"命令)
当前线框密度: ISOLINES=8,闭合轮廓创建模式=实体
选择要拉伸的对象或 [模式(MO)]:_MO 闭合轮廓创建模式 [实体(SO)/曲面(SU)] <实体>:
_SO 选择要拉伸的对象:找到 1 个(选择对象轮廓线)
选择要拉伸的对象:(按〈Enter〉键结束选择)
指定拉伸的高度或 [方向(D)/路径(P)/倾斜角(T)] <50.0000>:p(选择"路径"方式进行拉伸)
选择拉伸路径或 [倾斜角]:(拾取拉伸路径)
```

完成命令操作，结果如图 8-16 所示。

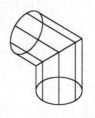

图 8-16　指定路径拉伸

（3）指定"拉伸倾斜角"生成实体

在命令执行过程中，选择使用"倾斜角"选项，可以生成具有一定倾斜角度的实体或曲面。根据绘制的轮廓线，通过拉伸生成三维实体。命令行提示如下。

命令：_extrude（执行"拉伸"命令）

当前线框密度：ISOLINES=8，闭合轮廓创建模式=实体

选择要拉伸的对象或［模式（MO）］：_MO 闭合轮廓创建模式［实体（SO）/曲面（SU）］＜实体＞：

_SO 选择要拉伸的对象：找到 1 个（选择拉伸对象）

选择要拉伸的对象：（按〈Enter〉键结束选择）

指定拉伸的高度或［方向（D）/路径（P）/倾斜角（T）］＜100.0000＞：T（选择"倾斜角"方式进行拉伸）

指定拉伸的倾斜角度或［表达式（E）］＜0.0000＞：30（指定倾斜角度）

指定拉伸的高度或［方向（D）/路径（P）/倾斜角（T）/表达式（E）］＜12.0000＞：100（指定拉伸高度）

完成命令操作，结果如图 8-17 所示。

图 8-17　指定倾斜角拉伸

8.4.2　放样实体

1. 功能

使用"放样"命令生成实体，可以将图形横截面沿指定的路径或导向运动扫描获得三维实体或曲面。横截面轮廓可以是开放曲线或闭合曲线，开放曲线可创建曲面，而闭合曲线可创建实体或曲面。在进行放样时，使用的横截面必须全部开放或全部闭合，不能使用既包含开放曲线又包含闭合曲线的选择集。用户也可以为放样操作指定路径，从而更好地控制放样对象的形状。为获得最佳结果，路径曲线应始于第一个横截面所在的平面，止于最后一个横截面所在的平面。在创建放样横截面轮廓时，必须将多个横截面绘制在不同的平面内。使用该命令放样生成实体时，还可以通过放样设置功能指定多个参数来限制实体的形状，如设置直纹、平滑拟合、法线指向和拔模斜度等参数。

2. 命令调用

用户可采用以下操作方法之一调用该命令。

● 在功能区单击"常用"选项卡→"建模"面板→"放样"按钮。

● 在功能区单击"实体"选项卡→"实体"面板→"放样"按钮。

● 在命令行输入"Loft"，按〈Enter〉键执行。

3. 命令操作

使用"放样"命令生成实体时，用户可以通过指定仅横截面和指定路径来创建三维对象。

（1）指定"仅横截面"放样生成实体

该方法是指仅指定一系列横截面来创建实体。例如，通过 4 个在不同平面的圆心放样生成实体。首先在俯视图中绘制 4 个圆心作为放样横截面，绘制完成后将它们分别移动到适当的高度，保证每个横截面均不在同一个平面内。执行该命令，命令行提示如下。

> 命令:_loft（执行"放样"命令）
>
> 当前线框密度： ISOLINES=8,闭合轮廓创建模式=实体
>
> 按放样次序选择横截面或［点(PO)/合并多条边(J)/模式(MO)］:_MO 闭合轮廓创建模式［实体(SO)/曲面(SU)］<实体>:_SO
>
> 按放样次序选择横截面或［点(PO)/合并多条边(J)/模式(MO)］:找到 1 个（依次单击横截面矩形）
>
> 按放样次序选择横截面或［点(PO)/合并多条边(J)/模式(MO)］:找到 1 个,总计 4 个
>
> 按放样次序选择横截面或［点(PO)/合并多条边(J)/模式(MO)］:（按〈Enter〉键完成对象选择）
>
> 选中了 4 个横截面
>
> 输入选项［导向(G)/路径(P)/仅横截面(C)/设置(S)］<仅横截面>:C（选择"仅横截面"模式）

完成命令操作，结果如图 8-18 所示。

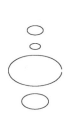

图 8-18　使用"仅横截面"方式放样

（2）指定"路径"放样生成实体

该方法通过指定放样操作的路径来控制放样实体的形状。要求路径曲线应始于第一个横截面所在平面，止于最后一个横截面所在平面，并且路径曲线必须与横截面的所有平面相交。例如，在不同的平面任意绘制 4 个图形作为横截面，并绘制一条直线作为放样路径。执行该命令，命令行提示如下。

> 命令:_loft（执行"放样"命令）
>
> 当前线框密度： ISOLINES=8,闭合轮廓创建模式=实体
>
> 按放样次序选择横截面或［点(PO)/合并多条边(J)/模式(MO)］:_MO 闭合轮廓创建模式［实体(SO)/曲面(SU)］<实体>:_SO

按放样次序选择横截面或［点(PO)/合并多条边(J)/模式(MO)］:找到 1 个(依次单击横截面)
按放样次序选择横截面或［点(PO)/合并多条边(J)/模式(MO)］:找到 1 个,总计 2 个
按放样次序选择横截面或［点(PO)/合并多条边(J)/模式(MO)］:找到 1 个,总计 3 个
按放样次序选择横截面或［点(PO)/合并多条边(J)/模式(MO)］:找到 1 个,总计 4 个
按放样次序选择横截面或［点(PO)/合并多条边(J)/模式(MO)］:(按〈Enter〉键完成对象选择)
选中了 4 个横截面
输入选项［导向(G)/路径(P)/仅横截面(C)/设置(S)］＜仅横截面＞:P(选择"路径"方式生
成三维对象)
选择路径轮廓:(单击绘制的路径对象)

完成命令操作,结果如图 8-19 所示。

8.4.3　旋转实体

1. 功能

利用"旋转"命令生成实体,可以通过绕指定中心轴旋
转开放或闭合的平面曲线来创建新的实体或曲面。如果旋转
闭合对象,则生成实体,如果旋转开放对象,则生成曲面。

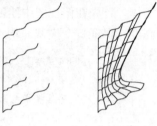

图 8-19　指定路径放样

2. 命令调用

用户可采用以下操作方法之一调用该命令。

- 在功能区单击"常用"选项卡→"建模"面板→"旋转"按钮。
- 在功能区单击"实体"选项卡→"实体"面板→"旋转"按钮。
- 在命令行输入"Revolve",按〈Enter〉键执行。

3. 命令操作

例如,利用"旋转"命令创建一个三维花瓶。首先用多段线命令在前视图中绘制轴的
轮廓线和旋转轴,然后利用该功能将其创建为三维花瓶。命令行提示如下。

命令:_revolve(执行"旋转"命令)
当前线框密度:　ISOLINES=4,闭合轮廓创建模式=实体
选择要旋转的对象或［模式(MO)］:_MO 闭合轮廓创建模式［实体(SO)/曲面(SU)］＜实体＞:
_SO
选择要旋转的对象或［模式(MO)］:找到 1 个(选择绘制的轮廓线对象)
选择要旋转的对象或［模式(MO)］:(按〈Enter〉键结束选择)
指定轴起点或根据以下选项之一定义轴［对象(O)/X/Y/Z］＜对象＞:o(选择"对象"选项)
选择对象:(单击回转轴对象)
指定旋转角度或［起点角度(ST)/反转(R)/表达式(EX)］＜360＞:360(默认旋转一周)

完成命令操作,结果如图 8-20 所示。

8.4.4　扫掠实体

1. 功能

利用"扫掠"命令生成实体,可以通过沿路径扫掠平面曲线或轮廓来创建实体或曲面。
沿路径扫掠轮廓时,轮廓将被移动并与路径法向对齐。

208

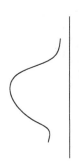

图 8-20　旋转创建实体

2. 命令调用

用户可采用以下操作方法之一调用该命令。

- 在功能区单击"常用"选项卡→"建模"面板→"扫掠"按钮。
- 在功能区单击"实体"选项卡→"实体"面板→"扫掠"按钮。
- 在命令行输入"Sweep"，按〈Enter〉键执行。

3. 命令操作

例如，利用"扫掠"命令绘制一个"弹簧"三维模型。首先用多段线命令在俯视图中绘制一个表示"窗套线"截面的轮廓，然后在前视图中利用矩形命令绘制扫掠路径。执行该命令，命令行提示如下。

> 命令:_circle 指定圆的圆心或 [三点(3P)/两点(2P)/切点、切点、半径(T)]:(执行"圆"命令并指定圆心)
>
> 指定圆的半径或 [直径(D)] <0.0000>:10(指定圆形的半径)
>
> 命令:_Helix (绘制扫掠路径)
>
> 圈数 = 3.0000　　扭曲 = CCW
>
> 指定底面的中心点:(指定底面中心点)
>
> 指定底面半径或 [直径(D)] <100.0000>:50
>
> 指定顶面半径或 [直径(D)] <50.0000>:100
>
> 指定螺旋高度或 [轴端点(A)/圈数(T)/圈高(H)/扭曲(W)] <100.0000>:200
>
> 命令:_sweep (执行"扫掠"命令)
>
> 当前线框密度: ISOLINES = 8,闭合轮廓创建模式 = 实体
>
> 选择要扫掠的对象或 [模式(MO)]:_MO 闭合轮廓创建模式 [实体(SO)/曲面(SU)] <实体>:_SO
>
> 选择要扫掠的对象或 [模式(MO)]:(选取绘制的圆形轮廓,按〈Enter〉键完成对象选择)
>
> 选择扫掠路径或 [对齐(A)/基点(B)/比例(S)/扭曲(T)]:(选择弹簧作为扫掠路径)

完成命令操作，结果如图 8-21 所示。

在提示选择扫掠路径时，可以选择"对齐"选项，如果轮廓与扫掠路径不在同一平面上，则需要指定轮廓与扫掠路径对齐的方式。选择"基点"选项，可以在轮廓上指定基点，以便沿轮廓进行扫掠。选择"比例"选项，可以指定从开始扫掠到结束扫掠将更改对象大小的值。选择"扭曲"选项，可以通过输入扭曲角度，使对象沿轮廓长度进行旋转。

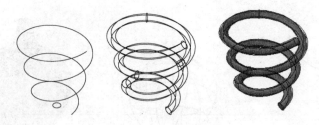

图 8-21　扫掠创建实体

8.4.5　按住并拖动实体

在绘图区中选择有边界区域，然后拖拽光标或输入值以指定拉伸距离，形成实体。

1. 功能

利用"按住并拖动"命令用于拉伸三维面或三维实体面。

2. 命令调用

用户可采用以下操作方法之一调用该命令。

- 在功能区单击"常用"选项卡→"建模"面板→"按住并拖动"按钮。
- 在功能区单击"实体"选项卡→"实体"面板→"按住并拖动"按钮。
- 在命令行输入"Presspull"，按〈Enter〉键执行。

3. 命令操作

例如，利用"按住并拖动"命令对长方体顶面的圆进行拖拽。执行该命令，命令行提示如下。

> 命令：_presspull (执行"按住并拖动"命令)
> 选择对象或边界区域：(选取绘制的圆形轮廓，按〈Enter〉键完成对象选择)
> 指定拉伸高度或 [多个(M)]：200
> 已创建 1 个拉伸

完成命令操作，结果如图 8-22 所示。

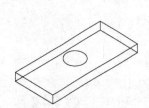 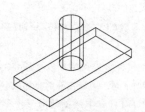 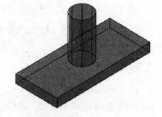

图 8-22　按住并拖动创建实体

8.5　实训

8.5.1　创建三维椅子对象

1. 实训要求

根据绘制的"椅子"示意图，为其创建三维模型对象。

2. 实训指导

1) 打开 AutoCAD 2014 中文版，利用前面章节所学内容绘制一个"椅子"示意图，并分别对椅面、椅腿和靠背设置面域，如图 8-23 所示，将工作空间选定为"三维建模"。

2) 在功能区单击"常用"选项卡→"视图"面板→"三维导航"按钮，将其设为"东南等轴测"，在功能区单击"常用"选项卡→"建模"面板→"拉伸"按钮，分别对椅面、椅腿和靠背进行拉伸，并根据提示将椅面拉伸高度设为 20，将椅腿拉伸高度设为 400，将靠背拉伸高度设为 600，如图 8-24 所示。

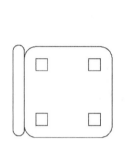

图 8-23 "椅子"二维示意图

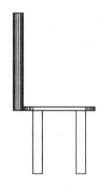

图 8-24 拉伸实体

3) 在功能区单击"常用"选项卡→"视图"面板→"三维导航"按钮，将其设为"前视"，运用"旋转"命令进行旋转一定角度，如图 8-25 所示。

4) 在功能区单击"常用"选项卡→"视图"面板→"三维导航"按钮，将其设为"东南等轴测"，并选择"视觉样式"命令，将其设为"真实"，如图 8-26 所示。

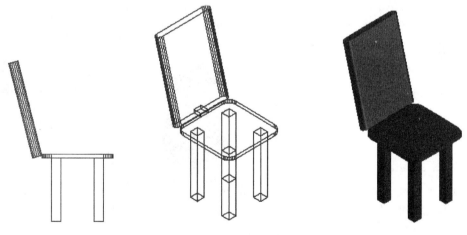

图 8-25 旋转实体　　　　　　图 8-26 创建"座椅"模型

5) 完成上述操作，最后将文件保存至"D:\AutoCAD 2014 第 8 章实训"文件夹中，文件名为"椅子"三维模型对象。

8.5.2 创建三维落地灯模型对象

1. 实训要求

利用多段线、夹点编辑、圆角等二维绘图命令以及实体旋转等三维绘图命令，创建一个落地灯三维模型对象。

2. 实训指导

1）打开 AutoCAD 2014 中文版，新建一个图形文件，将工作空间选为"三维建模"。

2）在功能区单击"常用"选项卡→"绘图"面板→"多段线"按钮 ，在前视图中绘制落地灯底座轮廓图，底座总高度为 1000，并利用"圆角"命令对其进行处理，如图 8-27 所示。

3）在功能区单击"常用"选项卡→"建模"面板→"旋转"按钮 ，选择绘制的台灯底座轮廓图，将其绕中心轴旋转 360°生成落地灯底座三维模型，如图 8-28 所示。

图 8-27　绘制台灯底座轮廓图　　　　　图 8-28　生成台灯底座三维模型

4）在功能区单击"常用"选项卡→"绘图"面板→"多段线"按钮 ，在前视图中绘制落地灯灯罩的截面轮廓图，如图 8-29 所示。

5）在功能区单击"常用"选项卡→"建模"面板→"旋转"按钮 ，选择绘制的台灯灯罩截面轮廓图，将其绕台灯中心轴旋转 360°生成台灯灯罩三维模型，如图 8-30 所示。

6）在功能区单击"常用"选项卡→"修改"面板→"移动"按钮 ，将前面所绘制的台灯底座和灯罩放置在一起，将其相对位置调整恰当，并删除多余线条，结果如图 8-31 所示。

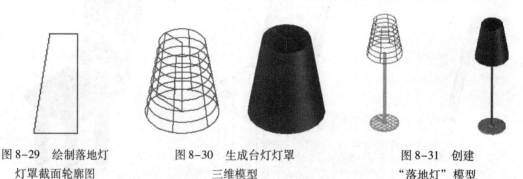

图 8-29　绘制落地灯　　　　图 8-30　生成台灯灯罩　　　　图 8-31　创建
　　灯罩截面轮廓图　　　　　　三维模型　　　　　　　　"落地灯"模型

7）完成上述操作，最后将文件保存至"D：\ AutoCAD 2014 第 8 章实训"文件夹中，文件名为"落地灯"三维模型。

8.6　思考与练习

1）在 AutoCAD 2014 中，三维坐标的表示方法有哪些？

2）三维模型的分类有哪几种？它们有什么区别？

3）AutoCAD 2014 提供了哪几种视图？如何在绘图过程中切换视图？

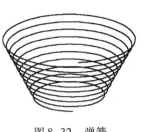

图 8-32　弹簧

4）在 AutoCAD 2014 中可以创建哪些基本实体？

5）请举例说明如何将多段线对象转换为多段体。

6）利用扫掠等命令，创建一个"弹簧"三维模型，并保存至指定位置，如图 8-32 所示。

7）利用圆形、多段线、拉伸、放样等命令，创建一个"传动轴"三维模型，并保存至指定位置。其总长度为 120，最大直径为 45，如图 8-33 所示。

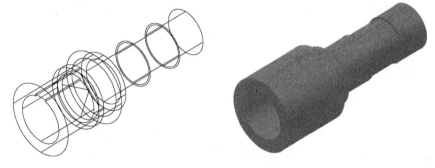

图 8-33　"传动轴"三维模型

8）利用圆弧、多段线、拉伸、放样等命令，创建一个"玻璃瓶"三维模型对象，并保存至指定位置。其总高度为 180，最大直径为 50，瓶口直径 30，如图 8-34 所示。

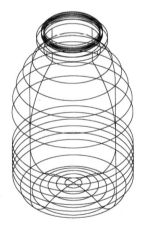

图 8-34　"玻璃瓶"三维模型

第9章 三维对象编辑

使用基本的三维建模工具只能创建简单的三维对象,为了更准确、更有效地创建复杂的三维对象,需要使用三维对象编辑工具对实体进行移动、复制、缩放、拉伸和阵列等操作。利用三维编辑工具还可以对三维对象进行布尔运算、剖切、抽壳等高级编辑操作,从而创建出符合设计要求的三维实体。

9.1 布尔运算

在实体造型中,经常会遇到对实体进行组合、截取、挖孔的情况,为此 AutoCAD 提供了处理这种情况的方法,即三维实体的布尔运算。对实体进行上述操作时,可以先单独绘制三维实体,然后根据需要进行相应的布尔运算,从而得到所需的实体。布尔运算包括并集、差集和交集 3 个基本运算方式。在进行布尔运算时,三维对象间必须具有相交的公共部分。

9.1.1 并集

要将多个实体进行组合生成一个新实体,可以使用并集操作。进行并集操作时,参与并集操作的对象可以不相交,但必须选择类型相同的对象进行操作。

1. 功能

使用"并集"命令,可以将两个或多个三维实体、曲面或二维面域进行合并,相应合并为组合三维实体、曲面或面域。

2. 命令调用

用户可采用以下操作方法之一调用该命令。

- 在功能区单击"常用"选项卡→"实体编辑"面板→"并集"按钮。
- 在功能区单击"实体"选项卡→"布尔值"面板→"并集"按钮。
- 在命令行输入"Union",按〈Enter〉键执行。

3. 命令操作

执行该命令,命令行提示如下。

```
命令:_union (执行"并集"命令)
选择对象:找到 1 个(选择第一个三维对象)
选择对象:找到 1 个,总计 2 个(选择第二个三维对象)
选择对象:(按〈Enter〉键结束选择)
```

完成命令操作,结果如图9-1所示。

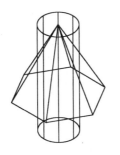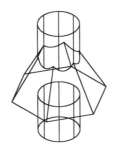

图 9-1 并集

9.1.2 差集

从一组实体中挖掉另外一组实体，从而创建一个新实体，可以使用差集操作。

1. 功能

使用"差集"命令，可以从第一个选择集中的对象减去第二个选择集中的对象，即创建了一个新的三维实体、曲面或面域。

2. 命令调用

用户可采用以下操作方法之一调用该命令。

- 在功能区单击"常用"选项卡→"实体编辑"面板→"差集"按钮。
- 在功能区单击"实体"选项卡→"布尔值"面板→"差集"按钮。
- 在命令行输入"Subtract"，按〈Enter〉键执行。

3. 命令操作

执行该命令，命令行提示如下。

命令：_subtract 选择要从中减去的实体或面域...（执行"差集"命令）

选择对象：找到 1 个（选择第一个三维对象）

选择对象：（按〈Enter〉键结束选择）

选择要减去的实体或面域...

选择对象：找到 1 个（选择第二个三维对象）

选择对象：（按〈Enter〉键结束选择）

完成命令操作，结果如图 9-2 所示。

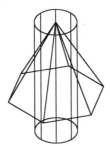

图 9-2 差集

9.1.3 交集

要在所有有交集的实体的公共部分创建一个新实体，可以使用交集操作。

1. 功能

使用"交集"命令，可以从两个或两个以上现有的三维实体、曲面或面域的公共部分创建三维实体。

2. 命令调用

用户可采用以下操作方法之一调用该命令。

- 在功能区单击"常用"选项卡→"实体编辑"面板→"交集"按钮。
- 在功能区单击"实体"选项卡→"布尔值"面板→"交集"按钮。
- 在命令行输入"Intersect"，按〈Enter〉键执行。

3. 命令操作

执行该命令，命令行提示如下。

命令:_intersect（执行"交集"命令）

选择对象:找到 2 个（框选要进行交集操作的三维对象）

选择对象:（按〈Enter〉键结束选择）

完成命令操作，结果如图9-3所示。

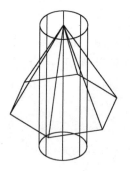

图9-3　交集

9.2　三维对象编辑

在绘制较为复杂的三维对象时，需要使用三维编辑命令来实现较为复杂的造型，在 AutoCAD 2014 中，提供了实体的移动、镜像、阵列、旋转、倒角边和圆角边等编辑功能。

9.2.1　三维移动

1. 功能

使用"三维移动"命令，可以将指定模型沿 X、Y、Z 轴或其他任意方向，以及沿轴线、面或任意两点间移动，从而确定模型在三维空间中的位置。

2. 命令调用

用户可采用以下操作方法之一调用该命令。

- 在菜单栏选择"修改"→"三维操作"→"三维移动"命令。
- 在功能区单击"常用"选项卡→"修改"面板→"三维移动"按钮。
- 在命令行输入"3Dmove"，按〈Enter〉键执行。

3. 命令操作

在命令执行过程中，可以通过指定距离、指定轴向、指定平面 3 种方式实现三维对象的移动。执行该命令，命令行提示如下。

> 命令：_3dmove（执行"三维移动"命令）
> 选择对象：找到 1 个（选择要移动的对象）
> 选择对象：（按〈Enter〉键完成对象选择）
> 指定基点或 [位移(D)] <位移>：（将光标悬停在指定对象的坐标轴上，单击一点作为基点）
> ＊＊ 移动 ＊＊（移动光标，即可完成对象的移动）
> 指定移动点或 [基点(B)/复制(C)/放弃(U)/退出(X)]：正在重生成模型。

完成命令操作，结果如图 9-4 所示。

图 9-4 三维移动

9.2.2 三维旋转

1. 功能

使用"三维旋转"命令，可以将所选择的三维对象沿指定的基点和旋转轴（X 轴、Y 轴、Z 轴）进行自由旋转。

2. 命令调用

用户可采用以下操作方法之一调用该命令。

- 在菜单栏选择"修改"→"三维操作"→"三维旋转"命令。
- 在功能区单击"常用"选项卡→"修改"面板→"三维旋转"按钮。
- 在命令行输入"3Drotate"，按〈Enter〉键执行。

3. 命令操作

执行该命令，命令行提示如下。

> 命令：_3drotate（执行"三维旋转"命令）
> UCS 当前的正角方向：ANGDIR = 逆时针　ANGBASE = 0
> 选择对象：找到 2 个（单击要旋转的对象）
> 选择对象：（按〈Enter〉键结束选择）
> 指定基点：（将光标悬停在指定对象的坐标轴上，指定旋转基点）
> 拾取旋转轴：（指定旋转轴）
> 指定角的起点或键入角度：30。

完成命令操作，结果如图 9-5 所示。

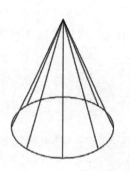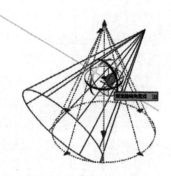

图 9-5　三维旋转

9.2.3　三维镜像

1. 功能

使用"三维镜像"命令，可以将三维对象通过镜像平面创建与之完全相同的对象。其中，镜像平面可以是与当前 UCS 的 XY、YZ 或 XZ 平面平行的平面或由 3 个指定点定义的任意平面。

2. 命令调用

用户可采用以下操作方法之一调用该命令。

- 在菜单栏选择"修改"→"三维操作"→"三维镜像"命令。
- 在功能区单击"常用"选项卡→"修改"面板→"三维镜像"按钮。
- 在命令行输入"Mirror3d"，按〈Enter〉键执行。

3. 命令操作

执行该命令，命令行提示如下。

> 命令:_mirror3d (执行"三维镜像"命令)
> 选择对象:找到 1 个(单击要镜像的对象)
> 选择对象:(按〈Enter〉键结束选择)
> 指定镜像平面（三点）的第一个点或[对象(O)/最近的(L)/Z 轴(Z)/视图(V)/XY 平面(XY)/
> YZ 平面(YZ)/ZX 平面(ZX)/三点(3)]＜三点＞:(单击第一点,也可以指定镜像平面为 xy)
> 在镜像平面上指定第二点:
> 在镜像平面上指定第三点:(依次单击第二点和第三点)
> 是否删除源对象? [是(Y)/否(N)]＜否＞:n (输入 y 或 n,或按〈Enter〉键确认)

完成命令操作，结果如图 9-6 所示。

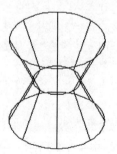

图 9-6　三维镜像

9.2.4 三维阵列

1. 功能

使用"三维阵列"命令，可以在三维空间中按矩形阵列或环形阵列的方式，创建指定对象的多个副本。进行三维阵列时，除了指定行列数目和间距以外，还可指定阵列的层数和层间距。

2. 命令调用

用户可采用以下操作方法之一调用该命令。

- 在菜单栏选择"修改"→"三维操作"→"三维阵列"命令。
- 在功能区单击"常用"选项卡→"修改"面板→"三维阵列"按钮。
- 在命令行输入"3Darray"，按〈Enter〉键执行。

3. 命令操作

在指定阵列间距时若输入正值将沿 X、Y、Z 轴的正方向生成阵列，若输入负值将沿 X、Y、Z 轴的反方向生成阵列。执行该命令，命令行提示如下。

> 命令：_3darray（执行"三维阵列"命令）
> 选择对象：找到 1 个（单击要阵列的对象）
> 选择对象：（按〈Enter〉键结束选择）
> 输入阵列类型［矩形(R)/环形(P)］＜矩形＞:R（选择"矩形"阵列）
> 输入行数（－－－）＜1＞:3（设置阵列行数）
> 输入列数（|||）＜1＞:3（设置阵列列数）
> 输入层数（...）＜1＞:3（设置阵列层数）
> 指定行间距（|||）:指定第二点60（可输入间距数值,也可用光标直接在屏幕上量取）
> 指定列间距（|||）:指定第二点60（可输入间距数值,也可用光标直接在屏幕上量取）
> 指定层间距（...）:指定第二点60（可输入间距数值,也可用光标直接在屏幕上量取）

完成命令操作，结果如图 9-7 所示。

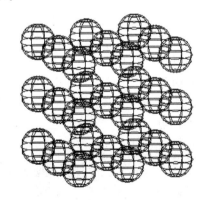

图 9-7　三维矩形阵列

用户还可以利用该功能对三维对象进行环形阵列。命令行提示如下。

命令:_3darray (执行"三维阵列"命令)

选择对象:找到 1 个(单击要阵列的对象)

选择对象:(按〈Enter〉键结束选择)

输入阵列类型 [矩形(R)/环形(P)] <矩形>:P(选择环形阵列)

输入阵列中的项目数目:12(指定阵列数量)

指定要填充的角度(+=逆时针,-=顺时针)<360>:(设置填充角度,默认360°)

旋转阵列对象?[是(Y)/否(N)] <Y>:(将阵列对象的副本设置为可旋转)

指定阵列的中心点:(单击圆盘中心点作为环形阵列中心)

指定旋转轴上的第二点:(指定环形阵列旋转轴第二点)

完成命令操作,结果如图9-8所示。

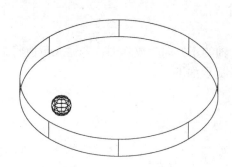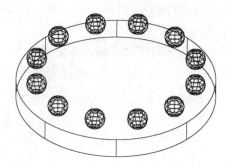

图9-8　三维环形阵列

9.2.5　倒角

1. 功能

使用"倒角"命令,可以为三维对象添加倒角特征。

2. 命令调用

用户可采用以下操作方法之一调用该命令。

- 在菜单栏选择"修改"→"倒角"命令。
- 在功能区单击"常用"选项卡→"修改"面板→"倒角"按钮。
- 在命令行输入"Chamfer",按〈Enter〉键执行。

3. 命令操作

执行该命令,命令行提示如下。

命令:_chamfer (执行"倒角"命令)

("修剪"模式) 当前倒角距离 1 = 0.0000,距离 2 = 0.0000

选择第一条直线或 [放弃(U)/多段线(P)/距离(D)/角度(A)/修剪(T)/方式(E)/多个(M)]:

基面选择...

输入曲面选择选项 [下一个(N)/当前(OK)] <当前(OK)>:

指定基面的倒角距离 <0.0000>:10(设置倒角距离)

指定其他曲面的倒角距离 <0.0000>:15(设置倒角距离)

选择边或 [环(L)]:选择边或 [环(L)]:(单击要进行倒角的边)

完成命令操作，结果如图9-9所示。

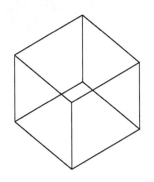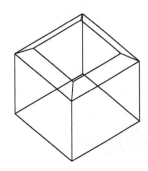

图9-9　倒角

9.2.6　圆角

1. 功能

使用"圆角"命令，可以为三维对象添加圆角特征。

2. 命令调用

用户可采用以下操作方法之一调用该命令。

● 在菜单栏选择"修改"→"圆角"命令。

● 在功能区单击"常用"选项卡→"修改"面板→"圆角"按钮。

● 在命令行输入"Fillet"，按〈Enter〉键执行。

3. 命令操作

执行该命令，命令行提示如下。

完成命令操作，结果如图9-10所示。

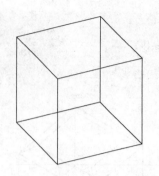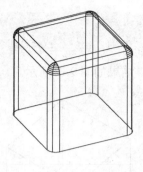

图 9-10　圆角

9.3　编辑三维实体的面

在 AutoCAD 2014 中，用户可以通过拉伸、移动、旋转、偏移、倾斜等命令，对选定的三维实体的面进行编辑，以创建更为复杂的实体对象。

9.3.1　移动面

1. 功能

使用"移动面"命令，可以将所选择实体的一个或多个面按指定的方向和距离移动到新的位置，使实体的几何形状发生关联变化。

2. 命令调用

用户可采用以下操作方法之一调用该命令。

● 在菜单栏选择"修改"→"实体编辑"→"移动面"命令。

● 在功能区单击"常用"选项卡→"实体编辑"面板→"移动面"按钮。

3. 命令操作

执行该命令，命令行提示如下。

> 命令：_solidedit (执行"实体编辑"命令)
>
> 实体编辑自动检查：SOLIDCHECK = 1
>
> 输入实体编辑选项［面(F)/边(E)/体(B)/放弃(U)/退出(X)］<退出>：_face (自动选择"面"选项)
>
> 输入面编辑选项［拉伸(E)/移动(M)/旋转(R)/偏移(O)/倾斜(T)/删除(D)/复制(C)/颜色(L)/材质(A)/放弃(U)/退出(X)］<退出>：_move (执行"移动面"命令)
>
> 选择面或［放弃(U)/删除(R)］：找到一个面。(单击要移动的实体面)
>
> 选择面或［放弃(U)/删除(R)/全部(ALL)］：(按〈Enter〉键完成选择)
>
> 指定基点或位移：(指定移动基点)
>
> 指定位移的第二点：(指定移动距离)
>
> 已开始实体校验。已完成实体校验。
>
> 输入面编辑选项［拉伸(E)/移动(M)/旋转(R)/偏移(O)/倾斜(T)/删除(D)/复制(C)/颜色(L)/材质(A)/放弃(U)/退出(X)］<退出>：

完成命令操作，结果如图 9-11 所示。

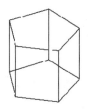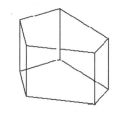

图 9-11　移动面

9.3.2 拉伸面

1. 功能

使用"拉伸面"命令,可以在 X、Y 或 Z 方向上延伸三维实体的面,还可以指定拉伸高度、拉伸路径或在拉伸时设置倾斜角度,以便创建不同的拉伸面效果。

2. 命令调用

用户可采用以下操作方法之一调用该命令。

- 在菜单栏选择"修改"→"实体编辑"→"拉伸面"命令。
- 在功能区单击"常用"选项卡→"实体编辑"面板→"拉伸面"按钮。

3. 命令操作

执行该命令,命令行提示如下。

命令:_solidedit(执行"实体编辑"命令)
实体编辑自动检查: SOLIDCHECK = 1
输入实体编辑选项 [面(F)/边(E)/体(B)/放弃(U)/退出(X)] <退出 >:_face(自动选择
"面"选项)
输入面编辑选项 [拉伸(E)/移动(M)/旋转(R)/偏移(O)/倾斜(T)/删除(D)/复制(C)/颜色
(L)/材质(A)/放弃(U)/退出(X)] <退出 >:_extrude(执行"拉伸面"命令)
选择面或 [放弃(U)/删除(R)]:找到一个面。(单击要拉伸的实体面)
选择面或 [放弃(U)/删除(R)/全部(ALL)]:(按〈Enter〉键完成选择)
指定拉伸高度或 [路径(P)]:20(指定拉伸高度)
指定拉伸的倾斜角度 <30 >:30(指定拉伸的倾斜角度)
已开始实体校验。已完成实体校验。
输入面编辑选项 [拉伸(E)/移动(M)/旋转(R)/偏移(O)/倾斜(T)/删除(D)/复制(C)/颜色
(L)/材质(A)/放弃(U)/退出(X)] <退出 >:

完成命令操作,结果如图 9-12 所示。使用"拉伸面"命令时,将"拉伸倾斜角度"设为正数或负数的拉伸效果是不同的。

a)　　　　　　　b)　　　　　　　c)

图 9-12　拉伸面

a) 原对象　b) 倾斜角度为30°　c) 倾斜角度为 - 30°

9.3.3 倾斜面

1. 功能

使用"倾斜面"命令，可以将三维实体上的面沿指定的角度倾斜。倾斜角的旋转方向由指定的基点和第二点的位置决定。倾斜角度为正时，将向内倾斜面，倾斜角度为负时，将向外倾斜面。

2. 命令调用

用户可采用以下操作方法之一调用该命令。

- 在菜单栏选择"修改"→"实体编辑作"→"倾斜面"命令。
- 在功能区单击"常用"选项卡→"实体编辑"面板→"倾斜面"按钮。

3. 命令操作

执行该命令，命令行提示如下。

命令:_solidedit(执行"实体编辑"命令)

实体编辑自动检查: SOLIDCHECK = 1

输入实体编辑选项 [面(F)/边(E)/体(B)/放弃(U)/退出(X)] <退出>:_face(自动选择"面"选项)

输入面编辑选项[拉伸(E)/移动(M)/旋转(R)/偏移(O)/倾斜(T)/删除(D)/复制(C)/颜色(L)/材质(A)/放弃(U)/退出(X)] <退出>:_taper(执行倾斜面命令)

选择面或 [放弃(U)/删除(R)]:找到一个面。(单击要进行倾斜的实体面)

选择面或 [放弃(U)/删除(R)/全部(ALL)]:(按〈Enter〉键完成选择)

指定基点:(指定倾斜轴的基点)

指定沿倾斜轴的另一个点:(单击倾斜轴的第二点)

指定倾斜角度:30(指定倾斜角度)

已开始实体校验。已完成实体校验。

输入面编辑选项[拉伸(E)/移动(M)/旋转(R)/偏移(O)/倾斜(T)/删除(D)/复制(C)/颜色(L)/材质(A)/放弃(U)/退出(X)] <退出>:

完成命令操作，结果如图9-13所示。在输入倾斜角度时，正角度将向内倾斜面，负角度将向外倾斜面，默认角度为0。倾斜角度必须在 -90°~90°。

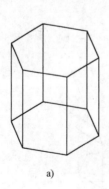 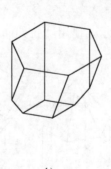 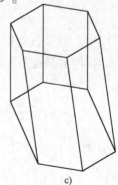

a)　　　　　　　　　b)　　　　　　　　　c)

图9-13　倾斜面

a) 原对象　b) 倾斜角度为30°　c) 倾斜角度为 -30°

224

9.3.4　旋转面

1. 功能

使用"旋转面"命令，可以使三维对象绕指定轴旋转一个或多个面或实体的某些部分，以完成对实体对象的编辑。

2. 命令调用

用户可采用以下操作方法之一调用该命令。

- 在菜单栏选择"修改"→"实体编辑"→"旋转面"命令。
- 在功能区单击"常用"选项卡→"实体编辑"面板→"旋转面"按钮。

3. 命令操作

执行该命令，命令行提示如下。

命令：_solidedit（执行"实体编辑"命令）

实体编辑自动检查：　SOLIDCHECK = 1

输入实体编辑选项 [面(F)/边(E)/体(B)/放弃(U)/退出(X)] < 退出 >：_face（自动选择"面"选项）

输入面编辑选项 [拉伸(E)/移动(M)/旋转(R)/偏移(O)/倾斜(T)/删除(D)/复制(C)/颜色(L)/材质(A)/放弃(U)/退出(X)] < 退出 >：_rotate（执行"旋转面"命令）

选择面或 [放弃(U)/删除(R)]：找到一个面。（单击要进行旋转的实体面）

选择面或 [放弃(U)/删除(R)/全部(ALL)]：（按〈Enter〉键完成选择）

指定轴点或 [经过对象的轴(A)/视图(V)/X 轴(X)/Y 轴(Y)/Z 轴(Z)] < 两点 >：（单击圆柱体顶面圆形的象限点作为旋转轴第一点）

在旋转轴上指定第二个点：（单击旋转轴第二点）

指定旋转角度或 [参照(R)]：30（指定旋转角度）

已开始实体校验。已完成实体校验。

输入面编辑选项 [拉伸(E)/移动(M)/旋转(R)/偏移(O)/倾斜(T)/删除(D)/复制(C)/颜色(L)/材质(A)/放弃(U)/退出(X)] < 退出 >：

完成命令操作，结果如图 9-14 所示。

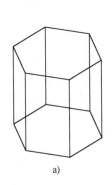 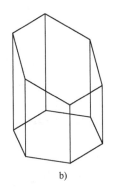 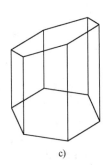

a)　　　　　　　　b)　　　　　　　　c)

图 9-14　旋转面

a）原对象　b）旋转角度为 30°　c）旋转角度为 -30°

9.3.5 偏移面

1. 功能

使用"偏移面"命令，可以使三维对象按指定的距离或通过指定的点，将选中的面均匀偏移。正值会增大实体的大小或体积，负值会减小实体的大小或体积。

2. 命令调用

用户可采用以下操作方法之一调用该命令。

- 在菜单栏选择"修改"→"实体编辑"→"偏移面"命令。
- 在功能区单击"常用"选项卡→"实体编辑"面板→"偏移面"按钮。

3. 命令操作

执行该命令，命令行提示如下。

> 命令：_solidedit（执行"实体编辑"命令）
> 实体编辑自动检查： SOLIDCHECK = 1
> 输入实体编辑选项 [面(F)/边(E)/体(B)/放弃(U)/退出(X)] <退出>：_face（自动选择"面"选项）
> 输入面编辑选项[拉伸(E)/移动(M)/旋转(R)/偏移(O)/倾斜(T)/删除(D)/复制(C)/颜色(L)/材质(A)/放弃(U)/退出(X)] <退出>：_offset（执行"偏移面"命令）
> 选择面或 [放弃(U)/删除(R)]：找到一个面。（单击要进行偏移的实体面）
> 选择面或 [放弃(U)/删除(R)/全部(ALL)]：（按〈Enter〉键完成选择）
> 指定偏移距离：50（指定偏移距离）
> 已开始实体校验。
> 已完成实体校验。
> 输入面编辑选项[拉伸(E)/移动(M)/旋转(R)/偏移(O)/倾斜(T)/删除(D)/复制(C)/颜色(L)/材质(A)/放弃(U)/退出(X)] <退出>：

完成命令操作，结果如图 9-15 所示。

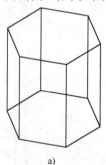 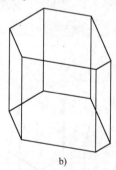 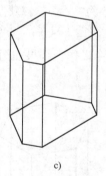

a)　　　　　　　　　　b)　　　　　　　　　　c)

图 9-15　偏移面

a) 原对象　b) 偏移距离为 50°　c) 偏移距离为 -50°

9.4　编辑三维实体

在 AutoCAD 2014 中，可以通过剖切、抽壳等命令，对选定的三维实体进行编辑，以创建更为复杂的实体对象。

9.4.1 剖切

1. 功能

使用"剖切"命令,可以使用一个与三维对象相交的平面或曲面,将其切为两半,在剖切三维实体时,可以通过多种方法定义剖切平面。如可以通过指定3个点、一条轴、一个曲面或一个平面对象作为剪切平面,还可以选择保留剖切对象的一半,或两半均保留。

2. 命令调用

用户可采用以下操作方法之一调用该命令。

- 在菜单栏选择"修改"→"三维操作"→"剖切"命令。
- 在功能区单击"常用"选项卡→"实体编辑"面板→"剖切"按钮。
- 在命令行输入"Slice",按〈Enter〉键执行。

3. 命令操作

执行该命令,命令行提示如下。

命令:_slice(执行"剖切"命令)
选择要剖切的对象:找到 1 个(选择对象)
选择要剖切的对象:(按〈Enter〉键结束选择)
指定 切面 的起点或[平面对象(O)/曲面(S)/Z 轴(Z)/视图(V)/XY(XY)/YZ(YZ)/ZX(ZX)/
三点(3)]<三点>:(单击切面的第 1 点)
指定平面上的第二个点:(单击切面的第 2 点)
在所需的侧面上指定点或[保留两个侧面(B)]<保留两个侧面>:(在对象左侧单击第 3 点)

完成命令操作,结果如图 9-16 所示。

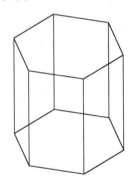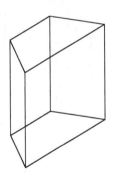

图 9-16　实体剖切

9.4.2 抽壳

1. 功能

使用"抽壳"命令,可以从实体内部挖去一部分,形成内部中空或凹坑的薄壁实体结构。用户可以为所有面指定一个固定的薄层厚度,通过选择面可以将这些面排除在壳外,一个三维实体只能有一个壳。通过将现有的面偏移出其原位置来创建新的面。建议在将三维实体转换为壳体之前创建其副本,通过此种方法,如果需要进行重大修改,可以使用原始版本,并再次对其进行抽壳。

227

2. 命令调用

用户可采用以下操作方法之一调用该命令。

- 在菜单栏选择"修改"→"实体编辑"→"抽壳"命令。
- 在功能区单击"实体"选项卡→"实体编辑"面板→"抽壳"按钮。

3. 命令操作

例如，使用该功能对已绘制的长方体对象进行编辑。命令行提示如下。

```
命令:_solidedit (执行"实体编辑"命令)
实体编辑自动检查:SOLIDCHECK = 1
输入实体编辑选项[面(F)/边(E)/体(B)/放弃(U)/退出(X)] < 退出 >:_body (选择"体"选项)
输入体编辑选项[压印(I)/分割实体(P)/抽壳(S)/清除(L)/检查(C)/放弃(U)/退出(X)] <退出 >:_shell (执行"抽壳"命令)
选择三维实体:(单击要进行抽壳的实体对象)
删除面或[放弃(U)/添加(A)/全部(ALL)]:找到一个面,已删除 1 个。(单击抽壳要删除面)
删除面或[放弃(U)/添加(A)/全部(ALL)]:找到一个面,已删除 1 个。(单击抽壳要删除面)
删除面或[放弃(U)/添加(A)/全部(ALL)]:(按〈Enter〉键完成删除面的选择)
输入抽壳偏移距离:20 (指定偏移距离)
已开始实体校验。
已完成实体校验。
```

完成命令操作，结果如图 9-17 所示。在设置抽壳偏移距离时，若设为正值则可创建实体周长内部的抽壳，若设为负值则可创建实体周长外部的抽壳。

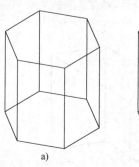
a)

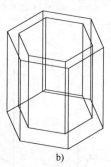
b)

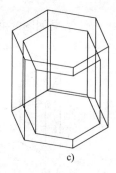
c)

图 9-17 抽壳

a）原图　b）设为正值　c）设为负值

9.5 实训

9.5.1 创建"法兰盘"三维对象

1. 实训要求

根据绘制的"法兰盘"示意图，创建"法兰盘"三维对象。

2. 实训指导

1）打开 AutoCAD 2014 中文版，利用前面所学内容绘制一个"法兰盘"示意图，如图 9-18所示，将工作空间选定为"三维建模"。

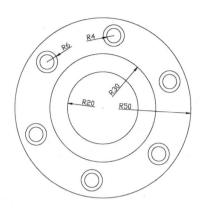

图 9-18 "法兰盘"示意图

2）在功能区单击"常用"选项卡→"视图"面板→"三维导航"按钮，将其设为"东南等轴测"，在功能区"常用"选项卡→"建模"面板→"拉伸"按钮，选择 $R50$ 的圆形，将拉伸高度设为 10，选择 $R30$ 和 $R20$ 的圆形，将拉伸高度设为 40，选择 $R6$ 和 $R4$ 的圆形，将拉伸高度设为 15。

3）在功能区单击"常用"选项卡→"视图"面板→"三维导航"按钮，选择"视觉样式"工具，将其设为"真实"，并将其设为"单色"，如图 9-19 所示。

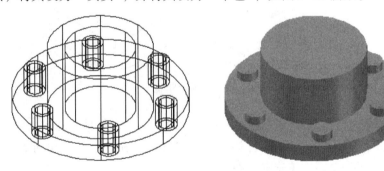

图 9-19 拉伸实体

4）在功能区单击"常用"选项卡→"实体编辑"面板→"差集"按钮，对生成的三维图形进行处理，将生成的半径为 20 的圆柱体从半径为 30 的圆柱体中减去，将生成的半径为 4 的圆柱体从半径为 5 的圆柱体中减去，结果如图 9-20 所示。

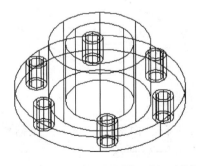 

图 9-20 创建"法兰盘"模型

5）完成上述操作，最后将文件保存至"D:\AutoCAD 2014 第9章实训"文件夹中，文件名为"法兰盘"。

9.5.2 创建"轴承支座"三维对象

1. 实训要求

利用矩形、圆形、多段线等二维绘图命令以及长方体、圆柱体、布尔运算等三维命令，创建一个"轴承支座"三维对象。

2. 实训指导

1）打开 AutoCAD 2014，新建一个图形文件，将工作空间选为"三维建模"。

2）在功能区单击"常用"选项卡→"建模"面板→"长方体"按钮 [长方体]，在俯视图中绘制一个 $120 \times 60 \times 20$ 的长方体，再利用"圆角"命令对其左下角和右下角进行圆角处理，圆角半径设为 16，如图 9-21 所示。

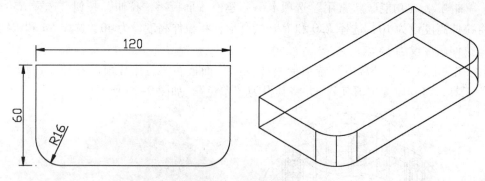

图 9-21 绘制长方体

3）在功能区单击"常用"选项卡→"建模"面板→"圆柱体"按钮 [圆柱体]，在俯视图中绘制一个半径为 8，高度为 20 的圆柱体，利用"移动"命令将其移动到适当位置，并利用"镜像"命令生成一个圆柱体副本，如图 9-22 所示。

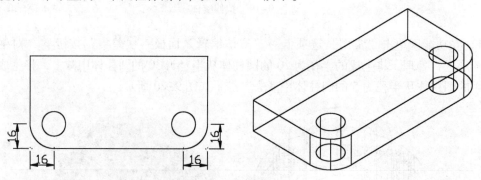

图 9-22 绘制圆柱体

4）在功能区单击"常用"选项卡→"实体编辑"面板→"差集"按钮 [◎]，将绘制的两个圆柱体从长方体中减去，以生成螺栓孔，如图 9-23 所示。

5）在功能区单击"常用"选项卡→"绘图"面板→"圆形"按钮 [◎]，在前视图绘制两个 R20 和 R30 的圆形。

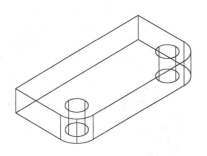

图 9-23　生成螺栓孔

6）在功能区单击"常用"选项卡→"建模"面板→"拉伸"按钮 🗂拉伸，将所绘制的两个圆形进行拉伸，拉伸高度为 50。

7）在功能区单击"常用"选项卡→"实体编辑"面板→"差集"按钮 ◎，将生成的半径为 20 的圆柱体从半径为 30 的圆柱体中减去，生成圆管，并利用"移动"命令将其移动到适当位置，如图 9-24 所示。

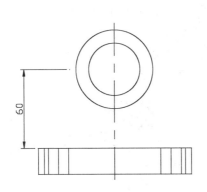

图 9-24　创建圆管

8）在功能区单击"常用"选项卡→"绘图"面板→"多段线"按钮 ⟲，在前视图绘制侧板轮廓，在绘制侧板轮廓与圆管的交点时，利用"对象捕捉"命令捕捉圆管的"切点"。

9）在功能区单击"常用"选项卡→"建模"面板→"拉伸"按钮 🗂拉伸，将所绘制的侧板轮廓进行拉伸，拉伸高度为 20，并利用"移动"命令将其移动到适当位置，如图 9-25 所示。

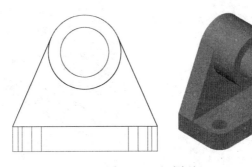

图 9-25　生成侧板

10）在功能区单击"常用"选项卡→"建模"面板→"圆柱体"按钮 ⬜圆柱体，在俯视图中绘制一个半径为8，高度为20的圆柱体，利用"移动"命令将其移动到圆管上方的适当位置，利用"差集"命令将其从圆管中减去，如图9-26所示。

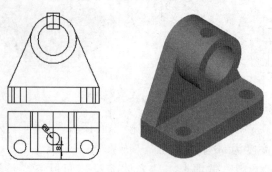

图9-26　生成圆管螺孔

11）在功能区单击"常用"选项卡→"建模"面板→"圆柱体"按钮 ⬜圆柱体，在俯视图中绘制两个半径分别为8和12，高度为20的圆柱体，利用"差集"命令将半径为8的圆柱体从半径为12的圆柱体中减去，生成一个小圆管。

12）在功能区单击"常用"选项卡→"绘图"面板→"圆弧"按钮 ⌒·，绘制一个半径为30的半圆弧，并利用"拉伸"命令将其创建为曲面，如图9-27所示。

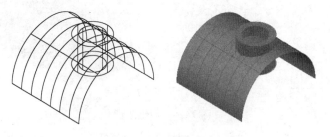

图9-27　创建曲面

13）在功能区单击"常用"选项卡→"实体编辑"面板→"剖切"按钮 ✂，对小圆管进行剖切，当命令提示行提示选择"切面"时，选择创建的曲面作为切面对小圆管进行剖切，并利用"移动"命令将其移动到已创建的螺孔位置上，结果如图9-28所示。

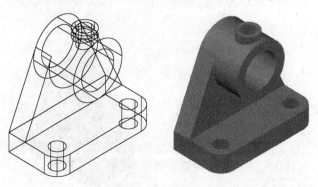

图9-28　创建"轴承座"模型

14）完成上述操作，最后将文件保存至"D：\AutoCAD 2014第9章实训"文件夹中，文件名为"轴承支座"三维模型。

9.6　思考与练习

1）简述布尔运算的作用和运算方式。

2）AutoCAD 2014提供的三维对象编辑功能有哪些？

3）举例说明如何为三维对象添加倒角和圆角。

4）AutoCAD 2014提供了哪些三维对象的面编辑命令？请举例说明它们的作用。

5）简述实体剖切命令的作用。如何指定剖切平面。

6）请举例说明三维对象的抽壳命令有什么作用。

7）运用剖切平面命令创建如图9-29所示的零件三维对象，并保存至指定位置。

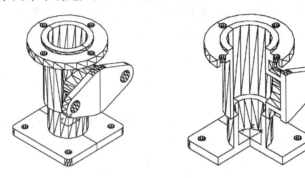

图9-29　活塞实体模型

8）利用多段线、矩形、圆形、圆柱体、正方体、布尔运算、拉伸实体等命令，创建如图9-30所示的"法兰支撑架"三维对象，并保存至指定位置。

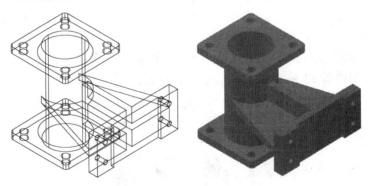

图9-30　"法兰支撑架"模型

第10章 三维对象渲染

在 AutoCAD 2014 中，用户可以通过动态观察、漫游和飞行来调整视图方位，并可制作多视角、多视距的观察动画。用户还可以为三维对象添加材质并向场景中添加光源，从而创建一个能够表达用户想象的真实照片级质量的演示图像。

10.1 显示控制

为了更好地创建和编辑三维图形，需要频繁调整模型的显示方式和视图位置。控制三维视图的显示效果可以对视角、视觉样式和模型显示平滑度进行设置。

10.1.1 视觉样式

1. 功能

视觉样式是一组设置，用来控制视口中边和着色的显示。用户可以通过更改视觉样式的特性来控制视口中模型边和着色的显示效果。应用了视觉样式或更改了设置，就可以在视口中查看效果。

2. 命令调用

用户可采用以下操作方法之一调用该命令。

- 在菜单栏选择"视图"→"视觉样式"，从下拉列表中选择需要的样式。
- 将工作空间切换至"三维建模"，单击"常用"选项卡→"视图"面板→"视觉样式"下拉列表中的命令。

3. 命令操作

在 AutoCAD 2014 中提供了二维线框、概念、隐藏、真实、着色、带边缘着色、灰度、勾画、线框和 X 射线等 10 种视觉样式，用户可以根据需要进行设置，如图 10-1 所示。

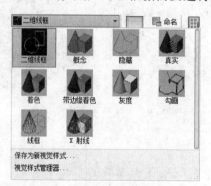

图 10-1 "视觉样式"下拉列表

AutoCAD 2014 提供的 10 种视觉样式的功能介绍如下。

- "二维线框"：显示用直线和曲线表示边界的对象，光栅和 OLE 对象、线型和线宽均可见。
- "概念"：着色多边形平面间的对象，并使对象的边平滑化。着色使用古氏面样式，一种冷色和暖色之间的转场而不是从深色到浅色的转场。效果缺乏真实感，但是可以更方便地查看模型的细节。
- "隐藏"：显示用三维线框表示的对象并隐藏表示后向面的直线。
- "真实"：可使对象着色，并且边缘平滑，显示已附着到对象的材质效果。
- "着色"：使用平滑着色显示对象。
- "带边缘着色"：使用平滑着色和可见边显示对象。
- "灰度"：使用平滑着色和单色灰度显示对象。
- "勾画"：使用线延伸和抖动边修改器显示手绘效果的对象。
- "线框"：显示用直线和曲线表示边界的对象。
- "X 射线"：以局部透明度显示对象。

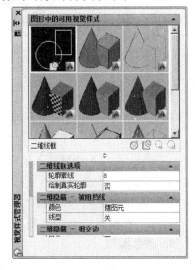

图 10-2 "视觉样式管理器" 选项板

在"视觉样式管理器"选项板中显示了图形中可用的所有视觉样式，并用黄色边框表示选定的视觉样式。除了可以使用以上程序提供的 10 种视觉样式外，还可以通过"视觉样式管理器"选项板来控制线型颜色、边样式、面样式、背景效果、材质和纹理以及三维对象的显示精度等特性，其设置选项则显示在样例图像下方的面板中，如图 10-2 所示。

10.1.2　消隐

1. 功能

使用该命令，可以对图形进行消隐处理，隐藏被前景对象遮挡的背景对象，使图形的显示更加简洁清晰。

2. 命令调用

用户可采用以下操作方法之一调用该命令。

- 在菜单栏选择"视图"→"消隐"命令。
- 在功能区单击"视图"选项卡→"视觉样式"面板→"隐藏"按钮。
- 在命令行输入"Hide"，按〈Enter〉键执行。

3. 命令操作

例如，利用该功能，对三维对象进行消隐观察，结果如图 10-3 所示。

10.1.3　改变显示精度

1. 功能

组成三维实体的面都是由多条线构成的，线条的多少决定了实体面的粗糙程度。用户可以通过设置实体对象每个曲面的轮廓素线数目，来调整显示效果的细腻程度。轮廓素线的数目越多，显示效果也越细腻，但是渲染时所需的时间也会相对增加。

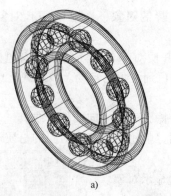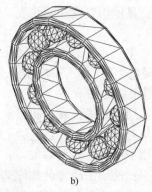

a)   b)

图 10-3　消隐

a）未消隐　b）消隐

2. 命令调用

用户可采用以下操作方法之一调用该命令。

- 在菜单栏选择"工具"→"选项"命令，在打开的"选项"对话框中切换至"显示"选项卡，在"显示精度"选项组的"每个曲面的轮廓素线"文本框中输入数值即可。
- 在功能区单击"常用"选项卡→"视图"面板→"视觉样式"下拉列表中的"视觉样式管理器"，并在弹出的"视觉样式管理器"选项板中选择"二维线框"选项，设置"轮廓素线"的数目即可。

3. 命令操作

例如，分别将"轮廓素线"设置为 8 和 50，结果如图 10-4 所示。

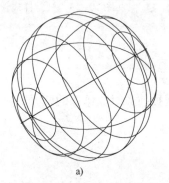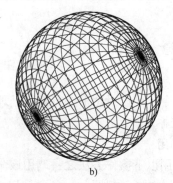

a)   b)

图 10-4　改变显示精度

a）轮廓素线为 8　b）轮廓素线为 50

10.2　查看工具应用

利用 AutoCAD 2014 提供的三维导航工具，可以方便地对图形进行平移、缩放和动态观察等操作，以便对图形的不同位置以及局部细节或整体进行观察。

10.2.1　三维平移

1. 功能

使用该命令，可以将三维对象随光标的移动而移动，快速调整模型在绘图区域的位置，以便观察三维对象的不同部位。

2. 命令调用

用户可采用以下操作方法之一调用该命令。

- 在菜单栏选择"视图"→"平移"命令。
- 在功能区单击"视图"选项卡→"导航"面板→"平移"按钮。
- 在命令行输入"3Dpan",按〈Enter〉键执行。

3. 命令操作

执行该命令时,视图中的光标将变为 形状,用户可以按住鼠标左键进行拖动,绘图区域中的图形对象将随光标移动。

10.2.2 三维缩放

1. 功能

使用该命令,可以将三维对象的显示效果放大和缩小,而不会更改图形中对象的绝对大小,只是更改了视图的比例。

2. 命令调用

用户可采用以下操作方法之一调用该命令。

- 在菜单栏选择"视图"→"缩放"工具列表中的相应命令。
- 在功能区单击"视图"选项卡→"导航"面板→"缩放"工具列表中的相应命令。
- 在命令行输入"3Dzoom",选择相应的缩放方式并按〈Enter〉键执行。

AutoCAD 2014 提供了以下多种"三维缩放"的方式。

- "所有":可以缩放显示所有可见对象和视觉辅助工具。
- "中心":可以缩放显示由中心点、比例值和高度所定义的视图。高度值较小时增加放大比例,高度值较大时减小放大比例。
- "动态":使用矩形视图框进行平移和缩放。视图框表示视图,可以更改它的大小或在图形中移动,也可以移动视图框或调整它的大小,以充满整个视口。
- "范围":可以缩放显示所有对象的最大范围。
- "上一个":缩放显示上一个视图,最多可恢复此前的 10 个视图。
- "比例":使用比例因子缩放视图以更改其显示比例。
- "窗口":缩放显示矩形窗口指定的区域。用户可使用光标定义模型区域以填充整个窗口。
- "对象":将选定的对象通过缩放尽可能大地显示并使其位于视图的中心。
- "实时":交互缩放以更改视图的比例。
- "放大":放大当前视图的显示比例。
- "缩小":减小当前视图的显示比例。

10.2.3 动态观察

1. 功能

使用该命令,可以通过移动鼠标来实时控制和改变视图效果,从不同的角度、高度和距离查看图形中的对象。

2. 命令调用

用户可采用以下操作方法之一调用该命令。

- 在菜单栏选择"视图"→"动态观察"中需要的观察方式。

- 在功能区"视图"选项卡→"导航"面板→"动态观察"下拉列表中相应选项。
- 在命令行输入相应动态观察命令,按〈Enter〉键执行。

3. 命令操作

在 AutoCAD 2014 中提供了动态观察、自由动态观察和连续动态观察 3 种方式,具体介绍如下。

- "动态观察"(3DORBIT):利用该工具可以对视图中的对象进行动态观察,相机位置(或视点)移动时,视图的目标将保持静止。目标点是视口的中心,而不是正在查看的对象的中心。
- "自由动态观察"(3DFORBIT):利用该工具可以使观察点绕视图的任意轴进行任意角度的旋转,对图形进行任意角度的观察。
- "连续动态观察"(3DCORBIT):利用该工具可以连续进行动态观察,使观察对象绕指定的旋转轴和旋转速度进行连续旋转运动,从而可以对其进行连续动态的观察。在要进行连续动态观察移动的方向上单击并拖动鼠标,然后松开鼠标按钮即可,动态观察将会沿该方向继续移动。

10.2.4　使用 ViewCube 导航

"ViewCube"工具是在二维模型空间或三维视觉样式中处理图形时显示的导航工具。使用"ViewCube"工具可以在标准视图和等轴测视图间进行切换。

"ViewCube"工具以不活动状态显示在模型窗口一角,默认情况下它显示为半透明状态,这样便不会遮挡模型的视图。"ViewCube"工具在视图发生更改时可提供有关模型当前视点的直观反映。当将光标放置在"ViewCube"工具上后,它将变为活动状态,通过拖动或单击"ViewCube"工具,可以将视图切换到所需的预设视图、滚动当前视图或更改为模型的主视图。

在"ViewCube"工具上右击,将会弹出"ViewCube"快捷菜单,使用快捷菜单可以恢复和定义模型的主视图,在视图投影模式之间切换以及更改交互行为和外观,如图 10-5 所示。

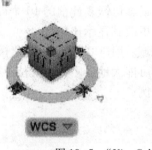

图 10-5　"ViewCube"工具

10.2.5　使用 SteeringWheels 导航

"SteeringWheels"是追踪菜单,也称作控制盘。在 AutoCAD 2014 中提供了全导航控制盘、二维导航控制盘、查看对象控制盘和巡视建筑控制盘。它将多个常用导航工具结合到一个单一界面中,控制盘上的每个按钮代表一种导航工具,从而节省了时间。控制盘是任务特定的,通过控制盘可以在不同的视图中导航和设置模型方向。如图 10-6 所示。

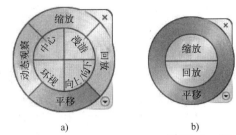 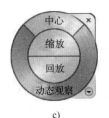 

a) b) c) d)

图 10-6 "SteeringWheels" 工具

a) 全导航控制盘　b) 二维导航控制盘　c) 查看对象控制盘　d) 巡视建筑控制盘

- "全导航控制盘"：它将在二维导航控制盘、查看对象控制盘和巡视建筑控制盘上的二维和三维导航工具组合到一个控制盘上。
- "二维导航控制盘"：用于二维视图的基本导航。
- "查看对象控制盘"：用于三维导航，可以查看模型中的单个对象或成组对象。
- "巡视建筑控制盘"：用于三维导航，使用此类控制盘可以在模型内部进行导航。

用户可在功能区单击"视图"选项卡→"导航"面板中选择不同的控制盘，也可以在显示的控制盘上右击，并在弹出的快捷菜单中选择不同的控制盘，如图 10-7 所示。

图 10-7　切换控制盘

通过控制盘，用户可以查看不同的对象以及围绕模型进行漫游和导航。当显示其中一个控制盘时，用户可通过按下鼠标滚轮进行平移，滚动鼠标滚轮可进行放大和缩小，同时按住〈Shift〉键和鼠标左键可对模型进行动态观察，也可以单击全导航控制盘其中一个按钮以激活相应的导航工具，按住鼠标左键并拖动以重新设置当前视图的状态。

10.3　设置光源

在 AutoCAD 2014 中，用户可以使用"光源"功能向场景中添加光源以创建更加真实的渲染效果。在创建任何一个场景时都离不开灯光的作用，合理的光源可以为整个场景提供照明，从而呈现出各种真实的效果。

场景中没有光源时，将使用默认光源对场景进行着色。添加光源可为场景提供真实的外观并增强场景的清晰度和三维效果。插入人工光源或添加自然光源时，可以关闭默认光源。用户可以创建点光源、聚光灯和平行光以达到想要的效果。系统将使用不同的光线轮廓表示不同类型的光源，还可以使用阳光与天光，它是自然照明的主要来源。

10.3.1　阳光特性设置

1. 功能

阳光与天光是 AutoCAD 2014 中自然照明的主要来源。日光具有来自单一方向的平行光线，方向和角度根据时间、纬度和季节而变化。阳光是一种类似于平行光的特殊光源。为模型指定的地理位置以及指定的日期和当日时间定义了阳光的角度。用户也可以更改阳光的强度及其光源的颜色。

2. 命令调用

用户可采用以下操作方法之一调用该命令。

- 在菜单栏选择"视图"→"渲染"→"光源"→"阳光特性"命令。
- 在功能区单击"渲染"选项卡→"阳光和位置"面板→"阳光状态"按钮。
- 在命令行输入"Sunstatus"，将参数设为 1 可打开阳光，若将参数设为 0 可关闭阳光。若在命令行输入"Sunproperties"，则可打开"阳光特性"选项板。

3. 命令操作

执行"阳光特性"命令，程序将会弹出如图 10-8 所示的"阳光特性"选项板，此处提供了常规、天光特性、太阳角度计算器、渲染阴影细节，地理位置等设置区域，主要参数作用如下。

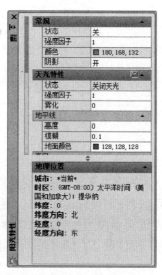

图 10-8　"阳光特性"选项板

（1）常规

"状态"选项可打开和关闭阳光；"强度因子"可设置阳光的强度或亮度，取值范围为 0 到最大值，数值越大，光源越亮；"颜色"可控制光源的颜色；"阴影"可打开和关闭阳光阴影的显示和计算，关闭阴影可以提高性能。

（2）天光特性

"状态"确定渲染时是否计算自然光照明，此选项对视口照明或视口背景没有影响，它仅使自然光可作为渲染时的收集光源；"强度因子"可设置天光的强度；"雾化"可确定大气中散射效果的幅值，值为 0 ~ 15，默认值为 0。

（3）地平线

此类特性适用于地平面的外观和位置。"高度"选项可确定相对于世界零海拔的地平面的绝对位置，此参数表示世界坐标空间长度并且应以当前长度单位对其进行格式设置，取值范围为 –10～+10，默认值为 0；"模糊"选项可确定地平面和天空之间的模糊量，取值范围为 0～10，默认值为 0.1；"地面颜色"可设置地平面的颜色。

（4）高级

"夜间颜色"选项可指定夜空的颜色；"鸟瞰透视"选项指定是否应用鸟瞰透视；"可见距离"选项指定 10% 雾化阻光度情况下的可视距离。

（5）太阳角度计算器

此类特性用于设置阳光的角度。用户可通过日期、时间、夏令时、方位角、仰角、源矢量等选项对其进行设置。

10.3.2 使用人工光源

1. 功能

人工光源可以模拟真实灯光效果。不同类型的人工光源其照亮场景的原理不同，模拟的效果也不相同，用户可以选择为场景添加不同类型的人工光源，并设定每个光源的位置和光度控制特性，还可以使用特性选项板更改选定光源的颜色或其他特性。在使用人工光源时，通常需要添加多个光源。

2. 命令调用

用户可采用以下操作方法之一调用该命令。

- 在菜单栏选择"视图"→"渲染"→"光源"命令，并选择要添加的光源类型。
- 在功能区单击"渲染"选项卡→"光源"面板→"创建光源"按钮，并选择所需要的光源类型，如点光源、聚光灯、平行光等。
- 在命令行输入"Light"，并选择相应光源类型，按〈Enter〉键执行。也可以在命令行输入"Pointlight"，以创建"点光源"；输入"Spotlight"，以创建"聚光灯"；输入"Distantlight"，以创建"平行光"。

3. 命令操作

在 AutoCAD 2014 中提供的人工光源有点光源、聚光灯、平行光 3 种。在使用人工光源时，通常需要添加多个光源。

- "点光源"：可以从其所在位置向四周发射光线，点光源不以一个对象为目标，使用点光源可以达到基本的照明效果。
- "聚光灯"：可以发射定向锥形光。用户可以控制光源的方向和圆锥体的尺寸。像点光源一样，聚光灯也可以手动设定为强度随距离衰减。但是，聚光灯的强度始终还是根据相对于聚光灯的目标矢量的角度衰减。此衰减由聚光灯的聚光角角度和照射角角度控制。聚光灯可用于亮显模型中的特定特征和区域。
- "平行光"：仅向一个方向发射统一的平行光光线。平行光的强度并不随着距离的增加而衰减，对于每个照射的面，平行光的亮度都与其在光源处相同。在统一照亮对象或照亮背景时，平行光十分有用。

10.4　添加材质

用户可以为三维对象添加材质，在渲染视图中得到逼真效果。AutoCAD 2014 提供了一个含有预定义材质的大型材质库。使用"材质浏览器"可以浏览材质，并将它们应用于三维对象。用户还可以根据需要在"材质编辑器"窗口中创建和修改材质。

10.4.1　材质浏览器

1. 功能

AutoCAD 2014 提供了一个大型材质库，包括产品附带的 400 多种材质和纹理的材质库，如金属材质、地板材质、砖石材质、玻璃材质等。安装材质后，用户可以在"材质浏览器"窗口上浏览预设材质，并将它们应用于图形中的对象。

2. 命令调用

用户可采用以下操作方法之一调用该命令。
- 在菜单栏选择"工具"→"选项板"→"材质浏览器"命令。
- 在菜单栏选择"渲染"→"材质浏览器"命令。
- 在命令行输入"Matbrowseropen"，按〈Enter〉键执行。

3. 命令操作

使用"材质浏览器"窗口可对材质库进行导航和管理，在此可以方便地组织、分类、搜索和选择要在图形中使用的材质，如图 10-9 所示。

10.4.2　材质编辑器

1. 功能

当系统提供的材质库无法满足设计需求时，用户可以通过"材质编辑器"选项卡编辑现有材质的属性或自定义新的材质。在"材质编辑器"选项卡中可以设置材质的属性、颜色、环境光和自发光等条件。

2. 命令调用

用户可采用以下操作方法之一调用该命令。
- 在菜单栏选择"工具"→"选项板"→"材质编辑器"命令。
- 在功能区单击"渲染"选项卡→"材质"下拉按钮。
- 在命令行输入"Mateditoropen"，按〈Enter〉键执行。

3. 命令操作

用户可以通过"材质编辑器"选项板，对添加到图形中的材质进行编辑和修改，并可以将所做的修改设置与材质一起保存，在材质样例预览框中将会显示修改效果，如图 10-10 所示。

10.4.3　添加材质

1. 功能

在 AutoCAD 2014 中，用户可以为对象添加材质，以得到真实的效果。AutoCAD 2014 提供的"材料浏览器"选项板列出了大量已设置好的不同类型的材质样例，用户可以在此选择所需的材质，将其添加到图形中，还可以在"材料浏览器"选项卡中创建和修改材质。

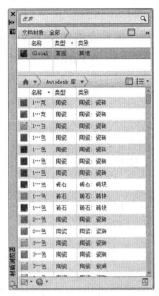

图 10-9 "材质浏览器"窗口

图 10-10 "材质编辑器"选项板

2. 命令调用

用户可采用以下操作方法之一调用该命令。

- 首先选择要添加材质的对象，然后在"材质浏览器"工具选项板中选择所需材质，即可将材质应用于图形对象。
- 利用鼠标将材质样例直接拖曳到图形中的对象上。
- 在"材质浏览器"选项卡中，在所选材质样例上右击，在弹出的快捷菜单中选择"选择要运用的对象"命令，即可将材质指定给对象。

3. 命令操作

例如，要为所绘制的"三维水瓶"添加玻璃材质，可以在"材质浏览器"选项卡中选择名为"瓷器，海边蓝色"的材质，利用鼠标将其拖曳至图形对象上以添加材质，结果如图 10-11 所示。

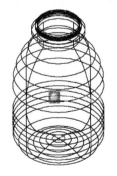

图 10-11 添加材质

10.4.4 设置贴图

1. 功能

贴图可以为材质增加纹理真实感，可以对材质指定图案或纹理。用户可以使用多种级别的贴图设置和特性，材质类型决定所提供的贴图频道；贴图频道将替代在"材质编辑器"中指定的漫射颜色；纹理贴图仅在顶层材质级别具有特性设置，但是允许选择图像来贴图到对象或面；对于子程序贴图，可以将纹理贴图或程序贴图嵌套在另一程序贴图中，但其仅在顶层选择了程序贴图时此功能才可用。另外，用户还可以调整程序贴图的某些特性以获得想要的效果。

2. 命令调用

用户可采用以下操作方法之一调用该命令。

- 在菜单栏选择"视图"→"渲染"→"贴图"命令。
- 在菜单栏选择"视图"→"渲染"→"材质"，调出"材质"窗口，在"贴图"部分选择相应的贴图频道。
- 在功能区单击"渲染"选项卡→"材质"面板→"材质贴图"按钮。

3. 命令操作

用户可以在不同的贴图频道（"漫射""反射""不透明"和"凹凸"）中选择"纹理贴图"或"程序贴图"。

- "漫射贴图"：可以为材质提供多种颜色的图案。用户可以选择将图像文件作为纹理贴图或程序贴图，为材质的漫射颜色指定图案或纹理。贴图的颜色将替换或局部替换材质编辑器中的漫射颜色分量。这是最常用的一种贴图。
- "反射贴图"：可以模拟在有光泽对象的表面上反射的场景。要使反射贴图获得较好的渲染效果，材质应有光泽，而且反射图像本身应具有较高的分辨率。
- "不透明贴图"：不透明贴图频道可以指定不透明区域和透明区域。
- "凹凸贴图"：可以使对象看起来具有起伏的或不规则的表面。凹凸贴图会显著增加渲染时间，但会增加真实感。

使用"纹理贴图"对于多种材质的创建均可以起到重要作用。用户可以使用多种文件类型来创建纹理贴图，如 BMP、RLE、GIF、JPG、JPEG、PCX、PNG、TGA 或 TIFF。

使用"程序贴图"进一步增加了材质的真实感。与位图图像不同的是，程序贴图由数学算法生成。因此，用于程序贴图的控件类型根据程序的功能而变化。程序贴图可以以二维或三维方式生成，也可以在其他程序贴图中嵌套纹理贴图或程序贴图，以增加材质的深度和复杂性。

程序贴图的类型有以下几种：纹理贴图（使用图像文件作为贴图）、方格（应用双色方格形图案）、渐变延伸（使用颜色、贴图和光顺创建多种延伸）、大理石（应用石质颜色和纹理颜色图案）、噪波（根据两种颜色的交互创建曲面的随机扰动）、斑点（生成带斑点的曲面图案）、瓷砖（应用砖块、颜色或材质贴图的堆叠平铺）、波（创建水状或波状效果）、木材（创建木材的颜色和颗粒图案）。

10.5 三维图形渲染

模型的真实感渲染往往可以为产品团队或潜在客户提供比打印图形更清晰的概念设计视觉效果。它使用已设置的光源、已应用的材质和环境设置（例如背景和雾化），为场景的几何图形着色。在 AutoCAD 2014 中进行三维图形渲染，可以创建一个能够表达想象的真实照片级质量的演示图像。

10.5.1 快速渲染

1. 功能

使用该命令，可以对图形进行渲染，从而创建三维实体或曲面模型的真实照片级图像或真实着色图像。

2. 命令调用

用户可采用以下操作方法之一调用该命令。

- 在菜单栏选择"视图"→"渲染"→"渲染"命令。
- 在功能区单击"渲染"选项卡→"渲染"面板→"渲染"按钮。
- 在命令行输入"Render"，按〈Enter〉键执行。

3. 命令操作

执行该命令，程序将会弹出"渲染"窗口并处理图像，完成后，将显示图像并创建一个历史记录条目。随着更多渲染的出现，这些渲染将被添加到渲染历史记录中，从而可以快速查看以前的图像并对其进行比较，以查看哪幅图像具有期望的结果。用户可以从"渲染"窗口中保存要保留的图像。默认情况下，将渲染当前视图中的所有对象。如果未指定命名视图或相机视图，则将渲染当前视图。

10.5.2 渲染面域

1. 功能

使用该命令，可以对视口内的指定区域进行渲染。在对大型复杂的三维对象进行渲染时，需要耗费大量时间才能得到渲染效果，而利用"渲染面域"工具可以得到选定区域的渲染效果，大大提高了渲染速度。

2. 命令调用

用户可采用以下操作方法之一调用该命令。

- 在功能区单击"渲染"选项卡→"渲染"面板→"渲染面域"按钮。
- 在命令行输入"Rendercrop"，按〈Enter〉键执行。

3. 命令操作

执行"渲染面域"命令，根据命令行提示依次选取两个对角点，确定渲染区域的窗口，即可进行渲染操作，如图 10-12 所示。

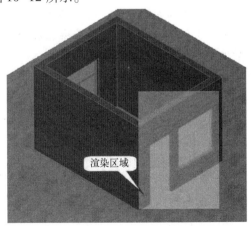

图 10-12 渲染面域

10.5.3 设置渲染环境

1. 功能

在 AutoCAD 2014 中，用户可以通过使用雾化背景、颜色、近距离、远距离及雾化百分比等参数，为渲染图像设置背景、雾化等环境效果。

2. 命令调用

用户可采用以下操作方法之一调用该命令。

- 在菜单栏选择"视图"→"渲染"→"渲染环境"命令。
- 在功能区单击"渲染"选项卡→"渲染"面板→"环境"按钮。
- 在命令行输入"Renderenvironment"，按〈Enter〉键执行。

3. 命令操作

该命令用于设置雾化或景深效果处理参数。要设置的关键参数包括雾化或景深效果处理的颜色、近距离和远距离以及近处雾化百分率和远处雾化百分率。雾化和景深效果处理均基于相机的前向或后向剪裁平面，以及"渲染环境"对话框上的近距离和远距离设置，如图 10-13 所示。

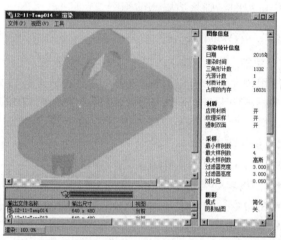

图 10-13　渲染环境

雾化和景深效果处理是非常相似的大气效果，可以使对象随着相对于相机距离的增大而淡出显示。雾化或景深效果处理的密度由近处雾化百分率和远处雾化百分率来控制，它们的取值范围为 0.0001~100，数值越高表示雾化或景深效果处理透明度越低。对于比例较小的模型，"近处雾化百分率"和"远处雾化百分率"则需要设置在 1.0 以下才能得到需要的效果。

10.5.4 设置背景

1. 功能

在 AutoCAD 2014 中，用户可以通过将位图图像添加为背景来增强渲染效果。背景主要是显示在模型后面的背景，可以是单色、多色渐变色或位图图像。用户可以通过视图管理器设置背景，设置以后，背景将与命名视图或相机相关联，并且与图形一起保存。

2. 命令调用

用户可采用以下操作方法之一调用该命令。

- 在菜单栏选择"视图"→"视图管理器"命令。
- 在功能区单击"视图"选项卡→"视图"面板→"视图管理器"按钮。
- 在命令行输入"View",按〈Enter〉键执行。

3. 命令操作

通过上述方法均可调出如图 10-14 所示的"视图管理器"对话框,单击"新建"按钮,将会弹出如图 10-15 所示的"新建视图/快照特性"对话框。

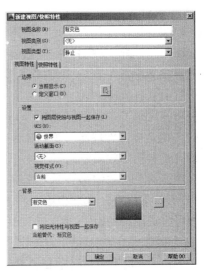

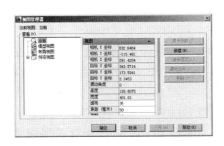

图 10-14 "视图管理器"对话框   图 10-15 "新建视图/快照特性"对话框

在"新建视图/快照特性"对话框中,用户可以根据需要选择"背景"类型,如默认、纯色、渐变色、图像、阳光与天光。若选择"图像"选项,程序将会弹出"背景"对话框,在此可选择需要作为背景的图像,结果如图 10-16 所示。

图 10-16 设置背景

10.5.5 设置阴影

1. 功能

在 AutoCAD 2014 中,用户使用阴影功能,可以创建更具有深度和真实感的渲染图像。

在进行渲染时，用户可以通过"阴影贴图"或"光线跟踪"来生成阴影。"阴影贴图"提供的边较柔和，并且需要的计算时间比光线跟踪阴影要少，但是精确度较低。"光线跟踪"从光源采样得到光线的路径，光线被对象遮挡的地方将出现阴影。"光线跟踪阴影"具有更精确、更清晰的边，但需要的计算时间较多。若要查看阴影效果，需要将视觉样式设置为"概念"或"真实"，并在"视觉样式管理器"中将对应的视觉样式下的"阴影显示"设置为"地面阴影"或"全阴影"。

2. 命令调用

用户可采用以下操作方法之一调用该命令。

- 在菜单栏选择"视图"→"视觉样式"→"视觉样式管理器"命令，在弹出的"视觉样式管理器"窗口中将"阴影显示"选项设为"地面阴影"或"全阴影"，也可查看阴影效果。
- 在功能区单击"视图"选项卡→"三维选项板"面板→"视觉样式"按钮，在弹出的"视觉样式管理器"窗口中将"阴影显示"选项设为"地面阴影"或"全阴影"，即可查看阴影效果。
- 在功能区单击"渲染"选项卡→"渲染"面板→"高级渲染设置"按钮，在弹出的"高级渲染设置"选项板中，将"阴影贴图"选项打开，并选择适当的"阴影模式"即可完成阴影的设置。

3. 命令操作

"阴影贴图"是生成具有柔和边界的阴影的唯一方法，但是它们不会显示透明或半透明对象投射的颜色。阴影贴图阴影比光线跟踪阴影的计算速度快。在预渲染阶段，将创建一个阴影贴图位图。阴影质量可以通过增大或减小阴影贴图的尺寸来控制。默认的阴影贴图尺寸为 256×256 像素。如果阴影显示过于粗糙，则增加贴图尺寸可以获得较好的质量。如果有穿透透明曲面（例如要投射其边框和竖梃阴影的多窗格窗口）的光线，则不应使用阴影贴图阴影，必须删除玻璃竖梃才能投射阴影。

"光线跟踪阴影"（与其他反射和折射的光线跟踪效果类似）通过跟踪从光源采样得到的光束或光线而产生。光线跟踪阴影比阴影贴图阴影更加精确，光线跟踪阴影有清晰的边和精确的轮廓，它们也可以透过透明或半透明对象传递颜色。因此，多窗格窗口的边框和竖梃的阴影将渲染。由于光线跟踪阴影在计算时不使用贴图，因此无须像使用阴影贴图阴影那样调整分辨率。

AutoCAD 2014 提供了 3 种阴影模式，用户可以根据需要将阴影模式设置为"简化"模式、"排序"模式或"线段"模式。

- "简化"：渲染器以任意顺序调用阴影着色器，这是默认的阴影模式状态。
- "排序"：渲染器以从对象到光源的顺序调用阴影着色器。
- "线段"：渲染器沿从体积着色器到对象和光源之间的光线段的光线顺序调用阴影着色器。

要在模型中投射阴影，必须先要在场景中建立光源，并根据需要指定该光源是否投射阴影。如果希望在渲染图像中显示阴影，需要打开阴影并在"高级渲染设置"选项板上选择要渲染的阴影类型。如为场景添加一个"点光源"，并设置适当的阴影类型，结果如图 10-17 所示。

a) b)

图 10-17　设置阴影

a）打开阴影　b）未打开阴影

10.6　实训

10.6.1　渲染"法兰盘"

利用本章所学内容，对创建的"法兰盘"三维对象进行渲染，具体的操作步骤如下。

1）打开 AutoCAD 2014 中文版，新建一个图形文件，工作空间切换为"三维建模"。根据前面所学内容创建一个"法兰盘"三维对象。

2）在菜单栏选择"工具"→"材料浏览器"命令，在弹出的"材料浏览器"中选择名为"半抛光.金属.钢"的材质，将其指定给"法兰盘"三维模型，效果如图 10-18 所示。

3）在功能区单击"渲染"选项卡→"渲染"面板→"渲染"按钮，并设置"环境"，对"法兰盘"三维模型执行快速渲染，如图 10-19 所示。

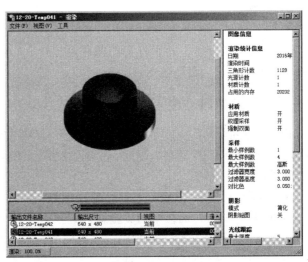

图 10-18　指定材质　　　　　　　　　　图 10-19　快速渲染

4）在功能区单击"渲染"选项卡→"相机"面板→"创建相机"按钮，为"法兰盘"

三维模型创建一个相机，并利用"移动"和"夹点工具"适当调整相机的视角和位置，如图 10-20 所示。

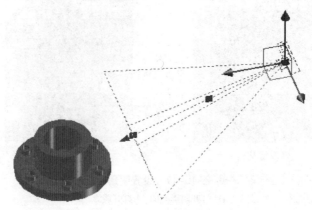

图 10-20　创建相机

5）在功能区单击"视图"选项卡→"视图"面板→"视图管理器"按钮，在弹出的"视图管理器"对话框中选择"相机 1"视图，将"背景替代"选项设为"渐变色"，并在弹出的"背景"对话框中设置渐变色的底部、中间、顶部颜色，如图 10-21 所示。

 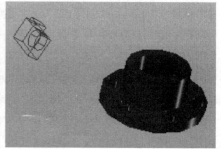

图 10-21　设置背景

6）完成上述操作，最后将文件保存至"D：\AutoCAD 2014 第 10 章实训"文件夹中，文件名为"渲染法兰盘"。

10.6.2　渲染"轴承座"

利用本章所学内容，对创建的"轴承座"三维对象进行渲染，具体的操作步骤如下。

1）打开 AutoCAD 2014，新建一个图形文件，工作空间切换为"三维建模"，并创建一个"轴承座"三维对象。

2）在菜单栏选择"工具"→"选项板"→"工具选项板"命令，调出"工具选项板"，切换到"材质"面板中的"金属"选项卡，选择名为"金属. 装饰金属. 不锈钢. 扎光"的材质，将其指定给"轴承座"三维模型，效果如图 10-22 所示。

3）在功能区单击"渲染"选项卡→"渲染"面板→"渲染"按钮，对"轴承座"三维模型执行快速渲染，如图 10-23 所示。

4）在功能区单击"渲染"选项卡→"相机"面板→"创建相机"按钮，为

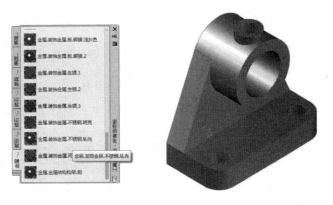

图 10-22 指定材质

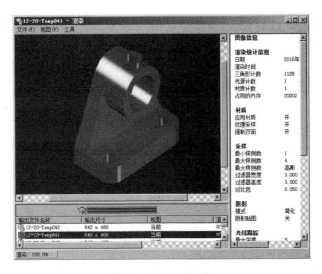

图 10-23 快速渲染

"轴承座"三维模型创建一个相机,并利用"移动"和"夹点工具"适当调整相机的视角和位置,如图 10-24 所示。

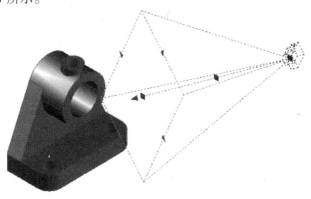

图 10-24 创建相机

5)在功能区单击"视图"选项卡→"视图"面板→"视图管理器"按钮,在弹出的"视图管理器"对话框中选择"相机1"视图,将"背景替代"选项设为"渐变色",并在弹出的"背景"对话框中设置渐变色的底部、中间、顶部颜色，如图 10-25 所示。

图 10-25　设置背景

6）完成上述操作，最后将文件保存至"D：\AutoCAD 2014 第 10 章实训"文件夹中，文件名为"渲染轴承座"。

10.7　思考与练习

1）AutoCAD 2014 提供了哪些视觉样式？如何切换视觉样式？

2）AutoCAD 2014 提供的动态观察有哪几种方式？区别是什么？

3）在 AutoCAD 2014 中，可以通过哪几种方式为三维对象添加材质？

4）为三维图形进行渲染的作用是什么？如何设置渲染背景？

5）利用本章所学内容为前面练习中所绘制的"法兰支撑架"三维对象添加材质，并进行渲染，结果如图 10-26 所示。

图 10-26　三维对象渲染练习